国家示范（骨干）高职院校重点建设专业
优质核心课程系列教材

模拟电子技术基础

主　编　何碧贵　韩德勋
副主编　黄　东　王金成

中国水利水电出版社
www.waterpub.com.cn

内 容 提 要

本书充分考虑了高职高专层次学生电子、电工基础知识的掌握情况，按照模块化结构，以任务为驱动，结合实验与实践的形式编写而成，参考学时96学时。主要内容包括测量分析半导体二极管、测量分析半导体三极管、测量分析集成运算放大器、测量分析负反馈放大电路、测量分析信号产生电路和测量分析直流稳压电源六个模块。教材内容适量、实用，叙述简单，便于理解。本书内容简明、文字精练、重点突出，并配有针对性较强的习题。

本书可作为高等职业院校、高等专科院校、成人高校、民办高校等电子信息类、通信类等相关专业的教学用书，也适合社会从业人员学习参考。

图书在版编目（CIP）数据

模拟电子技术基础 / 何碧贵，韩德勋主编. -- 北京：中国水利水电出版社，2013.1（2015.8重印）
国家示范（骨干）高职院校重点建设专业优质核心课程系列教材
ISBN 978-7-5170-0461-5

Ⅰ. ①模… Ⅱ. ①何… ②韩… Ⅲ. ①模拟电路－电子技术－高等职业教育－教材 Ⅳ. ①TN710

中国版本图书馆CIP数据核字(2012)第309470号

策划编辑：寇文杰　　责任编辑：陈　洁　　封面设计：李　佳

书　名	国家示范（骨干）高职院校重点建设专业优质核心课程系列教材 模拟电子技术基础
作　者	主　编　何碧贵　韩德勋 副主编　黄　东　王金成
出版发行	中国水利水电出版社 （北京市海淀区玉渊潭南路1号D座　100038） 网址：www.waterpub.com.cn E-mail：mchannel@263.net（万水） sales@waterpub.com.cn 电话：（010）68367658（发行部）、82562819（万水）
经　售	北京科水图书销售中心（零售） 电话：（010）88383994、63202643、68545874 全国各地新华书店和相关出版物销售网点
排　版	北京万水电子信息有限公司
印　刷	三河市鑫金马印装有限公司
规　格	184mm×260mm　16开本　11.5印张　296千字
版　次	2013年1月第1版　2015年8月第2次印刷
印　数	2001—4000册
定　价	23.00元

前　　言

本教材是高职高专电子信息类专业基本知识、理论平台的重要课程，其相关内容也是通信类、计算机类、自动化类、机电设备类等的重要基本知识和技能，是后续课程以及毕业后从事相关领域工作的理论基础和实践基础。

为了适应21世纪高职高专人才培养课程体系的改革、教育教学内容和模式改革，编者进行了大量电子信息行业企业调研，通过校、企专家座谈会等方式，根据课程基本内容，结合电子通信产品的基本电路，参考国内外相关的教材，选择、序化、组织和设计了本书内容，在编写的过程中，采用教、学、做一体化形式，主要内容包括：测量分析半导体二极管、测量分析半导体三极管、测量分析集成运算放大器、测量分析负反馈放大电路、测量分析信号产生电路、测量分析直流稳压电源六个模块。教材内容适量、实用，叙述简单，便于理解。本书内容简明、文字精练、重点突出，并配有针对性较强的习题。

本书由重庆电子工程职业学院何碧贵老师和韩德勋老师任主编，并负责全书的组织策划、修改补充和定稿工作，黄东和王金成老师任副主编。其中何碧贵老师编写模块二、模块三和附录，韩德勋老师编写了模块一和模块四，黄东老师编写了模块五，王金成老师编写了模块六。

在本书的编写过程中，作者除了依据多年来的教学实践经验外，还借鉴了国内部分高等院校的最新的有关教材，并从中受益匪浅，在此，向各位作者表示衷心的感谢。

由于编者水平有限，错误之处在所难免，恳请读者批评指正。

编　者

2012年10月

本教材常用符号说明

一、下标符号含义

i、o　分别表示输入量和输出量
s、f　分别表示信号源量和反馈量
L　表示负载
REF　表示基准值

二、常用符号含义

A_{u}　电压放大倍数、增益
A_{ud}　差模电压放大倍数、增益
A_{us}　源电压放大倍数、增益
C_{B}　基极旁路电容
C_{E}　发射极旁路电容
C_{S}　源极旁路电容
C_{j}　PN 结结电容
f_{H}　电路高频截止频率（上限频率）
f_{L}　电路低频截止频率（下限频率）
f_{T}　特征频率
BW　通频带
R_{P}　电位器
R_{i}　输入电阻
R_{o}　输出电阻
R_{S}　信号源电阻
R_{L}　负载电阻
R_{f}　反馈电阻
F　反馈系数
F_{u}　电压反馈系数
K_{CMR}　共模抑制比
Q　静态工作点、品质因数
VD　半导体二极管
VT　晶体管
VZ　稳压二极管

三、$U(I)$不同书写体电压（电流）符号的规定

1）大写$U(I)$大写下标，表示直流电压（电流）值，例如U_{BE}表示集电极与发射极之间的直流电压。

2）大写$U(I)$小写下标，表示交流电压（电流）的有效值，例如U_{be}表示集电极与发射极之间的交流电压的有效值。

3）小写$u(i)$大写下标，表示含有直流电压（电流）的瞬时值，例如u_{BE}表示表示集电极与发射极之间的直流电压的瞬时值。

4）小写$u(i)$小写下标，表示含有交流电压（电流）的瞬时值，例如u_{be}表示表示集电极与发射极之间的交流电压的瞬时值。

5）大写$U(I)$小写m下标，表示交流电压（电流）的最大值，例如I_{cm}表示集电极交流电流的最大值。

6）大写V大写双字母下标，表示直流供电电源电压，例如V_{CC}表示集电极直流供电电源电压。

目　　录

模块一

测量分析半导体二极管

教学要求

（1）了解半导体材料特性和 PN 结的形成原理。

（2）理解 PN 结及其单向导电性和二极管的特性。

（3）掌握二极管电路的分析方法。

（4）能利用万用表判断二极管管脚极性和品质好坏。

半导体二极管是最基本的电子器件，是集成电路中最小的组成单位，具有体积小、重量轻、使用寿命长等优点，在工业上广泛使用。本模块首先介绍半导体材料的基础知识，阐述了 PN 结及其单向导电性；重点介绍了半导体二极管的工作原理、特性曲线、主要参数及其基本应用电路；最后介绍了稳压二极管的特性及应用。

任务一　半导体基本知识

任务描述

任务目标	（1）建立 P 型半导体和 N 型半导体的模型 （2）掌握 PN 结的单向导电性
任务实施方法	教师通过对半导体基本知识的介绍，提出本课时的任务；学生看书，采用分组讨论，提出需要解决的问题、完成本任务的思路和方案；小组发言交流，教师对概念的具体讲解，抽查学生对本任务的掌握情况。

在自然界中，物质按导电能力的不同可以分为导体、半导体和绝缘体。导体很容易导电，如铁、铜、铝等物质；绝缘体几乎不能导电，如塑料、陶瓷、橡胶等物质；而半导体的导电能力介于导体和绝缘体之间，如硅（Si）、锗（Ge）、砷化镓（GaAs）等物质，其中硅的应用最广泛。

1.1.1　本征半导体

本征半导体是指完全纯净的、结构完整的半导体，具有晶体结构。常用的半导体材料是硅和锗，它们的原子最外层都是 4 个价电子。为表示方便，采用如图 1.1-1 表示其原子结构模型。把硅或锗等半导体材料制成晶体时，相邻两个原子的一对最外层原子（价电子）成为共有电子。此时，相邻原子之间通过共有价电子的形式而结合在一起，即为“共价键”结构。故在硅或锗晶体中，每个原子都和周围的 4 个原子以共价键的形式相互紧密地联系在一起，如图 1.1-2 所示。

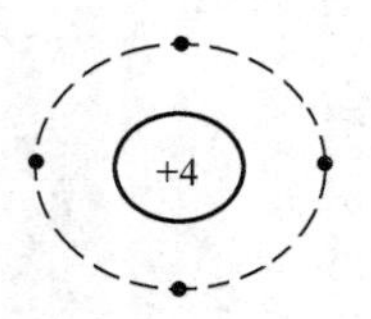

图 1.1-1　硅或锗简化原子结构模型

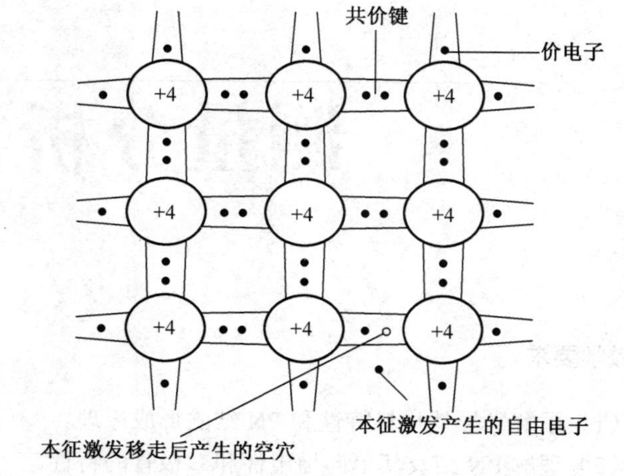

图 1.1-2　共价键结构及本征激发示意图

在绝对温度零度（-273.16℃）和无外界影响的情况下，价电子均被束缚在共价键中，半导体中没有自由运动的带电粒子——载流子。但是当外界温度升高或受到光线照射时，某些价电子就会获得能量。摆脱共价键的束缚而形成自由电子，同时，在共价键中就留下了相同数量的空位，这个空位称为空穴，如图 1.1-2 所示，这种现象称为本征激发。显然，自由电子和空穴是成对出现的，所以称它们为电子空穴对。

由此可见，本征半导体中存在两种载流子：一种是带负电的自由电子和一种是带正电的空穴。由于二者成对出现，电荷量相等，极性相反，因此，本征半导体呈电中性。在外电场作用下，通过它的电流可以分为两部分：一是自由电子逆电场方向定向运动形成的电子电流；二是共价键中价电子填补空穴形成的空穴电流。

自由电子和空穴在运动中相遇后会重新结合在一起而成对消失，这一过程为复合。在温度等一定时，自由电子和空穴对的产生与复合将达到一个动态平衡状态，此时自由电子和空穴对在半导体中的浓度一定。

1.1.2　杂质半导体

本征半导体中掺入少量的微量元素，就会使半导体的导电性能发生显著变化。根据掺杂的不同，杂质半导体可以分为电子（N）型半导体和空穴（P）型半导体。

一、N 型半导体

在纯净的硅或锗晶体中掺入少量的五价微量元素（如磷、砷等），此时五价元素替代了少许晶体中的四价元素，由于磷原子有五个价电子，所以它除了与周围硅原子形成共价键外，还多出了一个价电子，如图 1.1-3 所示。多出的价电子不受共价键的束缚，在室温下就可成为自由电子，自由电子浓度的大幅度增加，会使原先本征激发所产生的空穴被自由电子复合的机会增多，使空穴浓度减少。这种以电子导电为主的半导体称为N型半导体。在N型半导体中，由于自由电子浓度大于空穴浓度，故称自由电子为多数载流子，简称多子；空穴为少数载流子，简称少子。

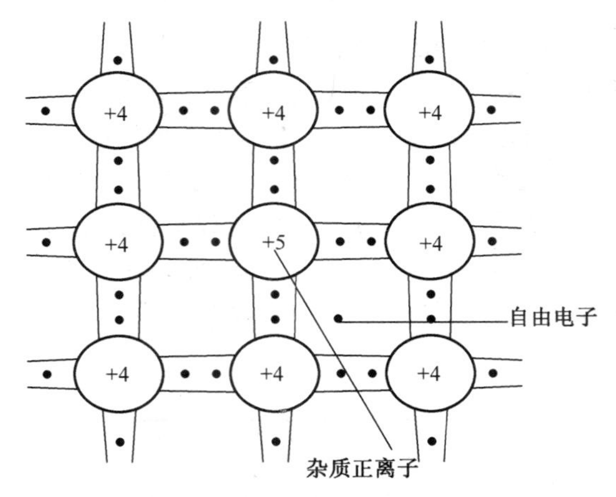

图 1.1-3 N型半导体结构示意图

二、P型半导体

在纯净的硅或锗晶体中掺入少量的三价微量元素（如铝、硼等），此时三价元素替代了少许晶体中的四价元素，由于硼原子有三个价电子，所以它除了与周围硅原子形成共价键外，还产生了一个空位，如图 1.1-4 所示。当硅原子中的价电子填补此空位时，共价键中就会产生一个空穴，这种掺杂使空穴的浓度大幅度增加，这种以空穴导电为主的半导体称为P型半导体。在P型半导体中，由于自由电子浓度小于空穴浓度，故称自由电子为少数载流子；空穴为多数载流子。

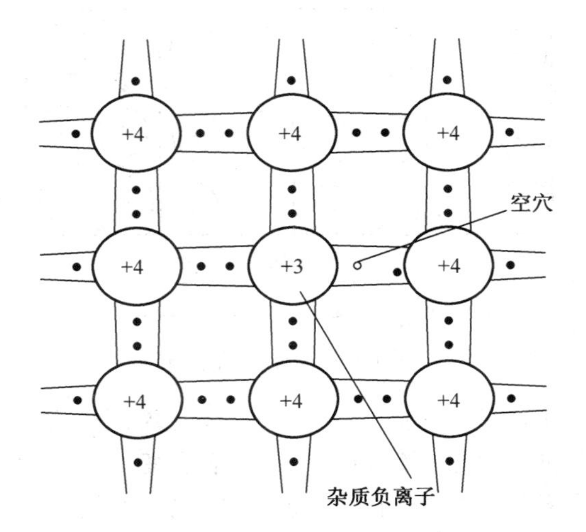

图 1.1-4 P型半导体结构示意图

注意：无论哪种半导体都是呈电中性。

1.1.3 PN 结

一、PN 结的形成

通过特定的工艺在一块半导体的两边分别做成 P 型半导体和 N 型半导体，在两种半导体的交界面，两种载流子的浓度差别很大。由于两种载流子存在浓度差，所以 P 区内的空穴向 N 区运动，N 区的自由电子向 P 区运动，把这种载流子从高浓度向低浓度区域的运动称为扩散运动，如图 1.1-5 所示。由扩散运动所形成的电流称为扩散电流。而扩散到对方区域的载流子都变成了少数载流子，在两个区域的交界面附近，它们将会与该区域中的多数载流子复合。此时，在两个区域的交界面附近就形成了只有正负离子、没有任何载流子的区域，这个区域称为空间电荷区，即为 PN 结，如图 1.1-6 所示。在这个区域中，载流子已经耗尽，所以又称为耗尽区。

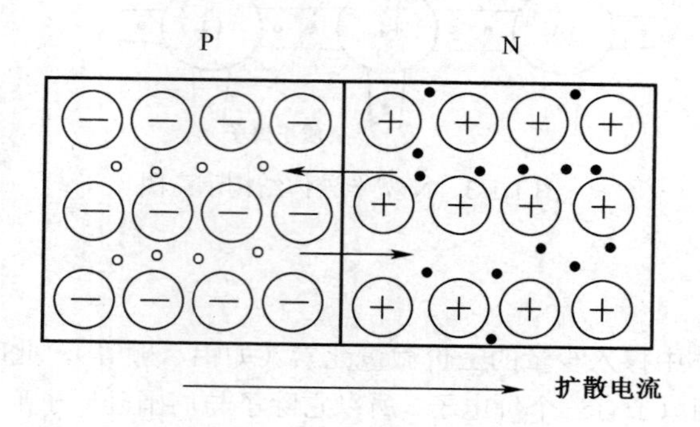

图 1.1-5　多数载流子的扩散运动

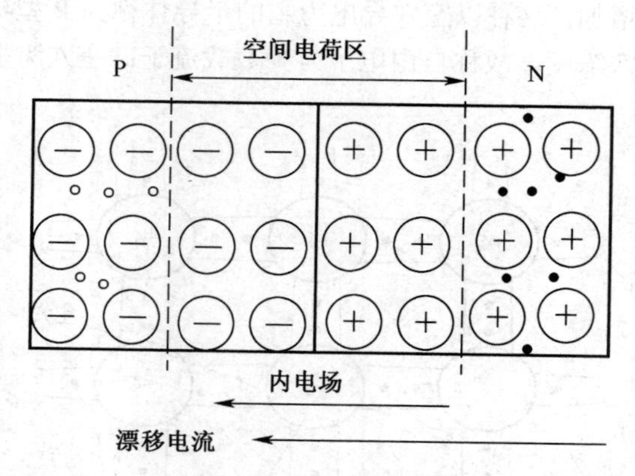

图 1.1-6　PN 结的形成

在空间电荷区中，P 区侧只有负离子区，N 区侧只有正离子区，于是就形成了一个由 N 区指向 P 区的一个内电场。随着扩散运动的不断进行，空间电荷区变宽，内电场增强，对扩散运动起阻碍作用。而两个区域内的少数载流子在电场作用下也会向对方区域运动，这种运动称为漂移运动。由漂移运动产生的电流称为漂移电流。内电场对少数载流子的漂移运动有促进作用。显然，载流子的扩散运动和漂移运动对内电场及其自身的影响是相互矛盾的，当扩散电流和偏移电流相等时，达到动态平衡。此时，空间电荷区的宽度和内电场的强度就确定了。

二、PN 结的单向导电性

在 PN 结上加电压称为偏置电压，若在 P 区接电源正极，N 区接电源负极，称为正向偏置，简称正偏；相反，称为反向偏置，简称反偏。PN 结的单向导电性是指：在 PN 结上接正偏时，PN 结导通，呈低阻性；反之 PN 结截止，呈高阻性。

1. PN 结外加正向电压

如图 1.1-7 所示，外加电源产生的外电场方向与 PN 结内产生的电场方向相反，内电场被减弱，PN 结变窄，多子的扩散运动高于少子的漂移运动，外电路的电流等扩散电流减去偏移电流。此时扩散电流起主导作用，外电路电流约等于扩散电流，即为正向电流。图 1.1-7 中的电阻 R 是为了限制回路电流，防止 PN 结正向电流过大而损坏。

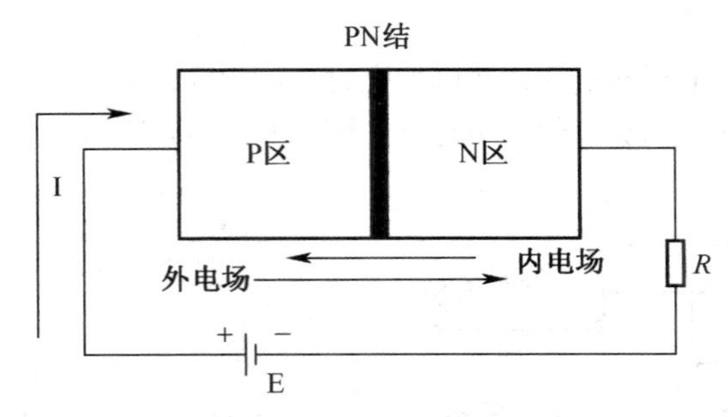

图 1.1-7　正向偏置的 PN 结

2. PN 结外加反向电压

如图 1.1-8 所示，外加电源产生的外电场方向与 PN 结内产生的电场方向相同，内电场被增强，PN 结变宽，多子的扩散运动受阻，少子的漂移运动加强，并在外加电场的作用下，通过外加电源回路形成方向电流。由于少子浓度低，所以方向电流很小，一般为几微安。此时就近似地认为 PN 结处于截止状态。注意，如加的反向电压过大，反向电流就会急剧增加，损坏 PN 结。

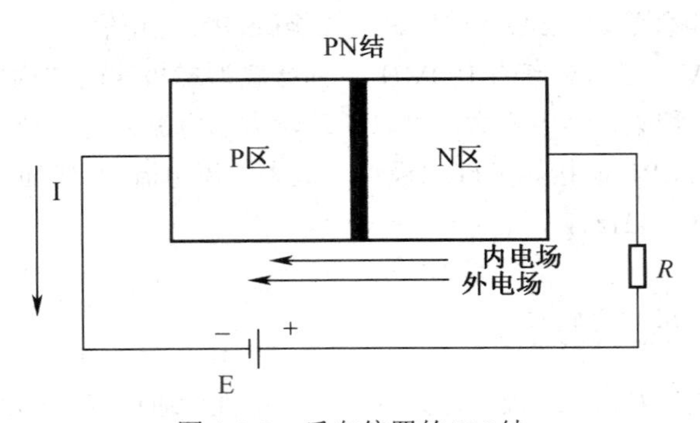

图 1.1-8　反向偏置的 PN 结

任务二　半导体二极管

任务描述

任务目标	（1）能根据外形结构判别二极管的极性 （2）掌握二极管的单向导电性 （3）理解二极管的分析方法
任务实施方法	教师通过对二极管实物的展示，提出本课时的任务；学生看书，采用分组讨论，提出需要解决的问题、完成本任务的思路和方案；小组发言交流，教师对概念的具体讲解和例题的分析，总结本任务的重难点，最后抽查学生对本任务的掌握情况。

1.2.1　半导体二极管的结构和类型

在一个 PN 结两端加上电极和引线，并以外壳封装，就构成了半导体二极管，简称二极管，内部结构如图 1.2-1（a）所示；二极管的电路符号如图 1.2-1（b）所示，用 VD 表示。

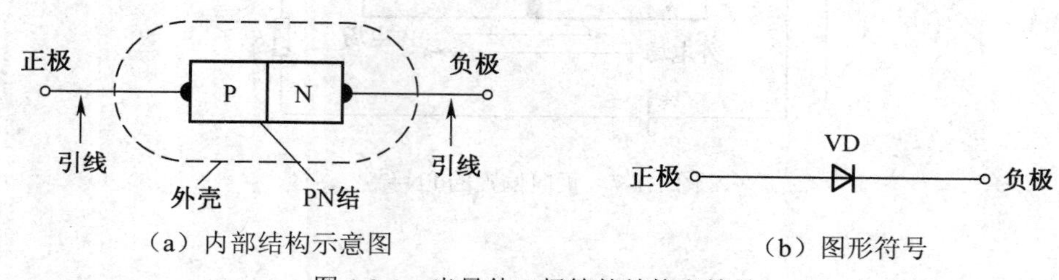

图 1.2-1　半导体二极管的结构和符号

二极管的种类很多，常用的二极管按制造材料分为，硅二极管和锗二极管；按用途分为，整流二极管、稳压二极管、变容二极管、发光二极管等；按结构分为，点接触型二极管和面接触型二极管。点接触型二极管的结构如图 1.2-2（a）所示。由于点接触型二极管的 PN 结结面积小，结电容小，不能通过较大的电流，不能承受较高的反向电压，但其高频性能好，适合作高频检波、小功率电路和脉冲电路的开关组件等。如 2AP9 点接触型二极管，PN 结电容小于 1pF，最大工作电流 8mA，最高反向工作电压为 15V，工作频率为 100MHz。面接触型二极管的结构如图 1.2-2（b）所示。面接触型二极管 PN 结结面积大，结电容大，可以通过较大的电流，能承受较高的方向电流，适用于低频电路中作整流。如 2CP1 面接触型硅二极管，最大整流电流为 500mA，最高反向工作电压为 100V，最高工作频率只有 3kHz。

1.2.2　半导体二极管的伏安特性

二极管由 PN 结构成，因此，二极管也具有单向导电性。通过实测得到二极管的伏安特性曲线如图 1.2-3 所示。

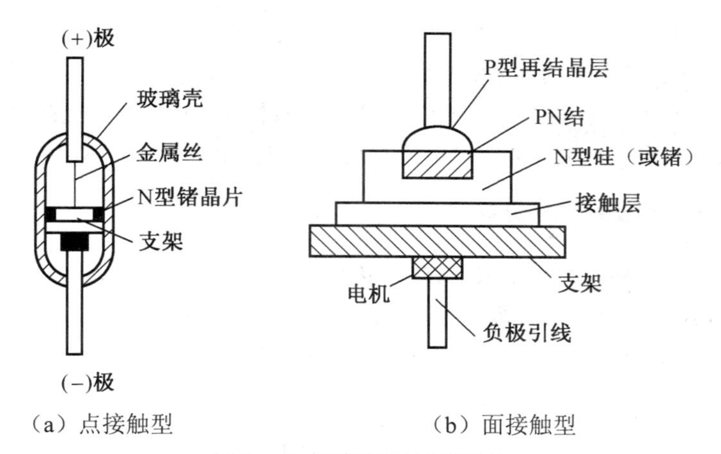

（a）点接触型　　（b）面接触型

图 1.2-2　二极管的结构类型

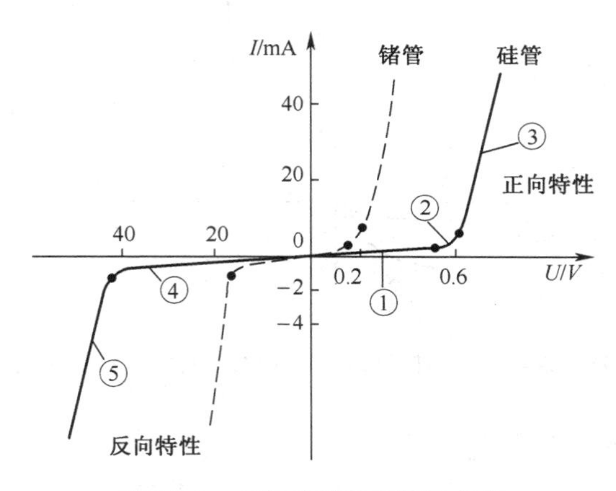

图 1.2-3　二极管的伏安特性曲线

一、正向特性

当时，二极管处于正向特性区。正向特性区又分为三段：①段、②段和③段，如图 1.2-3 所示。

①段，虽然 $U>0$，但是二极管的正向电压很小，此时正向电流也非常小（几乎为 0），如图 1.2-3 中曲线的①段，这个区域通常称为死区。当二极管的正向电压超过某一值时，正向电流就从零开始增大。使二极管刚开始导通时的电压称为死区电压（开启电压），用 U_{th} 表示。一般硅二极管的死区电压为 0.5V 左右，锗二极管的死区电压为 0.1V 左右。

②段，当时 $U>0$，且较小时，开始有正向电流，但二极管正向电流随电压的增长而增长，如图 1.2-3 中曲线的②段。

③段，当时 $U>0$，且较大时，二极管正向电流迅速增大，如图 1.2-3 中的曲线的③段。一般取硅二极管的正向导通电压为 0.7V；锗二极管的正向导通电压为 0.2V。

二、反向特性

当时，二极管处于反向特性区。反向特性区也分为两段，如图 1.2-3 所示。

④段，当时 $U<0$，且很小时，反向电流很小（几乎为 0），且基本与反向电压的大小无关。

⑤段，当时 $U<0$，且很大时，二极管内的 PN 结被击穿，二极管的反向电流将随反向电压的增加而急剧增大，如图 1.2-3 中的曲线的⑤段。此现象称为反向击穿。反向击穿后，只要此时二极管的功率不超过 PN 结的耗散功率，二极管一般都不会被损坏。只要撤掉反向电压，二极管性能恢复，这种击穿称为电击穿；如果反向击穿电流过高，则导致 PN 结被烧坏，这种击穿称为热击穿。

三、温度对二极管伏安特性的影响

由于温度与半导体器件中的少子浓度有关，因此当温度发生改变时，二极管的伏安特性有显著的影响，如图 1.2-4 所示。当温度升高，二极管的正向特性将左移，反向特性将下移。温度每升高 1℃，正向导通电压将降低 2～2.5mV；温度每升高 10℃，反向电流约增大一倍。

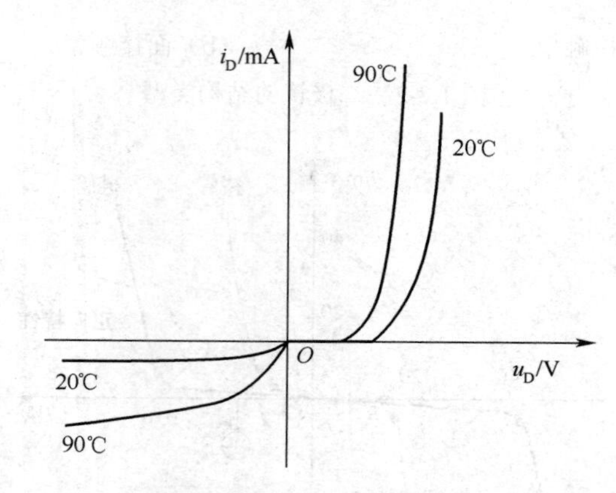

图 1.2-4　温度对二极管（2AP22）特性曲线的影响

1.2.3　半导体二极管的主要参数

电子器件的参数是器件特性的定量描述，是合理选择和正确使用器件的重要依据。二极管的主要参数如下。

1. 最大整流电流 I_F

I_F 是指二极管长期工作时所允许通过的最大的正向平均电流。在实际使用时，不能超过此值，否则二极管被烧坏。

2. 最大反向工作电压 U_R

U_R 是指二极管在正常工作时所允许加在二极管两端的最大的反向电压值。在实际使用时，二极管的反向电压不能超过此值，否则二极管会因为反向击穿而烧坏。通常 U_R 为击穿电压 $U_{(BR)}$的一半。

3. 反向电流 I_R

I_R 是指二极管未被击穿时的反向电流值。I_R 越小，二极管的单向导电性越好。

4. 结电容 C_j

C_j 是反映二极管中 PN 结电容效应的参数。在高频或开关状态运用时，必须考虑二极管结电容的影响。二极管的结电容包括势垒电容 C_B 和扩散电容 C_D 两部分。

（1）势垒电容 C_B。

C_B 是由耗尽层（空间电荷区）引起的。其大小与 PN 结上偏置电压的大小有关，因此势垒电容为非线性电容。

（2）扩散电容 C_D。

C_D 是由多数载流子在扩散过程中的积累引起的。其大小随外加电压的变化而变化，也是一种非线性电容。

一般情况下，势垒电容和扩散电容都很小，对低频特性影响非常小，但工作频率很高时，就必须考虑二极管的结电容的影响。

5．最高工作频率 f_M

f_M 是 PN 结的点电容大小决定的参数。当工作频率 f 超过 f_M，而结电容的容抗减小到可以与反向交流电阻相比拟时，二极管将逐渐失去它的单向导电性。

上述参数中的 I_F、U_R 和 f_M 为二极管的极限参数，在实际使用中不能超过。应当指出，由于制造工艺的限制，即使是同一型号的管子，参数的分散性也很大。因此，手册上所给的参数是在一定测试条件下测得的，使用时要注意这些条件。若条件改变，相应的参数值也会发生变化。

1.2.4　半导体二极管的分析方法

1．二极管的分析方法

从二极管的伏安特性曲线知，二极管是一种非线性器件，因此二极管电路的一般分析方法有：图解法和模型法，这里主要介绍几种常见的模型分析方法。

（1）理想模型。

二极管的理想模型如图 1.2-5 所示。二极管正向导通时，其导通电压为零；二极管反向截止时，二极管呈高阻性，反向电流为零，称为理想二极管。此时，二极管就相当于一个开关。

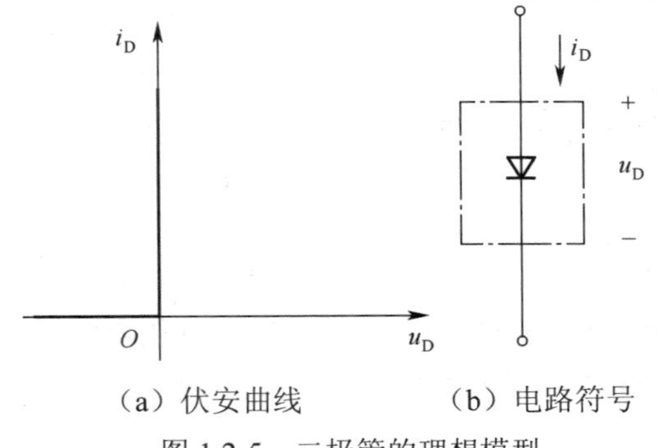

（a）伏安曲线　　　　（b）电路符号

图 1.2-5　二极管的理想模型

（2）恒压降模型。

二极管的恒压降模型如图 1.2-6 所示。此时二极管的正向压降为一常数，反向电阻无穷大，反向电流为零。相当于理想二极管串联了一个恒压源 U_D。一般取硅管的 U_D 为 0.7V，锗管的 U_D 为 0.2V。

（3）折线模型。

为了更好地反映二极管的 U-I 特性，在恒压降模型的基础上作了一定的修正，即认为二极管的管压降不是恒定的，而是随着流过二极管电流的增加而增加的，所以在模型中通常用一个直流电源与一个电阻 r_p 来作进一步的近似，如图 1.2-7 所示。直流电源的电压选定为二极管的开启电压 U_{th}，约为 0.5V，r_p 的值为 200Ω。由于二极管的离散性，U_{th} 和 r_p 的值不是固定不变的。

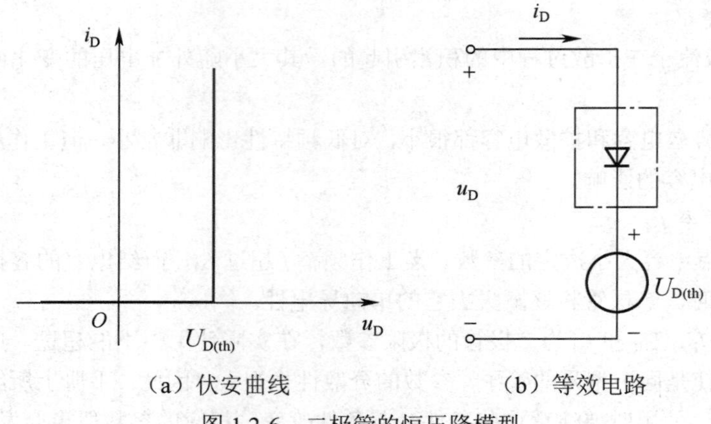

（a）伏安曲线　　（b）等效电路

图 1.2-6　二极管的恒压降模型

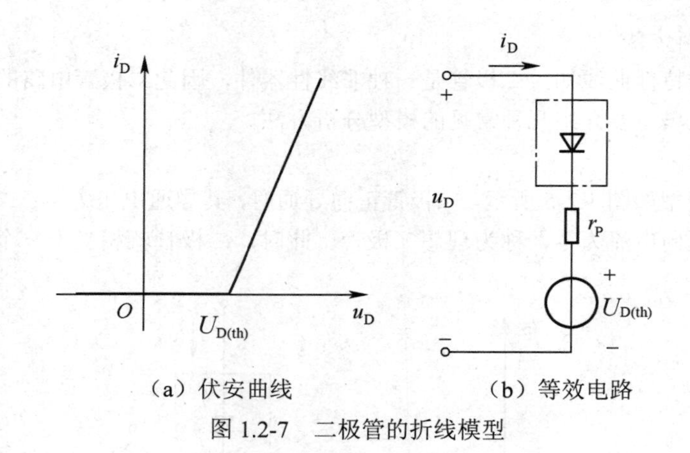

（a）伏安曲线　　（b）等效电路

图 1.2-7　二极管的折线模型

例 1.1　二极管电路如图 1.2-8（a）所示，二极管为硅管，R=2kΩ。试用二极管的理想模型和恒压降模型，分别求出 U_S=6V 和 U_S=18V 时回路的电流 I_O 和输出电压 U_O 的值。

解：将二极管用理想模型和恒压降模型代入，可作出如图 1.2-8（b）和 1.2-8（c）所示电路。

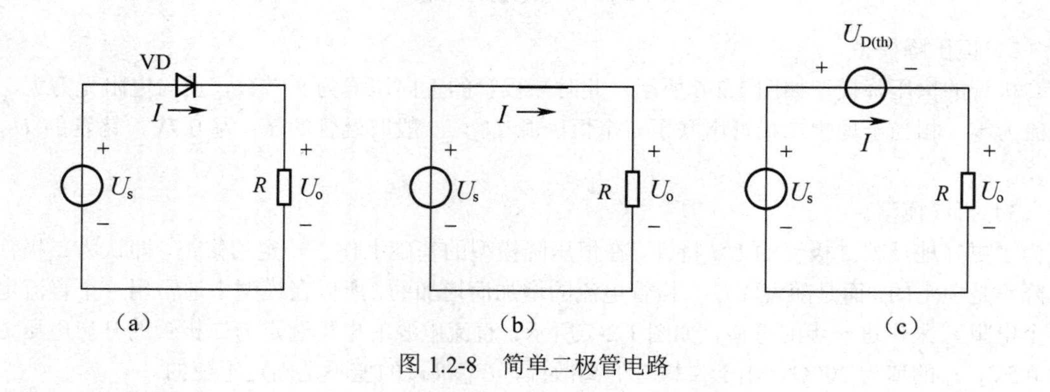

（a）　（b）　（c）

图 1.2-8　简单二极管电路

（1）当 U_S=6V 时，由图 1.2-8（b）可得

$$U_O = U_S = 6\text{V}$$

$$I_O = \frac{U_S}{R} = \frac{6\text{V}}{2\text{k}\Omega} = 3\text{mA}$$

由图 1.2-8（c）可得

$$U_O = U_S - U_{D(th)} = 6 - 0.7 = 5.3$$

（2）当 U_S=18V 时，由图 1.2-8（b）可得

$$U_O = U_S = 18\text{V}$$

$$I_O = \frac{U_S}{R} = \frac{18\text{V}}{2\text{k}\Omega} = 9\text{mA}$$

由图 1.2-8（c）可得

$$U_O = U_S - U_{D(th)} = 18 - 0.7 = 17.3\text{V}$$

$$I_O = \frac{U_O}{R} = \frac{17.3\text{V}}{2\text{k}\Omega} = 8.65\text{mA}$$

上例得出，U_S 越大，U_{th} 的影响越小，即当电源电压远大于二极管的开启电压时，可采用二极管理想模型；当电源电压较低时，采用恒压降模型较为合理。

任务三 半导体二极管的基本应用

任务描述

任务目标	（1）加深对二极管单向导电性的理解 （2）理解二极管基本电路的分析方法
任务实施方法	教师通过对上节介绍的二极管基本知识的回顾，提出本课时的任务；学生看书，采用分组讨论，提出需要解决的问题、完成本任务的思路和方案；小组发言交流，教师对概念的具体讲解和例题的分析，总结本任务的重难点，最后抽查学生对本任务的掌握情况。

二极管的应用非常广泛，利用二极管的单向导电性及导通电压很小等特点，可实现限幅、整流、电平选择及滤波等功能。

1.3.1 限幅电路

在电子电路中，为了降低信号的幅度以达到电路工作的要求或为了保护某些器件不受大信号电压作用而损坏时，往往利用二极管的单向导电性和正向导通压降基本恒定的特性来限制信号的幅度，称为限幅。限幅电路分为上限幅和下限幅电路。

图 1.3-1 是一个简单的上限幅电路，假设图中二极管是理想的，则当 $u_i \geqslant E$ 时，VD 导通，$u_o=E$，二极管的最大电压限制在 E；当 $u_i<E$ 时，VD 截止，二极管断开，$u_o=u_i$。

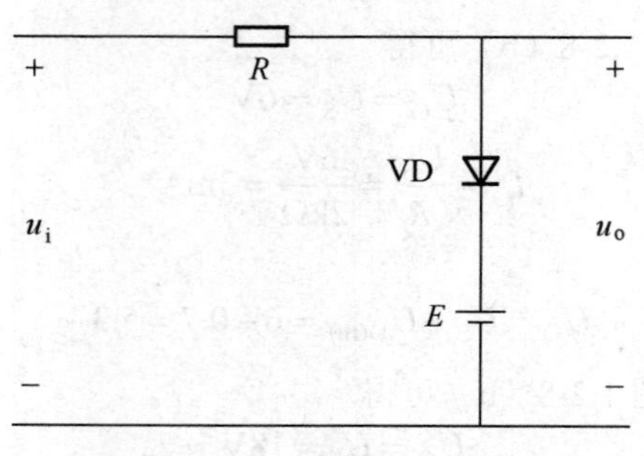

图 1.3-1　上限幅电路

例 1.2　已知电路如图 1.3-2 所示，其中二极管为理想二极管，$u_i=5\sin\Omega t\text{V}$，试画出输出电压 u_o 的波形。

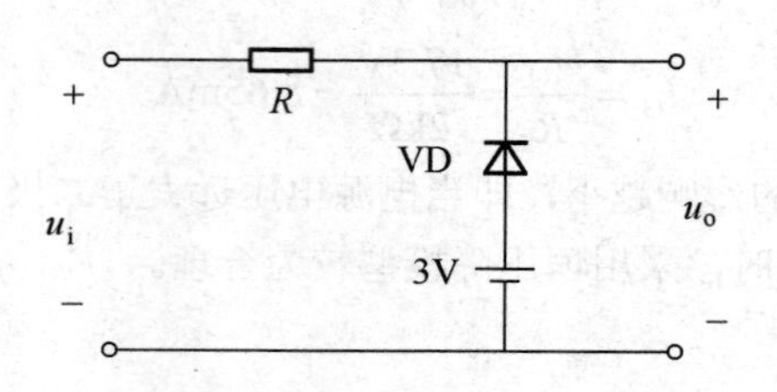

图 1.3-2　限幅电路

解：当 $u_i<3$ 时，二极管导通，此时二极管的输出电压 $u_o=3\text{V}$；

当 $u_i\geqslant3$ 时，二极管截止，此时二极管的输出电压 $u_o=u_i$；波形如图 1.3-3 所示。

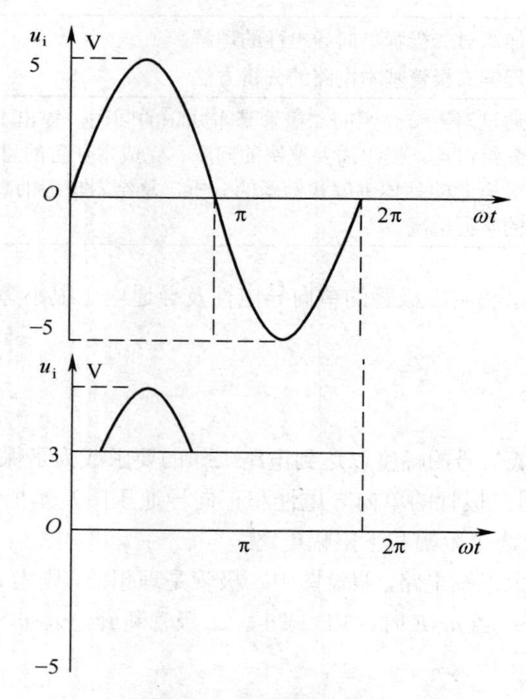

图 1.3-3　例题 1.2 波形

1.3.2 整流电路

整流就是将交流电变成脉动的直流电。利用二极管的单向导电性可以组成多种形式的整流电路，常用的整流电路有单相半波整流电路和桥式整流电路。

图 1.3-4（a）为桥式整流电路。设二极管为理想的，则

1）在 u_i 正半周时，二极管 VD_2、VD_4 导通，VD_1、VD_3 截止，则流过负载 R_L 上的电流 i_1 为自上而下，在 R_L 上产生的电压 u_L 上正下负。

2）在 u_i 负半周时，二极管 VD_1、VD_3 导通，VD_2、VD_4 截止，同样流过负载 R_L 上的电流 i_2 也为自上而下，在 R_L 上产生的电压 u_L 也是上正下负。因此可画出负载上的输出波形，如图 1.3-4（b）所示。

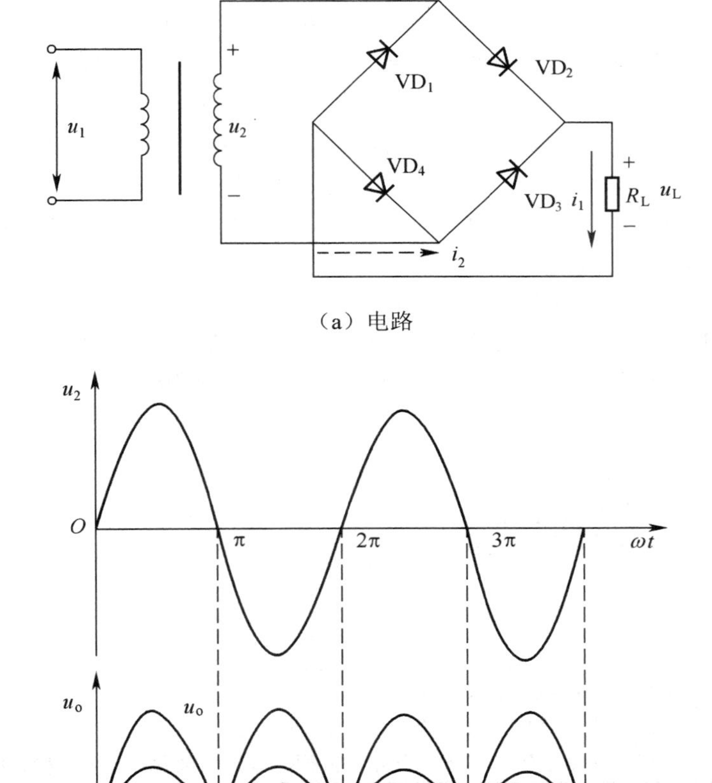

（a）电路

（b）波形

图 1.3-4 二极管全波整流电路

1.3.3 电平选择电路

从多路输入信号中选出最低电平或最高电平的电路，称为电平选择电路，如图 1.3-5 所示。假设二极管为理想的。

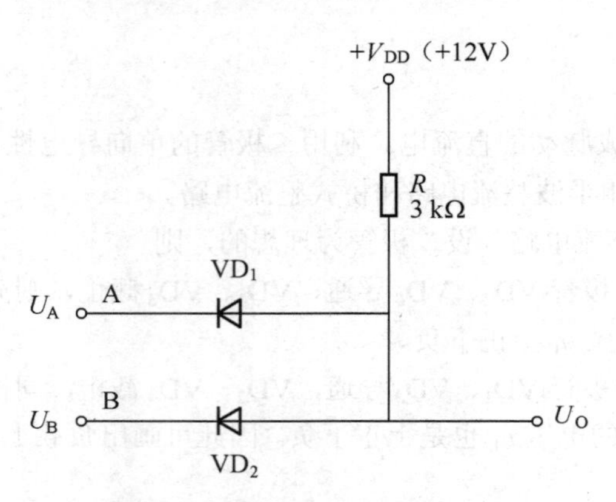

图 1.3-5　简单的电平选择电路

1）当 $U_A=U_B<12V$ 输入时，二极管均导通，输出 U_O 为 U_A（U_B）；

2）当 $U_A<U_B<12V$ 输入时，此时 VD_1 导通，则 U_O 为 U_A，从而使 VD_2 截止；相反当 $U_B<U_A<12V$ 输入时，此时 VD_2 导通，则 U_O 为 U_B，从而使 VD_1 截止；

3）当 $U_A=U_B\geqslant 12V$ 时，二极管均截止，输出 U_O 为 12V；可见，该电路选出了任意时刻两路信号中的低电平信号。

例 1.3　已知电路图如图 1.3-5 所示，已知二极管是理想的，其中 U_A 为 5V，U_B 为 7V，试问二极管 VD_1，VD_2 的状态并求出 U_O。

解：已知二极管 VD_1，VD_2 为理想二极管，有

当 $U_A=5V$，VD_1 正向导通电压为 7V，而 $U_B=7V$，VD_2 的正向导通电压为 5V，因此 VD_1 会优先导通，VD_1 导通后，U_O 为 5V，这时 VD_2 阳极电压为 5V，比阴极电压小，所以 VD_2 反向截止，输出电压 U_O 为 5V。

任务四　特殊二极管及其应用

任务描述

任务目标	（1）掌握稳压二极管的伏安特性 （2）理解稳压二极管的主要参数 （3）了解变容二极管、发光二极管、激光二极管和光电二极管的应用
任务实施方法	教师通过对稳压二极管、变容二极管、激光二极管和光电二极管实物的展示，提出本课时的任务；学生看书，采用分组讨论，提出需要解决的问题、完成本任务的思路和方案；小组发言交流，教师对概念的具体讲解和例题的分析，总结本任务的重难点，最后抽查学生对本任务的掌握情况。

二极管及由其组合构成的器件种类很多，用途广泛。除了前面介绍的普通二极管外，还有一些特殊用途的二极管，如稳压二极管、变容二极管、发光二极管、激光二极管和光电二极管等，现简单介绍如下。

1.4.1 稳压二极管

稳压二极管（简称稳压管）是一种利用特殊工艺制成的面接触型硅二极管，其在反向击穿时，在一定的电流范围内具有稳压的作用，被广泛应用于限幅电路和直流电源的稳压电路中。

一、稳压二极管的伏安特性

稳压管符号和伏安特性如图 1.4-1 所示。稳压管的正向特性曲线与普通二极管相似，若给稳压二极管外加反向电压，当反向电压达到反向击穿电压时，稳压二极管反向击穿，如果把反向电流控制在一定范围内，其反向击穿特性陡峭，几乎平行于纵轴，此时电压不变，呈稳压特性。

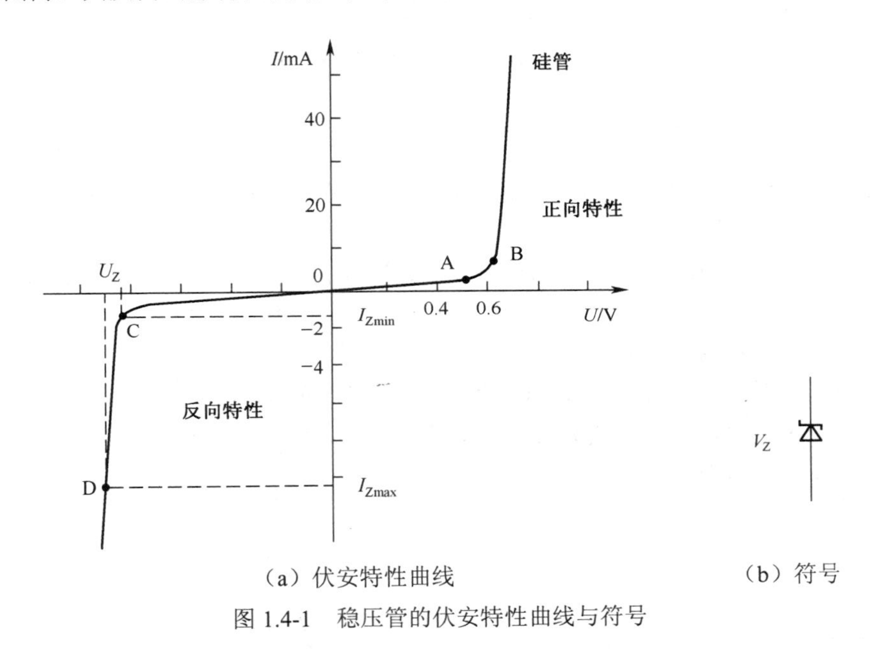

（a）伏安特性曲线　（b）符号

图 1.4-1　稳压管的伏安特性曲线与符号

二、稳压二极管的主要参数

1. 稳定电压 U_Z

U_Z 是在规定电流 I_Z 下呈现的反向击穿电压。不同型号的稳压二极管，其稳定电压值不同。由于半导体器件参数的离散性，即使是同一型号的管子，U_Z 也可能不相同，例如稳压二极管 2CW21A，其稳压范围为 4～5.5V 之间。

2. 稳定电流 I_Z

I_Z 是指稳压管正常工作时的参考电流值。当工作电流小于此值时，稳压效果差，通常把此时的 I_Z 记做 I_{Zmin}；在稳压管的额定功率小，电流越大，稳压效果越好。

3. 额定功率 P_{ZM}

P_{ZM} 等于最大工作电流 I_{Zmax} 和它对应的稳定电压 U_Z 的乘积，即 $P_Z=U_Z \times I_{Zmax}$，其中 I_{Zmax} 为稳压管允许通过的最大电流，使用稳压管时，不能超过 P_{ZM} 和 I_{Zmax}，否则稳压管会因为过热而烧坏。所以在稳压电路中，必须串接一个适当的限流电阻。

例 1.4　已知稳压二极管稳压电路如图 1.4-2 所示，若限流电阻 R=2kΩ，U_Z=12V，I_{Zmax}=18mA，

通过稳压二极管的电流 I_Z 为多少？限流电阻的值是否合适？

解：由图 1-4-2 可知：$I_Z = \dfrac{(25-12)\text{V}}{2\text{k}\Omega} = 6.5\text{mA}$

因为 $I_Z < I_{Z\max}$，所以限流电阻的值是合适的。

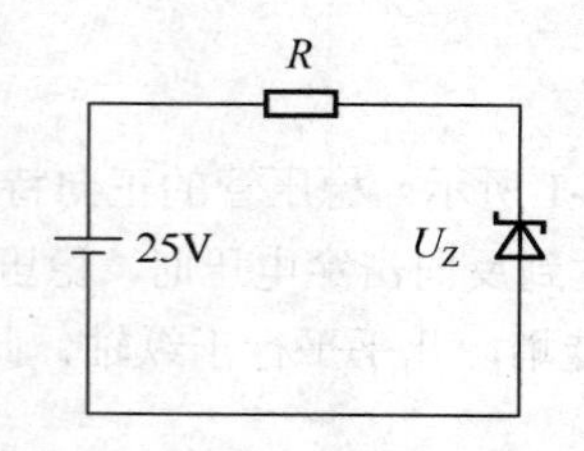

图 1.4-2　稳压二极管稳压电路

1.4.2　变容二极管

变容二极管工作电压为反向电压，是利用 PN 结工作在反偏时，结电容大小随外加电压的变化而变化的特性而制成的半导体器件。

从 PN 结形成原理上看出，二极管的结电容可等效为平行板电容。当二极管外加的反向电压增加时，PN 结的耗尽层就会变宽，相当于平行板电容板间距离增大，电容量减小；当外加反向电压减小时，此时耗尽层变窄，相当于平行板电容板间距离减小，电容量增大。

变容二极管的电路符号如图 1.4-3（a）所示，压控特性曲线如图 1.4-3（b）所示。变容二极管的电容量通常很小，一般在 5～300pF 之间。变容二极管常被作为可变电容用于点时间的调谐电路中，实现选择电视频道的功能。

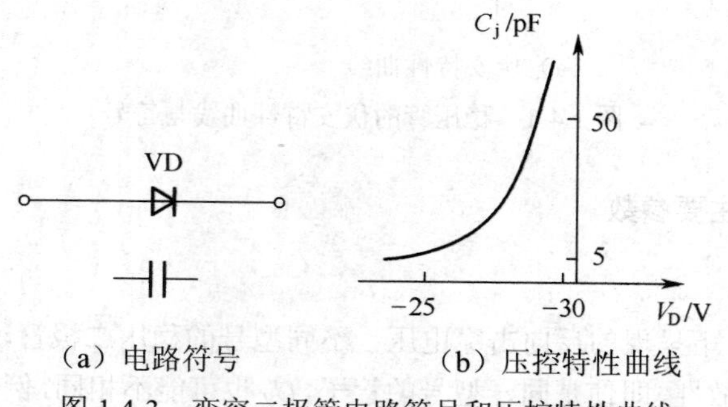

图 1.4-3　变容二极管电路符号和压控特性曲线

1.4.3　发光二极管

发光二极管（LED）能把电能转换为光能，是一种光发射器件。该类二极管的 PN 结通常是由镓（Ga）、绅（As）、磷（P）等元素的化合物制成。把正向电压加在发光二极管时，它就会发光。目前发光二极管的颜色有红、黄、橙、绿、白和蓝等，所发光的颜色取决于制造二极管所用的材料，如用砷化镓发红光，用磷化镓发绿光。

发光二极管的电路符号和伏安特性曲线如图 1.4-4 所示。发光二极管工作于正偏导通时，其伏安特性曲线与普通二极管类似，但发光二极管的开启电压和正向导通电压均高于普通二极管，开启电压约为 1.2V，正向导通电压一般在 1.7～2.4V 之间；其工作电流一般为 5～20mA。

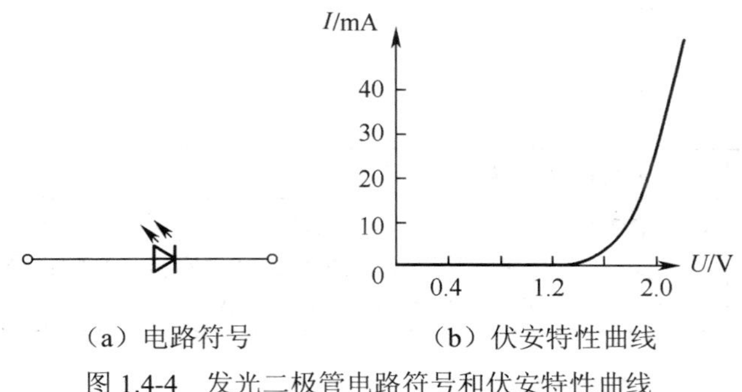

（a）电路符号　　（b）伏安特性曲线

图 1.4-4　发光二极管电路符号和伏安特性曲线

1.4.4　激光二极管

激光二极管（LD）实质上也是一种发光二极管，但其物理结构不同于 LED。激光二极管是在发光二极管的结间安置了一层具有光活性的半导体材料，其端面经过抛光后具有反射功能，从而形成一个光谐振腔。给激光二极管加正向导通电压时，光谐振腔中发射出相位、频率、方向等完全相同的激光。激光的波长与所采用的半导体材料的物理性质有关。激光的颜色很纯，而且能量高度集中，使激光二极管在小功率光电设备中得到广泛的应用，如激光唱机（CD 唱机）、激光影碟机（LD、VCD、DVD 影碟机）以及计算机的光驱等。

激光二极管的电路符号和发光二极管的电路符号相同。

1.4.5　光电二极管

光电二极管又称为光敏二极管，是一种将光信号转换成电信号的特殊二极管，其 PN 结工作在反向偏置状态。其电路符号、等效电路和伏安特性曲线如图 1.4-5 所示。在无光照时，光电二极管与普通二极管一样，具有单向导电性，反向电流很小（称为暗电流，一般小于 0.1μA），反向电阻高达几十兆欧；当有光照时，反向电流明显增大，特性曲线下移，反向电阻下降到几千欧至几十千欧。

光电二极管的应用广泛，可用于光测量和光电控制等。大面积的光电二极管还可以将光能转换成电能，当作一种能源器件，即光电池。

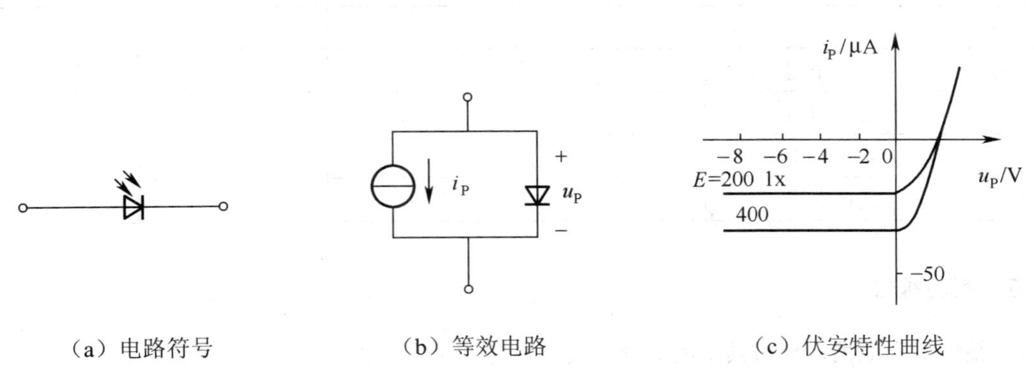

（a）电路符号　　（b）等效电路　　（c）伏安特性曲线

图 1.4-5　发光二极管电路符号、等效电路和伏安特性曲线

任务五　实验与实践

任务描述

任务目标	用万用表检测半导体二极管
任务实施方法	教师通过对二极管基本知识的回顾，提出本课时的任务；教师操作演示测量的方法和操作步骤，强调操作注意事项；学生实验，教师指导、检查、学生交流汇报实验结果；教师点评分析任务的完成情况，学生总结本课时的收获。

一、实验目的

1．熟悉半导体二极管。

2．掌握用万用表判别二极管引脚极性及好坏的技能。

3．掌握用万用表测量二极管正、反向电阻的大致数据范围的方法。

二、实验原理

把万用表电阻档量程置 R×100 或 R×1k，分别用红表笔和黑表笔接触二极管的两个电极，经过两次表笔交换测量，若测量的结果电阻有明显的差别，根据二极管的单向导电性，则可认定所测二极管是好的。测量结果呈低电阻时黑表笔所接电极为二极管的正极，另一端为负极。

三、实验设备

各种型号的二极管若干、万用表

四、实验内容

1．用万用表 R×100 档测量各二极管的正、反向电阻，并辨别引脚的极性，将各晶体二极管的型号和测得的电阻值记入表 1.5.1 中。

2．用万用表 R×1k 档测量各二极管的正、反向电阻，将数据记入表 1.5.1 中。

表 1.5.1　二极管的正、负电阻

管型					
R×100	正向电阻				
R×100	反向电阻				
R×1k	正向电阻				
R×1k	反向电阻				

五、实验报告

1．整理实验数据，分析其中的原理。

2．其他（包括实验的心得、体会及意见等）。

小结

1．半导体中参与导电的有两种载流子：自由电子和空穴。载流子有两种运动方式：多子的扩散运动和少子的漂移运动。掺入不同的杂质可分别制成 P 型和 N 型半导体。

2．PN 结是 P 型半导体和 N 型半导体的交界处的一个空间电荷区。在 PN 结两端加正向电压导通，加反向电压截止，即 PN 结的单向导电性。

3．半导体二极管是由 PN 结组成的，因此二极管同样存在单向导电性。硅二极管的正向导通电压约 0.7V，锗管约 0.2V。根据其这一特性，可以把二极管简化成几种电路模型：理想模型、恒压降模型、折线模型和小信号模型等。

4．二极管的应用非常广泛，可用于限幅、整流和电平选择电路等；稳压二极管是利用特殊工艺制成的一种工作在反向击穿区起稳压作用的二极管。

习题

1.1　填空题

1．在杂质半导体中，多数载流子的浓度主要取决于__________，而少数载流子的浓度则与__________有很大关系。

2．当温度升高后，二极管的正向压降将__________，反向电流将__________。

3．在本征半导体中掺入微量的三价元素，可制成__________半导体；掺入微量的五价元素，即可制成__________半导体。

4．PN 结具有__________性，当其加__________电压时导通，加__________电压时截止。

5．稳压管是一种特殊的__________管，它的工作区是__________。

1.2　选择题

1．在本征半导体中自由电子的浓度（　）空穴的浓度。

A．等于　　B．高于　　C．低于

2．普通二极管的工作区是（　　）。

A．反向特性区　　B．正向和反向特性区　　C．击穿区

3．PN 结外加正向电压时，空间电荷区将（　　）。

A．变窄　　B．不变　　C．变宽

4．如果二极管的正、反向电阻都很小或为零时，该二极管（　　）

A．已被击穿　　B．内部断路　　C．正常

1.3　判断题

1．在 N 型半导体中，掺入高浓度的三价杂质，可以改型成 P 型半导体。（　　）

2．P 型半导体中空穴数多于自由电子数，所以呈正电性。（　　）

3．二极管的伏安特性可大概理解为反向偏置导通，正向偏置截止。（　　）

4．稳压二极管工作在正常反向击穿状态，切断外加电压后，PN 结应处于反向击穿状态。（　　）

1.4　习题图 1.1 所示各电路中，设二极管为理想二极管，试判断各二极管是导通还是截止，并求出 AO 两端的电压 U_{AO}。

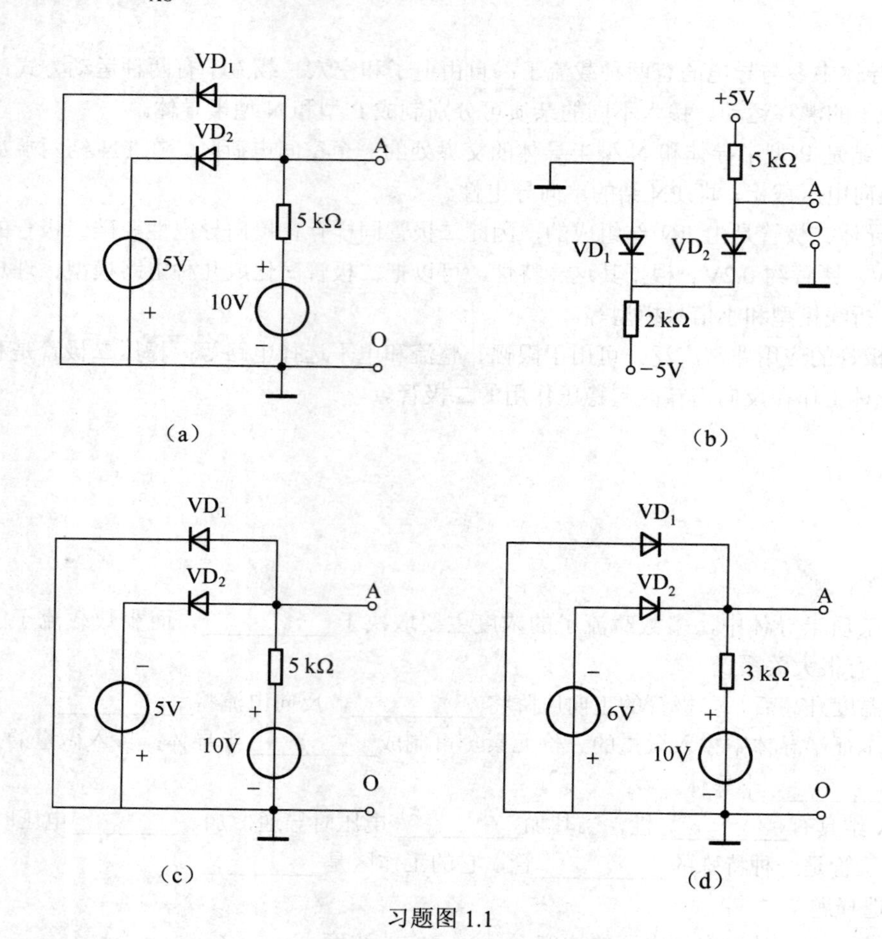

习题图 1.1

1.5　电路如习题图 1.2 所示，设二极管为理想二极管，已知 $u_i = 5\sin\omega t\,\mathrm{V}$，试画出 u_i 和 u_o 的波形。

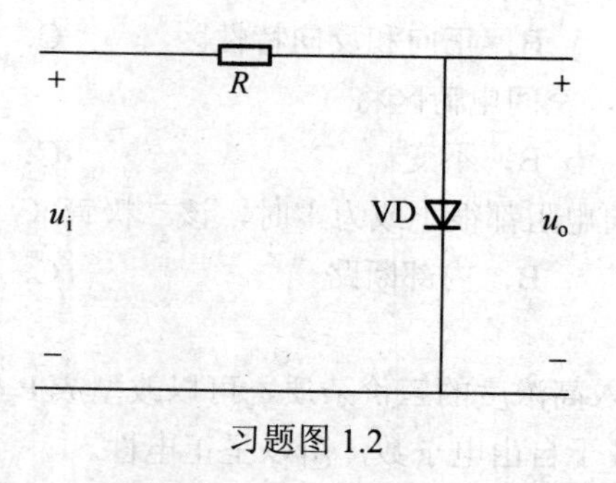

习题图 1.2

1.6　习题图 1.3（a）所示电路中，VD_1、VD_2 为硅管，导通压降均为 0.7V，习题图 1.3（b）为输入 U_A、U_B 的波形，试画出输出电压 u_o 的波形图。

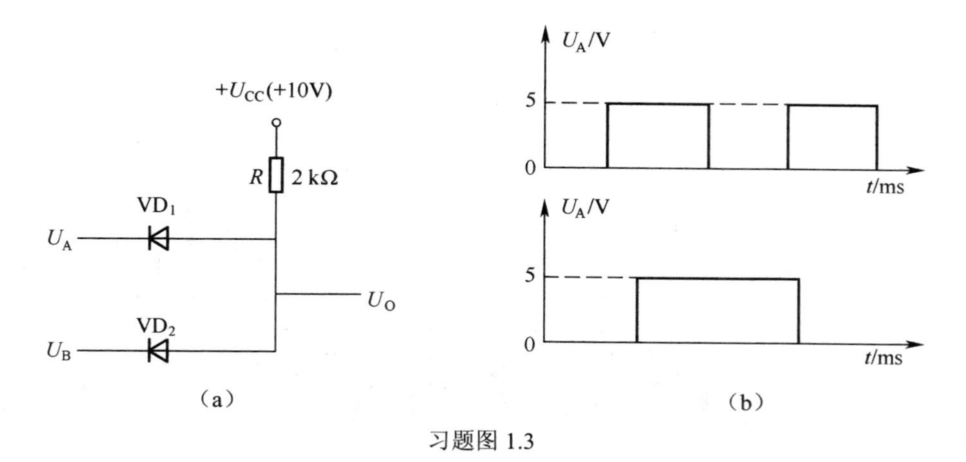

习题图 1.3

1.7　有两只稳压管 VZ_1 和 VZ_2，其稳定电压值为 5V 和 8V，正向压降都是 0.5。如果要得到 3V 的稳定电压，应如何选择？

模块二

测量分析半导体三极管

教学要求

（1）了解半导体三极管的基本特性、放大电路的基本概念、组成原则及主要特点。

（2）理解共发射极、共集电极和共基极组态放大电路工作原理及相关特性。

（3）掌握放大电路的静态工作点计算和基本分析方法：图解法和微变等效电路法。

（4）理解多级放大电路的耦合方式。

（5）理解放大电路的频率响应。

（6）了解放大电路中的噪声与干扰。

（7）能用万用表判别半导体三极管的类型以及三个电极的极性。

（8）掌握放大电路动态特性的测试。

上一模块介绍了由半导体材料构成的二极管，二极管具有单向导电性。但是二极管不能实现电流和电压的放大，本模块介绍一类由三个电极组成的半导体器件，该类半导体器件可以实现电流的放大，是组成各种电子线路的核心。

任务一　半导体三极管的基本知识

任务描述

任务目标	（1）建立双极型三极管和场效应管的模型 （2）掌握双极型三极管的工作原理和特性曲线
任务实施方法	教师通过对半导体三极管（晶体管和场效应管）实物的展示，提出本课时的任务；学生看书，采用分组讨论，提出需要解决的问题、完成本任务的思路和方案；小组发言交流，教师对概念的具体讲解，抽查学生对本任务的掌握情况。

半导体三极管是现代电子电路的核心器件，它的重要特性是具有放大电流的作用。由于半导体材料中电子和空穴两种载流子，根据载流子参与导电的形式，半导体三极管分为双极型三极管（BJT）和场效应管（FET）。

2.1.1　双极型半导体三极管（BJT）

双极型半导体三极管是由于半导体中总有两种载流子（自由电子和空穴）都参与导电，简称为晶体管或三极管。用符号 VT 表示。

一、晶体管的种类和结构

晶体管是利用不同的掺杂方法在同一块半导体上制成三个掺杂区，形成两个紧挨着的 PN 结。晶体管的种类很多，按照工作频率分，有高频管、低频管；按照功率分，有小功率管、大功率管；按照半导体材料分，有硅管、锗管；按封装形式分，有金属封装管和塑料封装管；按照晶体管内三个掺杂区排列方式不同分，有 NPN 管和 PNP 管。

NPN 型晶体管和 PNP 型晶体管的内部结构示意图和符号如图 2.1-1 所示。从图中可以看出，不论是哪种晶体管，都有三个工作区域：发射区、基区和集电区。各区引出的电极依次是发射极 e、基极 b 和集电极 c，有两个 PN 结，发射区与基区之间的 PN 结称为发射结，基区与集电区之间的 PN 结称为集电结。下面着重以 NPN 型晶体管为例进行介绍。

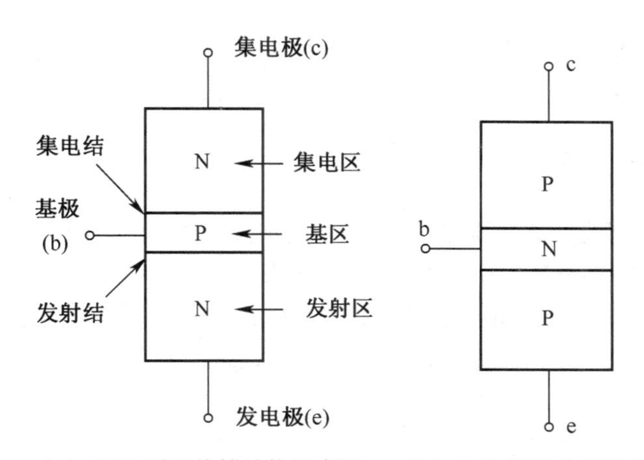

（a）NPN 型晶体管结构示意图　（b）PNP 型晶体管结构示意图

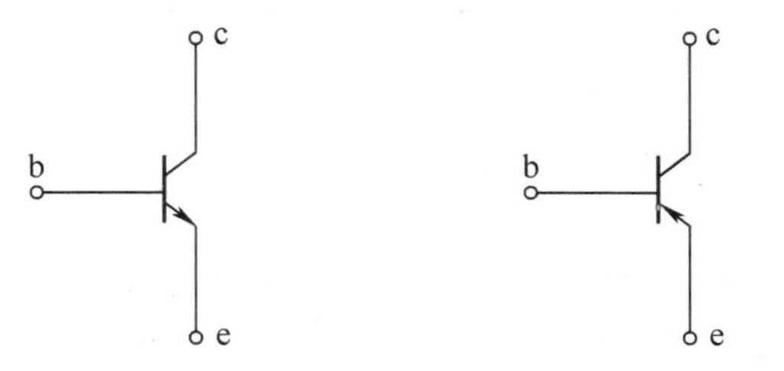

（c）NPN 型晶体管符号　（d）PNP 型晶体管符号

图 2.1-1　晶体管的结构示意图和符号

二、晶体管的三种组态

由于晶体管有三个电极，在连成电路时，必须有两个电极接输入回路，两个电极接输出回路，此时有一个电极必然为公共端，根据公共端所在电极的不同，晶体管有三种组态或三种基本接法。

1. 共发射极接法

共发射极接法是以基极为输入端，集电极为输出端，发射极为公共端，电路如图 2.1-2（a）所示。

2. 共基极接法

共基极接法是以发射极为输入端，集电极为输出端，基极为公共端，电路如图 2.1-2（b）所示。

3. 共集电极激发

共集电极接法是以基极为输入端，发射极为输出端，集电极为公共端，电路如图 2.1-2（c）所示。图 2.1-2 中，"⊥"表示公共端，亦为接地端。

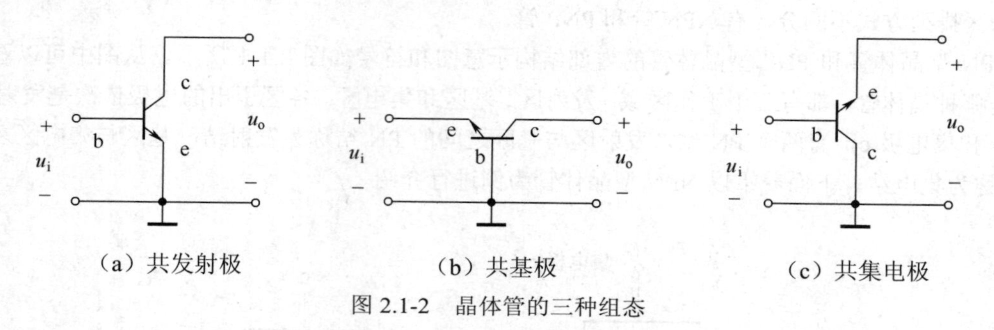

（a）共发射极　　（b）共基极　　（c）共集电极

图 2.1-2　晶体管的三种组态

二、晶体管的电流放大原理

晶体管和二极管一样都是非线性器件，但是它们的主要特性截然不同，二极管主要特性是单向导电性，二晶体管的主要特性与其工作模式有关。根据发射结与集电结设置的偏置电压不同，晶体管有三种工作模式（状态）：放大、饱和和截止状态，如表 2.1.1 所示。

表 2.1.1　晶体管的工作模式

工作状态	发射结	集电结
放大	正偏	反偏
饱和	正偏	正偏
截止	反偏	反偏

这里是以 NPN 共发射极电路介绍其电流放大原理。

1. 晶体管的工作条件

晶体管有电流放大作用必须满足两个工作条件：一个是内部条件，一个是外部条件。

（1）晶体管电流放大的内部条件。

为了保证晶体管具有电流放大作用，在制造晶体管时必须保证晶体管具有以下内部结构特点：

①发射区为重掺杂区，此时多数载流子的浓度较大；

②基区很薄，且掺杂浓度较低；

③集电结结面积大，且掺杂浓度比发射区低。

2）晶体管电流放大的外部条件。

当晶体管被用作放大器件时，要使其能起电流放大作用，工作在放大状态。不论是 NPN 型，还是 PNP 型，都必须使晶体管的发射结正偏，集电结反偏。为此，NPN 型管三个电极的 $V_C>V_B>V_E$ 电位必须满足；PNP 型管三个电极的电位必须满足 $V_C<V_B<V_E$。

2. 晶体管内部载流子的传输过程

图 2.1-3 所示为工作在放大状态下的 NPN 型晶体管内部载流子运动示意图。

（1）发射区的多子注入基区。

电源 V_{BB} 经过电阻 R_B 加在发射极上，使得发射结正偏，发射区的多数载流子（自由电子）不断越过发射结进入基区，自由电子进入基区后，同时基区的多子（空穴）也向发射区扩散。共同作用形成发射极电流 I_E，其方向与电子运动方向相反。由于发射区掺杂浓度大，所以进入基区的电子数远大于基区向反射区扩散的空穴数，故空穴作用忽略不计。

（2）由电子在基区扩散与复合，复合产生的电流形成基极电流 I_B。

因为基区很薄，空穴浓度低，所以被复合的电子数极少，即 I_B 很小，使得自由电子向集电结方向不断扩散。

（3）自由电子被集电区收集。

由于集电结外加反向电压，使其耗尽层加宽，内电场增强，阻止集电区的电子向基区扩散，而促使扩散到集电结的电子作偏移运动到达集电极，形成电流 I_C。同时，由于集电结反偏，使得集电区的空穴和基区中的电子在结电场作用下形成反向饱和电流 I_{CBO}。

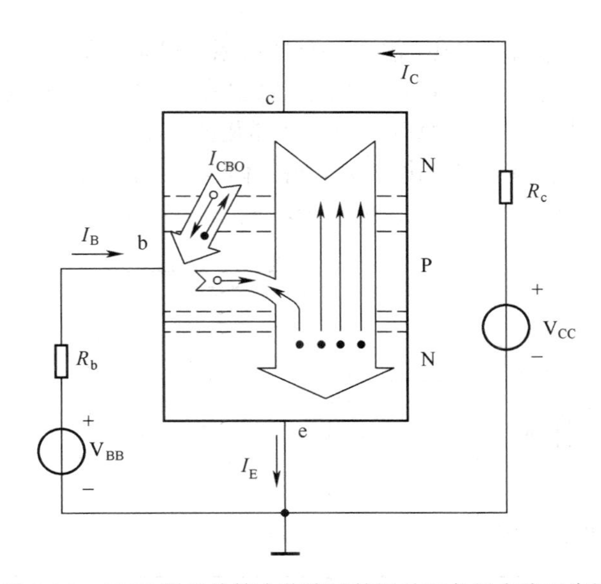

图 2.1-3　NPN 型晶体管中载流子的运动和各级电流示意图

根据图 2.1-3 所示，晶体管的发射极电流是基极电流和集电极电流之和，即

$$I_E = I_B + I_C \tag{2.1.1}$$

发射极、基极和集电极电流之间的关系可用两个电流放大系数 $\bar{\alpha}$ 和 $\bar{\beta}$ 来描述。描述共基极直流电流放大倍数，即

$$\bar{\alpha} \approx \frac{I_C}{I_E} \tag{2.1.2}$$

$\bar{\alpha}$ 恒小于 1，一般为 0.98～0.99，表示共基极没有电流放大。$\bar{\beta}$ 描述共发射极直流电流放大倍数，即

$$\bar{\beta} \approx \frac{I_C}{I_B} \tag{2.1.3}$$

因为 I_B 很小，所以 $\bar{\beta}$ 一般为几十到几百。

由式（2.1.3）可得

$$I_C \approx \bar{\beta} I_B \tag{2.1.4}$$

将式（2.1.4）带入（2.1.1），可得

$$I_E \approx (1+\bar{\beta}) I_B \tag{2.1.5}$$

若考虑基区多子的扩散运动和集电区少子运动情况，则

$$I_C = \bar{\beta} I_B + (1+\bar{\beta}) I_{CBO} = \bar{\beta} I_B + I_{CEO} \tag{2.1.6}$$

式（2.1.6）中 I_{CBO} 指发射极开路时，集电极到基极的反向饱和电流；I_{CEO} 指基极开路时，集电极到发射极的穿透电流。一般情况下，$I_B >> I_{CBO}$。

综上所述，晶体管的工作原理归纳为：在发射结正偏，集电结反偏的条件下，发射区多数载流子完成"扩散——复合——收集"的一个物理过程，从而实现了基极电流对集电极电流的控制作用即实现放大功能。

三、晶体管的伏安特性曲线

和半导体二极管一样，晶体管各级电压和电流的关系若用曲线表示出来，就是晶体管的特性曲线，也叫伏安特性曲线。实际上它是晶体管内部特性的外部表现，是分析放大电路的重要依据。晶体管的伏安特性有输入特性和输出特性两种，工程上常用的是晶体管的输入特性曲线和输出特性曲线，一般都是采用实验的方法逐点描绘出来或者用晶体管特性图示仪测得，下面对共发射极电路的特性曲线进行分析讨论。测试电路如图 2.1-4 所示。

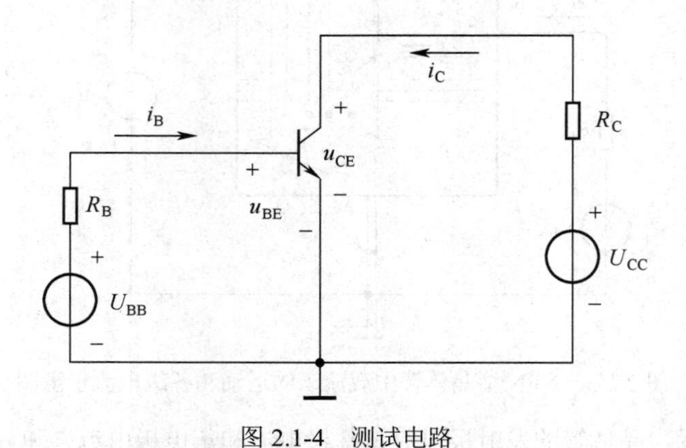

图 2.1-4 测试电路

1. 输入特性曲线

晶体管的输入特性曲线是指 u_{CE} 为某一固定值时，输入电流 i_B 与输入电压 u_{BE} 之间的关系曲线，其函数式为

$$i_{\mathrm{B}} = f(u_{\mathrm{BE}})\big|_{u_{\mathrm{CE}}=\text{常数}} \tag{2.1.7}$$

输入特性曲线如图 2.1-5 所示。通过改变 u_{CE} 的大小，便可以得到一组输入特性曲线。当 u_{CE} 增大时，曲线右移，但是当 u_{CE}＞1V 后，不同的 u_{CE} 数值下的输入特性曲线基本重合。在实际应用时，一般取 u_{CE}=2V 时的输入特性曲线。

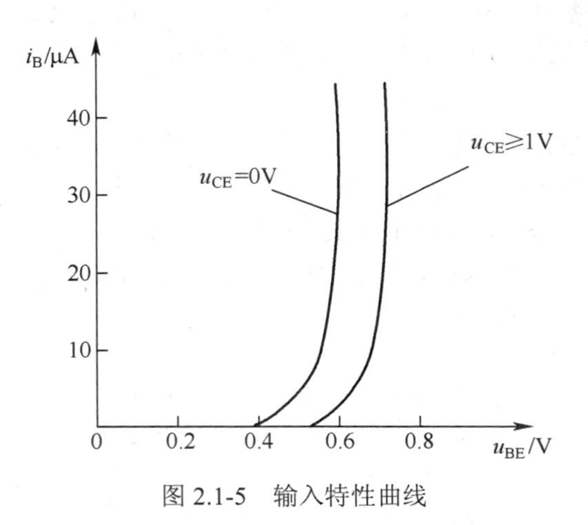

图 2.1-5　输入特性曲线

显然，晶体管的发射结也是一个 PN 结，所以晶体管的输入特性曲线与半导体二极管的正向特性曲线相似。由图 2.1-5 知，晶体管的输入电压必须大于发射结的死区电压，晶体管才能正常工作，硅管通常取 0.7V，锗管取 0.2V。

2. 输出特性曲线

晶体管的输出特性曲线是指当基极电流 i_{B} 为某一固定值时，输出电流 i_{C} 与输出电压 u_{CE} 之间的关系曲线，其函数式为

$$i_{\mathrm{C}} = f(u_{\mathrm{CE}})\big|_{i_{\mathrm{B}}=\text{常数}}$$

输出特性曲线如图 2.1-6 所示，对于每一个 i_{B} 都有一条相应的曲线与之对应，输出特性是一簇曲线。从图中可以看出，晶体管的输出特性曲线分为三个区域：截止区、放大区和饱和区，分别对应于晶体管的三种工作状态：截止、放大和饱和。

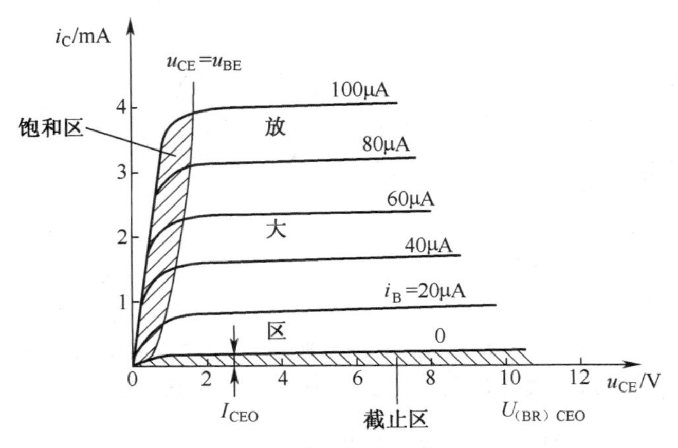

图 2.1-6　输出特性曲线

（1）截止区。

晶体管处于截止区的条件是发射结、集电结均处于反偏状态，即 $U_B<U_E$，$U_B<U_C$。此时 $i_B=0$，$i_C=0$，晶体管的集电极与发射机之间近似开路，呈高阻状态。

（2）放大区。

晶体管处于放大区的条件是发射结正偏，集电结反偏，即 $U_B>U_E$，$U_C>U_B$。在这一区域中 i_C 受 i_B 的控制，即具有电流放大作用；而 i_C 随 u_{CE} 的改变很小，满足 $i_C \approx \bar{\beta} i_B$ 的关系。

（3）饱和区。

晶体管处于饱和区的条件是发射结、集电结均处于正偏状态，即 $U_B>U_E$，$U_B>U_C$。在这一区域中 i_C 随 u_{CE} 的变化而改变，基本不受 i_B 的影响。当 $u_{CE}=u_{BE}$ 时，称为临界饱和。饱和时的集电极与发射极之间的电压称为饱和压降，记作 U_{CES}，一般在 1V 以下。

例 2.1 如图 2.1-7 所示各三极管均工作在放大状态，试判断是 NPN 管还是 PNP 管，并确定每管的 b、e、c，并指出是硅管还是锗管。

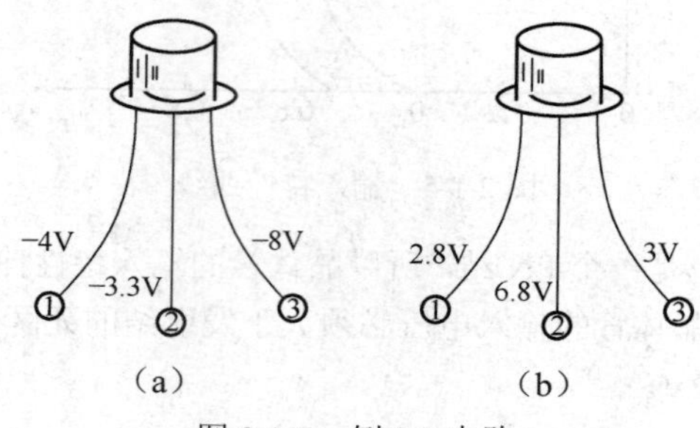

图 2.1-7 例 2.1 电路

解：首先根据图中给定的各极电压值可确定其中一个电极，方法有两种：一是找出三个电压中中间值的电压所在位置，其对应的就是基极；二是找出三个电压中远离其他两个电压的值所在位置，其对应的就是集电极。

然后判断管子的类型，若 $U_C>U_B$，$U_C>U_E$，则为 NPN 型，若 $U_C<U_B$，$U_C<U_B$，则为 PNP 型。

对于图（a），由于①号脚电压值处于三个电压值中间，则①号脚为基极，又由于 $U_C<U_B$，$U_C<U_E$，所以为 PNP 管。因为是 PNP 管，则 $U_B<U_E$，所以①号脚为基极，②号脚为发射极。则 $|U_{BE}|=0.7V$，所以为硅管。

对于图（b），由于③号脚电压值处于三个电压值中间，则③号脚为基极，又由于 $U_C>U_B$，$U_C>U_E$ 所以为 NPN 管。因为是 NPN 管，则 $U_B>U_E$，所以③号脚为基极，①号脚为发射极。则 $|U_{BE}|=0.2V$，所以为锗管。

四、晶体管的主要参数

1. 电流放大系数

电流放大系数的大小是反映晶体管放大能力的强弱，分为直流电流放大系数和交流放大系数。

（1）直流电流放大系数是指在静态时输出电流与输入电流之比。共发射极直流电流放大系数用 $\bar{\beta}$ 表示，即 $\bar{\beta}=\dfrac{I_C}{I_B}$；共基极直流电流放大系数用 $\bar{\alpha}$ 表示，即 $\bar{\alpha}=\dfrac{I_C}{I_E}$。

（2）交流电流放大系数是指在交流工作状态下，输出电流的变化量与输入电流的变化量之比。共发射极交流电流放大系数用 β 表示，即 $\beta=\dfrac{\Delta i_C}{\Delta i_B}$；共基极直流电流放大系数用 α 表示，即 $\alpha=\dfrac{\Delta i_C}{\Delta i_E}$。

显然，直流放大系数和交流放大系数的定义是不同的，但在实际应用中，当工作电流不是很大的情况下，$\bar{\beta}\approx\beta$，$\bar{\alpha}\approx\alpha$，故在应用中不再区分，均用 β、α 表示。

2. 极间反向电流

极间反向电流和电流放大系数一样，都是表征晶体管优劣的主要性能指标。常用的有 I_{CBO} 和 I_{CEO}。

I_{CBO} 指发射极开路时，集电极到基极的反向饱和电流。因温度对 I_{CBO} 影响很大，故选管时应选 I_{CBO} 小且受温度影响小的管子。

I_{CEO} 指基极开路时，集电极到发射极的穿透电流。温度为 I_{CEO} 的影响也很大，特别是中大功率的锗管，会影响管子的直流工作状态，因此实际应用中应挑选 I_{CEO} 尽量小的管子。

3. 极限参数

晶体管的极限参数是指使用时不得超过的极限值，以此保证晶体管正常工作。

（1）集电极最大允许电流 I_{CM}。

I_C 在较大的范围里 β 值基本不变，但当 I_C 的值大到一定程度时 β 值将减小。I_{CM} 指 β 下降到正常值的 2/3 时所对应的集电极电流值。使用时，只要 I_C 超过 I_{CM}，此时管子的性能会明显下降，甚至会损坏管子。

（2）集电极最大允许功耗 P_{CM}。

晶体管的功耗主要由集电结承担。其功耗为 $P_C=I_CU_{CE}$，它将使集电结的温度升高，晶体管发热。因此工作时 P_C 必须小于 P_{CM}。

（3）反向击穿电压 $U_{(BR)CEO}$。

基极开路时集电极、发射极之间最大反向允许电压为反向击穿电压 $U_{(BR)CEO}$，其值一般为几伏到十几伏。U_{CE} 不能超过此值，否则晶体管击穿。

根据上述三个参数，可以确定晶体管的安全工作区。如图 2.1-8 所示，晶体管工作时必须保证工作在安全工作区内，并留有一定的余量。

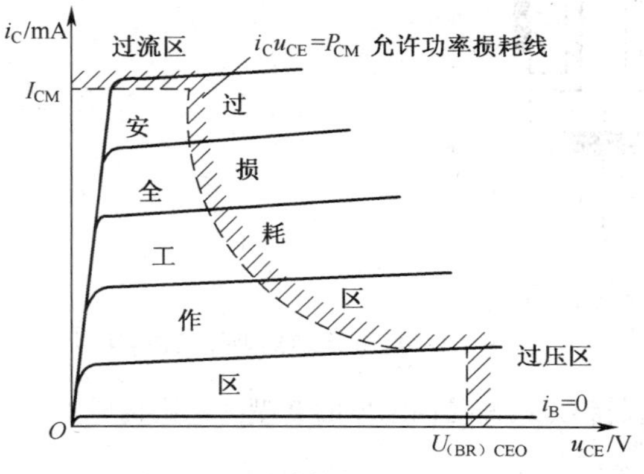

图 2.1-8　晶体管的安全工作区

2.1.2 单极型半导体三极管

单极型半导体三极管在工作过程中，只有一种载流子参与导电，又称为场效应管（FET）。FET具有输入电阻高、噪声低热稳定性好、抗辐射能力强、制造工艺简单和寿命长等优点，因此得到广泛应用。特别是大规模和超大规模集成电路中应用很广。

场效应管根据结构和工作原理不同分为绝缘栅型场效应管（IGFET）和结型场效应管（JFET）；按制造工艺和材料不同分为N沟道场效应管和P沟道场效应管。具体如图2.1-9所示。

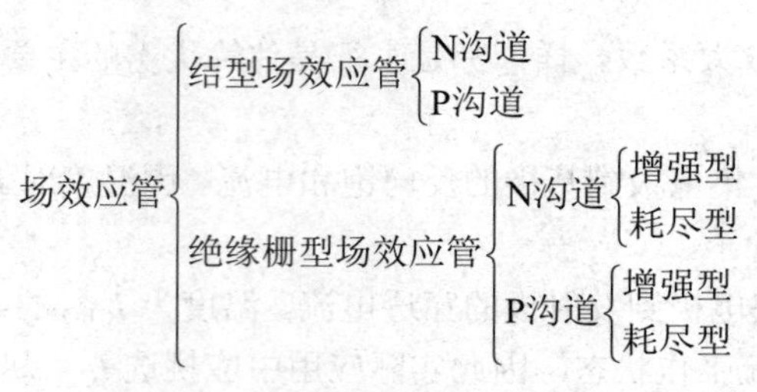

图2.1-9 场效应管的分类

一、结构与符号

1. 结型场效应管的结构与符号

结型场效应管是利用半导体内的电场效应工作的。以P沟道为例，它是在一块P型硅片的两侧分别制作掺杂浓度较高的N型区（用N^+表示）形成两个对称的PN^+区。在两个N^+区之间所夹的P型半导体区，称为导电沟道，即为P沟道结型场效应管。如图2.1-10（a）所示。将两侧的N^+型区连接在一起，引出的电极称为栅极G，在P型半导体材料两端各引出一个电极分别称为源极S和漏极D，其符号如图2.1-10（b）所示。

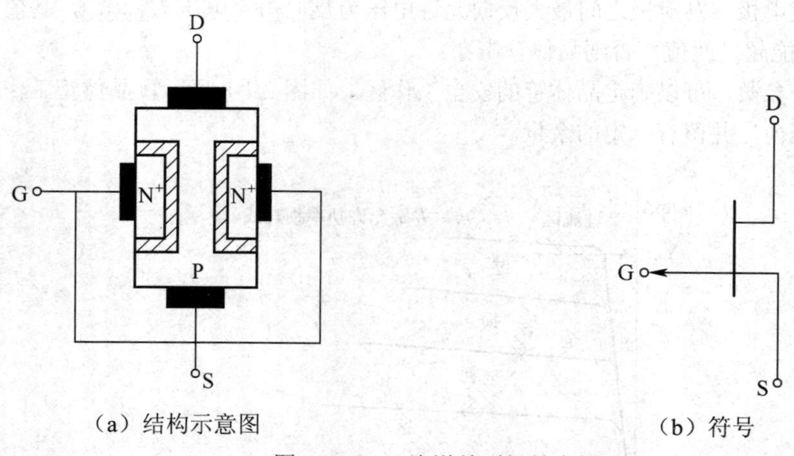

（a）结构示意图　（b）符号

图2.1-10 P沟道结型场效应管

若中间半导体是N型材料，两侧是高浓度的P型区，则构成N沟道结型场效应管，其结构及符号如图2.1-11所示。

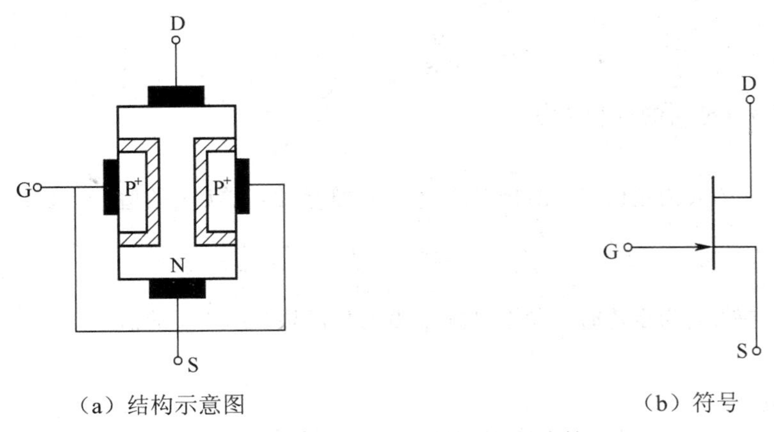

（a）结构示意图

（b）符号

图 2.1-11　N 沟道结型场效应管

2. 绝缘栅型场效应管的结构与符号

绝缘栅型场效应管的栅极与沟道之间隔了一层很薄的绝缘体。常用的一种金属－氧化物－半导体场效应管（MOS），它是利用半导体表面的电场效应工作的。根据 u_{GS}=0V 时，漏极与源极之间是否存在导电沟道，分为增强型和耗尽型。增强型是指当 u_{GS}=0V 时，D 与 S 间无导电沟道；相反为耗尽型。以 N 沟道增强型为例，其结构如图 2.1-12（a）所示。它是在一块低掺杂的 P 型硅片衬底上，利用扩散工艺制作两个高掺杂的 N+型区，并引出 2 个电极，分别为漏极 D 和源极 S。在 P 型硅片表面制作一层很薄的二氧化硅（SiO_2）绝缘层，在其表面引出电极，称为栅极 G。符号如图 2.1-12（b）所示。

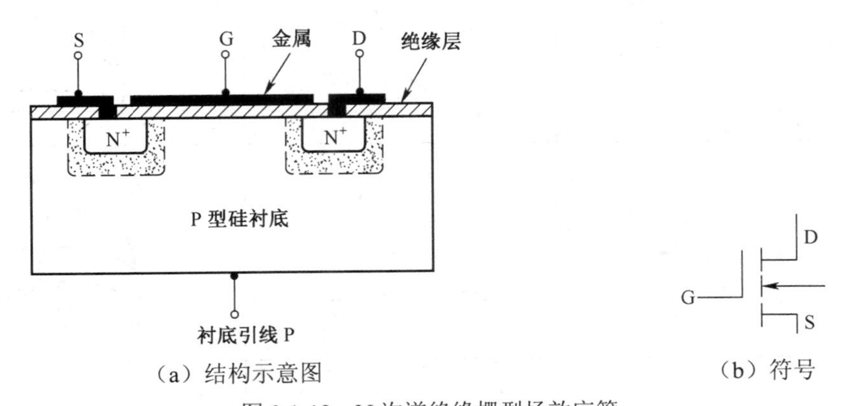

（a）结构示意图

（b）符号

图 2.1-12　N 沟道绝缘栅型场效应管

3. 场效应管的放大原理

场效应管是利用栅源极间电压 u_{GS} 的大小来控制导电沟道的通断，从而控制漏极电流 i_D 的大小。

二、主要参数

1. 跨导 g_m

跨导 g_m：在 U_{DS} 为定值时，漏极电流 i_D 的变化量与引起这个变化的栅源极电压 u_{GS} 变化量之比，即

$$g_m = \left.\frac{di_D}{du_{GS}}\right|_{U_{DS}=\text{常数}}$$

该参数反映了 u_{GS} 对 i_D 的控制能力。

2．夹断电压 U_P

夹断电压 U_P：在 U_{DS} 为定值时，漏极电流 i_D=0 时栅源极电压 U_{GS} 的值，该参数适合于耗尽型的 FET。

3．开启电压 U_T

开启电压 U_T：在 U_{DS} 为定值时，漏极电流 i_D=0 时栅源极电压 U_{GS} 的值，该参数适合于增强型的 FET。

4．饱和电流 I_{DSS}

饱和电流 I_{DSS}：在 U_{GS}=0 时，i_D 的值，该参数适合于耗尽型的 JFET。

5．零栅压电流 I_{DO}

零栅压电流 I_{DO}：在 U_{GS}=0 时，i_D 的值，该参数适合于耗尽型的 MOSFET。

三、各种场效应管的比较

各类场效应管的符号、特性见表 2.1.2。

表 2.1.2　各种场效应管的符号、转移特性及输出特性

结构种类	符号	转移特性	输出特性
NMOS 增强型	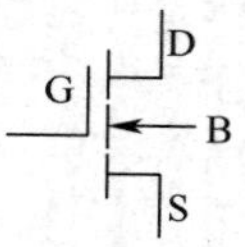 G, D, B, S	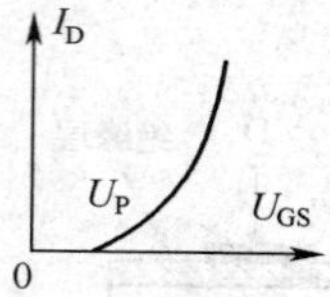 I_D, U_P, U_{GS}, 0	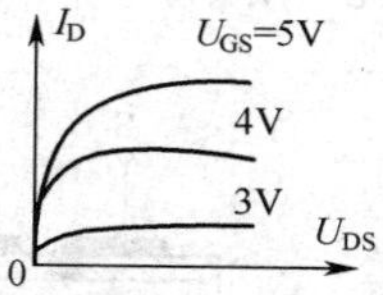 I_D, U_{GS}=5V, 4V, 3V, U_{DS}, 0
NMOS 耗尽型	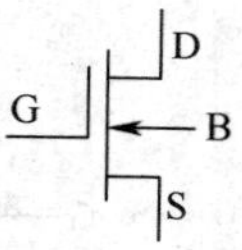 G, D, B, S	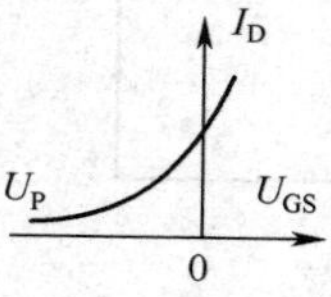 I_D, U_P, U_{GS}, 0	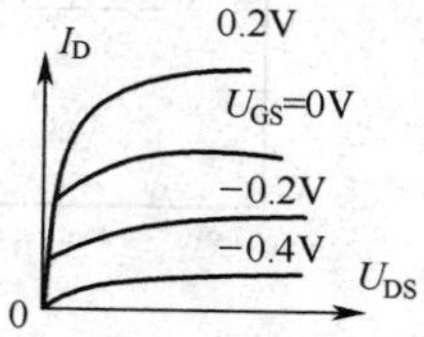 I_D, 0.2V, U_{GS}=0V, −0.2V, −0.4V, U_{DS}, 0
PMOS 增强型	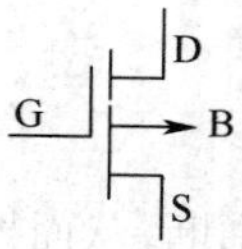 G, D, B, S	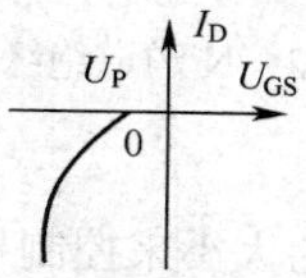 I_D, U_P, U_{GS}, 0	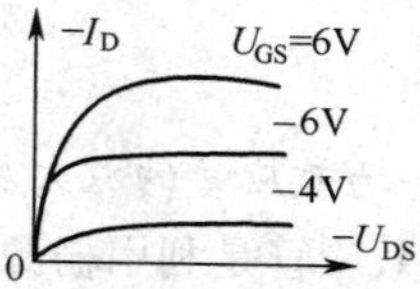 $-I_D$, U_{GS}=6V, −6V, −4V, $-U_{DS}$, 0
PMOS 耗尽型	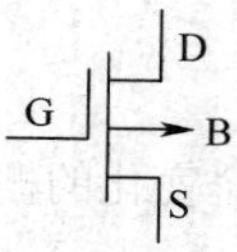 G, D, B, S	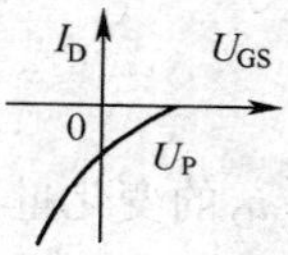 I_D, U_{GS}, 0, U_P	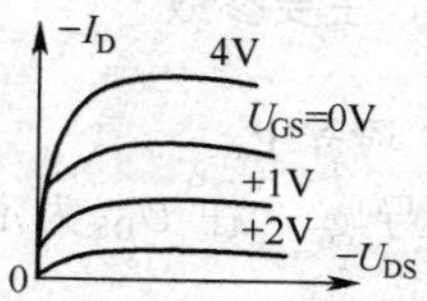 $-I_D$, 4V, U_{GS}=0V, +1V, +2V, $-U_{DS}$, 0

续表

结构种类	符号	转移特性	输出特性
结型 N 沟道	G D S	I_D U_P U_{GS} 0	I_D 0V U_{GS}=−1V −2V −3V 0 U_{DS}
结型 P 沟道	G D S	I_D U_{GS} 0 U_P	I_D 0V U_{GS}=1V +2V +3V 0 U_{DS}

2.1.3 特殊三极管

一、光电三极管

光电三极管也称为光敏三极管，是将光信号转化成光电流信号的半导体受光器件，并且还能将电流实现放大，其工作原理与光电二极管基本相同。

光电三极管的外形示意图和电路符号如图 2.1-13 所示。一般的光电三极管只引出两个管脚（e、c 极），基极 b 不引出，管壳上也开有窗口，光电三极管同样有两个 PN 结，NPN 型和 PNP 型之分。

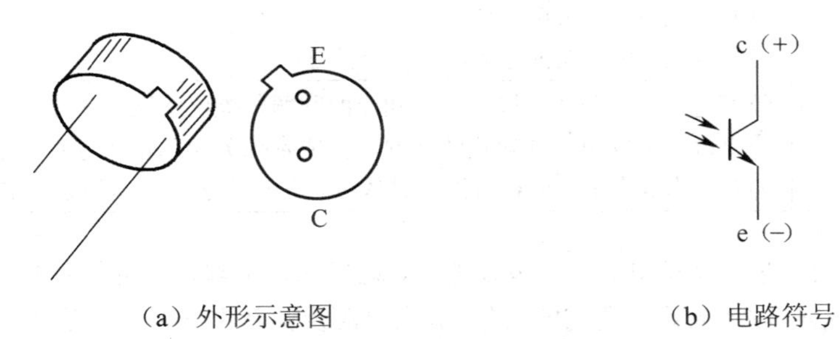

（a）外形示意图　　（b）电路符号

图 2.1-13　光电三极管

NPN 型管使用时，e 极接电源负极，c 极接电源正极。在没有光照时，流过管子的电流（暗电流）为穿透电流，数值较小。当有光照时，流过集电结的反向电流增大到 I_L，此时流过管子的电流（光电流）为

$$I_C = (1+\beta)I_L$$

可见，在同等光照条件下，光电三极管的光电流比光电二极管约大 β 倍（通常光电三极管的 β=100～1000），因此光电三极管比光电二极管的灵敏度高很多。

二、光电耦合器

光电耦合器是将发光器件（LED）和受光器件（光电二极管或者光电三极管等）封装在同一个管壳内所组成的电－光－电器件，其符号如图 2.1-14 所示。图中左边是发光二极管，右边是光电

三极管。当光电耦合器的输入端加电信号时，发光二极管发光，光电三极管受到光照后产生光电流，由输出端引出，于是实现了电－光－电的传输和转换。

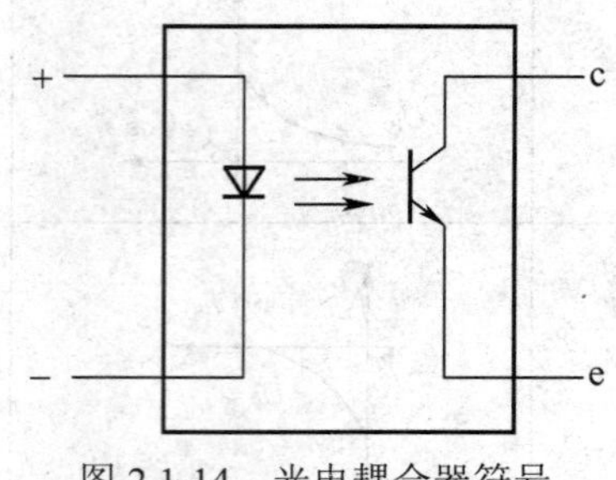

图 2.1-14　光电耦合器符号

光电耦合器是以光为媒介实现电信号的传输，输出端和输入端在电气上都是绝缘的，因此具有抗干扰性能好、抗噪声强、响应快、寿命长等优点。因此，光电耦合器在电子、通信技术等领域中应用广泛。

任务二　放大电路的基本分析方法

任务描述

任务目标	（1）建立基本放大电路的模型 （2）掌握放大电路的直流和交流分析方法
任务实施方法	教师通过对半导体三极管基本知识的回顾，提出本课时的任务；学生看书，采用分组讨论，提出需要解决的问题、完成本任务的思路和方案；小组发言交流，教师对基本放大电路分析方法的具体讲解，抽查学生对本任务的掌握情况。

放大是对模拟信号最基本的处理，大多数电子、通信系统中都含有各种各样的放大电路，其作用是将微弱的模拟信号放大为系统所需的数值。放大电路及其基本分析方法是构成其他模拟电路的基本单元和基础，是本课程研究的主要内容。

2.2.1　放大电路的组成

用来放大电信号的电路称为放大电路，其组成框图如图 2.2-1（a）所示。

图中信号源是提供所需放大的电信号，它可将非电信号的物理量转换为电信号，可以等效为 2.2-1（b）所示的电压源或电流源电路，R_S 为信号源内阻，u_S、i_S 分别为电压源和电流源，且 $u_S=i_SR_S$。基本放大电路由半导体三极管组成，利用半导体三极管工作在放大区所具有的电流或电压控制特性，可以实现放大作用。为了保证半导体三极管工作于放大状态，电路中必须要有直流电源给半导体三极管提供能量。负载是接受放大电路输出信号的组件或电路，它可由将电信号变成非电信号的输出换能器都成，一般情况下他们都可以等效为一纯电阻 R_L。

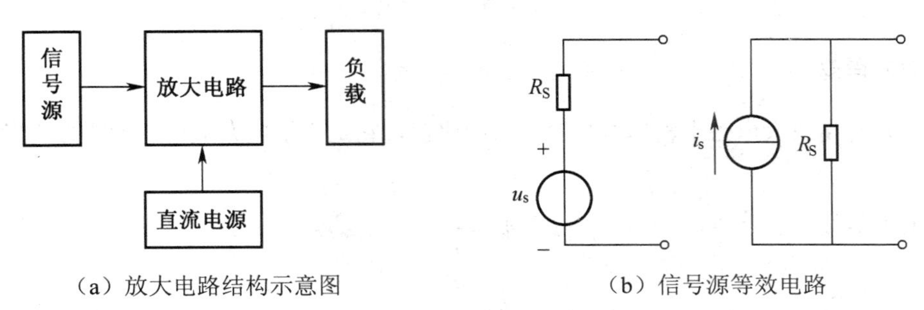

（a）放大电路结构示意图　　（b）信号源等效电路

图 2.2-1　放大电路组成框图

图 2.2-2 为晶体管共发射极基本放大电路。图中晶体管 VT 是整个电路的核心，起放大信号的作用；直流电源+V_{CC} 一般取几伏到几十伏，起给发射结提供正向偏压和给集电结提供反向偏压；R_B 基极偏置电阻一般取几十千欧到几百千欧；R_C 集电极负载电阻一般取几千欧到几十千欧，负责将集电极电流的变化转化为电压的变化；电容 C_1、C_2 的作用是隔断信号源和放大电路、放大电路与负载之间的直流通路；R_L 放大电路的负载。

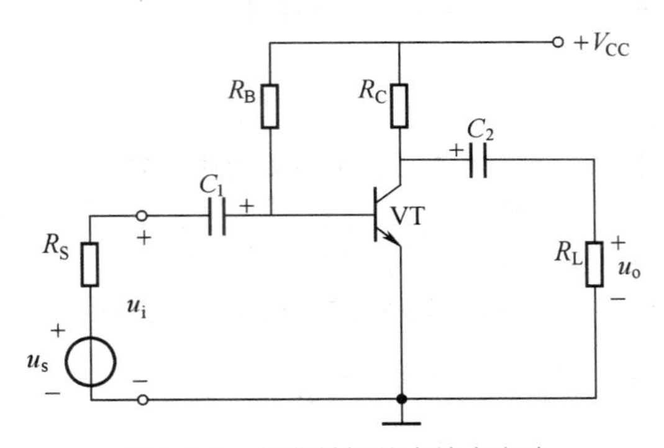

图 2.2-2　共发射极基本放大电路

2.2.2　放大电路的性能指标

放大电路性能指标是指在规定条件下，按照规定程序和测试方法获得的相关数据。它主要有放大倍数（增益）、输入电阻、输出电阻等，用来衡量整个电路性能的优劣。任何放大电路都可以用一个双端口网络表示，如图 2.2-3 所示。图中，1-1′ 端为放大电路的输入端，u_S 为信号源电压，R_S 为信号源内阻，u_i 为放大电路的输入电压，i_i 为放大电路的输入电流；2-2′ 端为放大电路的输出端，R_L 为负载电阻，u_o 为放大电路的输出电压，i_o 为放大电路的输出电流。

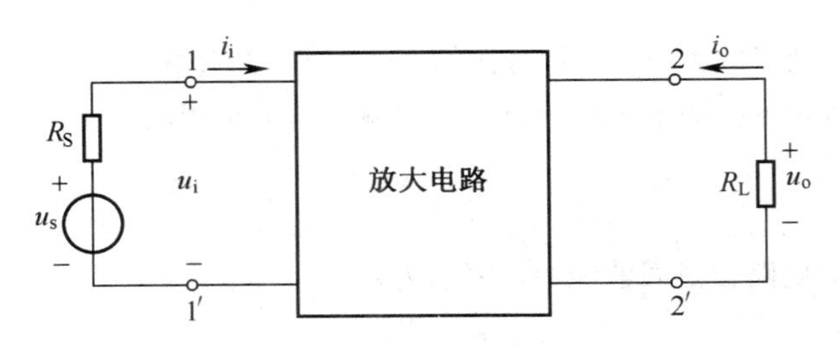

图 2.2-3　放大电路双端口网络表示

一、放大倍数

放大倍数是指放大电路中输出量与输入量的比值，它是衡量放大电路放大能力的指标，用 A 表示。

电压放大倍数
$$A_u = \frac{u_o}{u_i}$$

电流放大倍数
$$A_i = \frac{i_o}{i_i}$$

功率放大倍数
$$A_p = \frac{p_o}{p_i}$$

工程上常用分贝（dB）来表示放大倍数，称为增益，定义为

电压增益
$$A_u(\text{dB}) = 20\lg|A_u|$$

电流增益
$$A_i(\text{dB}) = 20\lg|A_i|$$

功率增益
$$A_p(\text{dB}) = 20\lg|A_p|$$

二、输入电阻

输入电阻是指从输入端 1-1′ 端向右看进去的等效电阻，表示为

$$R_i = \frac{u_i}{i_i}$$

对于信号源而言，R_i 相当于其负载，如图 2.2-4 所示，由图得

$$u_i = \frac{R_i}{R_S + R_i} u_S$$

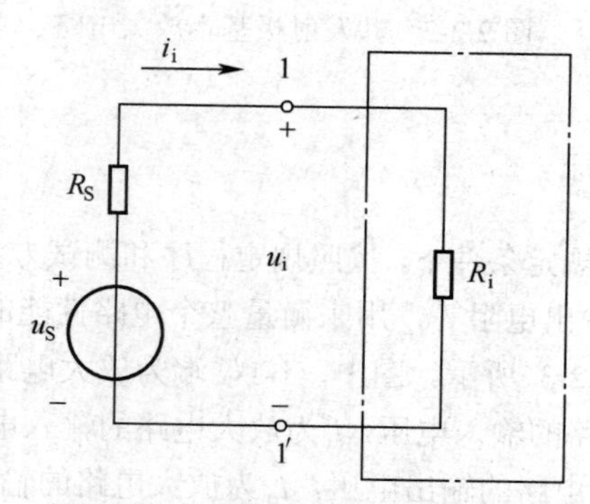

图 2.2-4　放大电路输入等效电路

可见，R_i 的大小反映了放大电路对信号源的影响程度，R_i 越大，放大电路向信号源所汲取的信号 i_i 就越小，信号源内阻分得的电压就越小，此时输入电压 u_i 接近于 u_S。

三、输出电阻

输出电阻反映放大电路带负载的能力，表示为

$$R_o = \frac{u_o}{i_o}$$

从图 2.2-5 中可以看出，$u_o=\dfrac{R_L}{R_o+R_L}u_o'$，$R_o$越小，越趋于理想恒压源，$u_o$越接近于$u_o'$，体现放大电路带负载的能力越强。

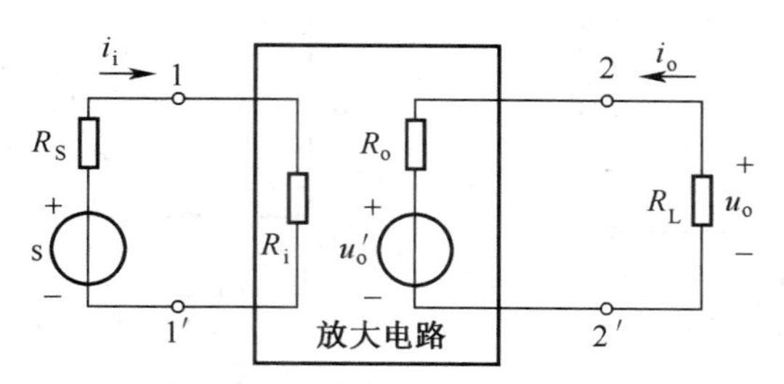

图 2.2-5　放大电路的输出电阻

2.2.3　放大电路的基本分析方法

在 2.1.1 节中讲到晶体管的三种连接方式为共发射极、共集电极和共基极。按照上述连接方式可以构成三种不同组态的放大电路为共发射极电路、共集电极电路和共基极电路。

对一晶体管基本放大电路的分析包括静态分析和动态分析。分析放大电路时，必须先进行静态分析也称为直流分析，然后再进行动态分析也称为交流分析。只有建立了合适的静态工作点（Q），才能保证晶体管工作在放大区，才能保证放大电路在不失真的情况下放大输入信号。晶体管基本放大电路的分析方法包括图解法和微变等效电路法。本节以工作在中频区的基本共发射极放大电路为例（如图 2.2-2 所示）来具体介绍其分析方法。

一、图解法

1. 静态分析

图解法静态分析就是利用晶体管的输入、输出特性曲线和放大电路的输入、输入回路方程，通过作图求解放大电路的静态工作点（Q 点），即 I_{BQ}、U_{BEQ}、I_{CQ}、U_{CEQ}的值。

图 2.2-6（a）为基本放大电路图 2.2-2 的直流通路图，图 2.2-6（b）为晶体管的输入特性曲线，它描绘了晶体管内 i_B 与 u_{BE} 之间的关系。由直流输入回路方程可得

$$i_B=\frac{(V_{CC}-u_{BE})}{R_B}$$

式中，令 i_B=0，则 u_{BE}=V$_{CC}$，得 A 点坐标为(V_{CC},0)；令 u_{BE}=0，则 $i_B=V_{CC}/R_B$，得 B 点坐标为(0,V_{CC}/R_B)，作出直线 AB。该直线与输入特性曲线交于一点，称为 Q 点，坐标为(U_{BEQ},I_{BQ})。

图 2.2-6（c）为晶体管的输出特性曲线，它描绘了晶体管内 i_C 与 u_{CE} 之间的关系。直流输出回路方程为：

$$u_{CE}=V_{CC}-i_CR_C$$

同理，令 i_C=0，则 $u_{CE}=V_{CC}$，得 M 点坐标为(V_{CC},0)；令 u_{CE}=0，则 $i_C=V_{CC}/R_C$，得 N 点坐标为(0,V_{CC}/R_C)，作出直线 MN，该直线称为直流负载线，且直线与输出特性曲线上 $i_B=I_{BQ}$ 交于 Q 点，坐标为(U_{CEQ},I_{CQ})。

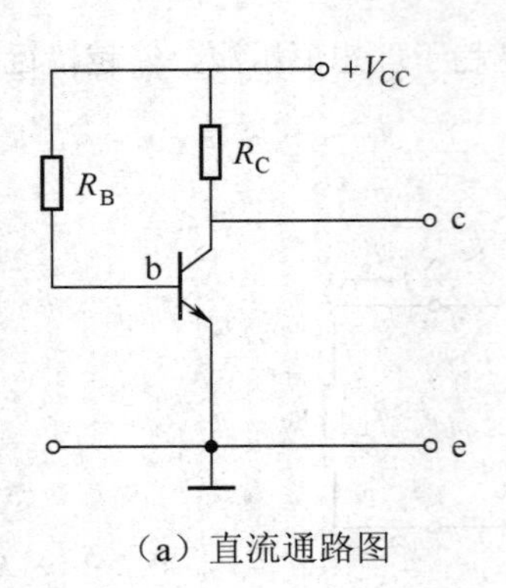

（a）直流通路图

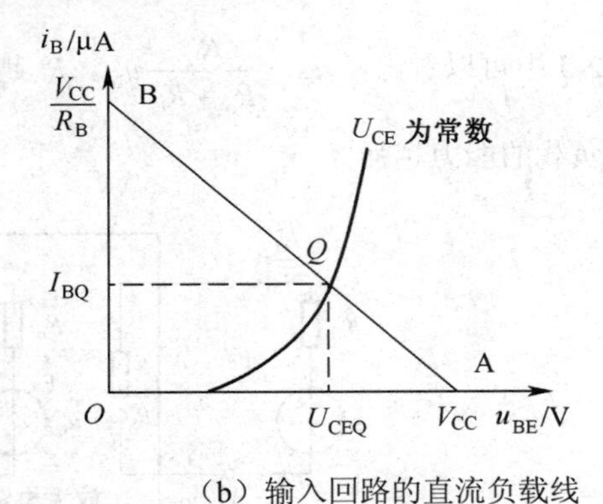

（b）输入回路的直流负载线

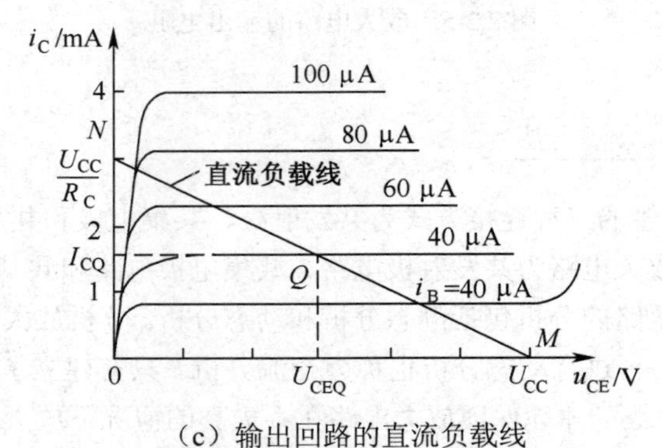

（c）输出回路的直流负载线

图 2.2-6　静态工作点的求法

合理地选择静态工作点可以使放大电路进行不失真的放大，在工程上，U_{BEQ} 可以近似取为常数，硅管约为 0.7V，锗管约为 0.2V，这样 Q 点的基极电流 I_{BQ} 可以直接通过下式求得。

$$I_{BQ} = \frac{V_{CC} - 0.7}{R_B}$$

而

$$I_{CQ} = \beta I_{BQ}$$

代入输出回路方程就可以求得 U_{CEQ}，不用作图就可以求出静态工作点 Q。

2. 动态分析

图解法动态分析就是在晶体管的特性曲线坐标系内通过作图的方法，求解放大电路的放大倍数和最大不失真输出信号幅度，讨论输出信号的波形失真的情况。

（1）交流负载线。

图 2.2-7 为基本放大电路图 2.2-2 的交流通路图，此时 $u_o = u_{ce} = -i_c R_L' = -i_c$（$R_C // R_L$）。因 $i_C = I_{CQ} + i_c$，而 $u_{CE} = U_{CEQ} + u_{ce} = U_{CEQ} - (i_C - I_{CQ})R_L'$，整理得

$$i_C = \frac{(U_{CEQ} + I_{CQ}R_L' - u_{CE})}{R_L'}$$

式中，当 $i_C = I_{CQ}$，$u_{CE} = U_{CEQ}$ 时，在输出特性曲线上作出一条直线，该直线称为交流负载线，且直线也过 Q 点，如图 2.2-8 所示。

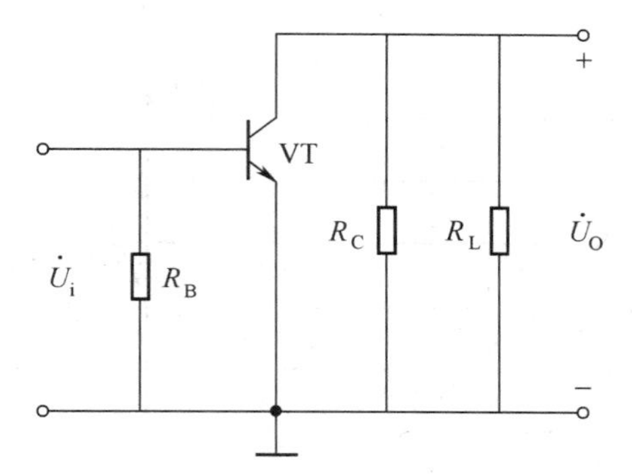

图 2.2-7　基本放大电路的交流通路图

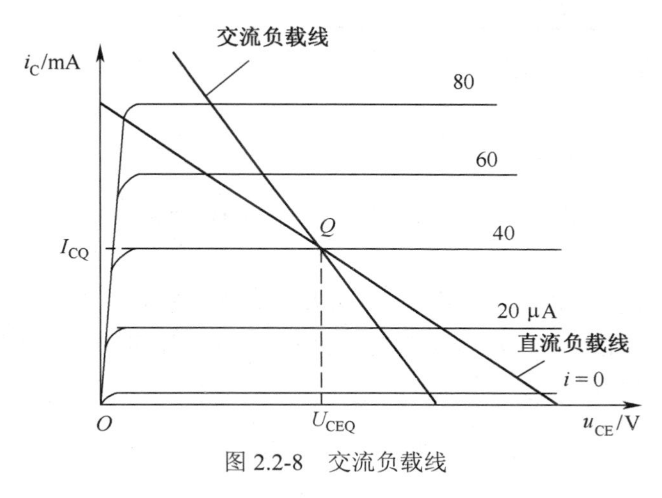

图 2.2-8　交流负载线

（2）电压放大倍数。

当输入正弦交流信号 u_i 时，晶体管各级电压、电流将随输入信号的变化而改变，其大小如图 2.2-9 所示，在图中就可以读出电路中各交流电压和电流值，从而通过 $A_u = \frac{u_o}{u_i}$ 计算出放大电路的电压放大倍数。

（3）输出波形失真分析。

如前所述，静态工作点 Q 设置合理，且输入信号较小，就能够保证在不失真的情况下放大输入信号。但随着输入信号的增大，输出信号就会出现失真。由于晶体管特性的非线性引起的失真，称为非线性失真，包括截止失真和饱和失真。截止失真是指静态工作点设置过低，使得放大电路动态工作时，进入了截止区而引起的非线性失真。饱和失真是指静态工作点设置过高，使得放大电路动态工作时，进入了饱和区而引起的非线性失真。

二、微变等效电路法

图解法进行动态分析时，过程繁琐、误差较大。为此，在分析小信号时，把非线性晶体管用一个线性模型来代替，使基本放大电路变成一个线性电路，这样就可以利用线性电路的分析方法来解决基本放大电路的计算问题，这种方法称为微变等效电路法。

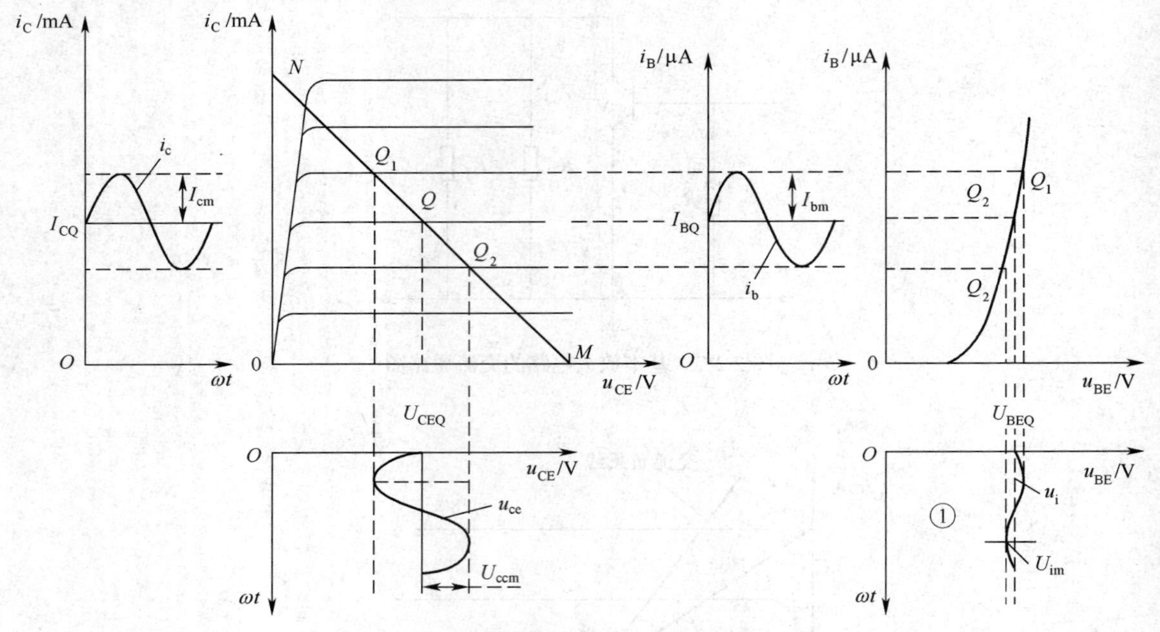

图 2.2-9　晶体管共发射极放大电路的图解分析

在 2.1-5 中所示的晶体管的输入特性中，当输入交流信号较小时，静态工作点 Q 附近的一段曲线可以近似看作直线，因此，当 u_{CE} 为常数时，输入电压的变换量$\triangle u_{BE}$与输入电流的变化量$\triangle i_B$之比为一个常数，可用符号 r_{be} 表示，即

$$r_{be} = \left.\frac{\Delta u_{BE}}{\Delta i_B}\right|_{u_{CE}=常数} = \left.\frac{u_{be}}{i_b}\right|_{u_{CE}=常数}$$

r_{be} 的大小与静态工作点有关，在常温下，r_{be} 在几百欧到几千欧之间，工程上常用下式来估算

$$r_{be} = r_{bb'} + (1+\beta)\frac{26\text{mV}}{I_{EQ}}$$

式中，$r_{bb'}$ 是晶体管的基区体电阻。小功率管的基区电阻一般为 200～300Ω。

在 2.1-6 中所示的晶体管的输出特性曲线可近似看成一组与横坐标平行、间距均匀的直线，当 u_{CE} 为常数时，集电极输出电流 i_C 的变化量$\triangle i_C$与基极电流 i_B 的变化量$\triangle i_B$之比为常数，即

$$\beta = \left.\frac{\Delta i_C}{\Delta i_B}\right|_{u_{CE}=常数} = \left.\frac{i_c}{i_b}\right|_{u_{CE}=常数}$$

上式表明晶体管处于放大状态时，C、E 之间可用一个输出电流为βi_B 的电流源表示，如图 2.2-10 所示，它不是一个独立的电流源，而是一个大小和方向都受 i_B 控制的受控电流源。

例 2.2　如图 2.2-11 所示电路中，晶体管的 $\beta = 50$，$r_{bb'} = 200\Omega$，$U_{BEQ} = 0.7\text{V}$，$R_B = 470\text{k}\Omega$，$R_C = 5\text{k}\Omega$，$V_{CC} = 20\text{V}$，$R_L = 10\text{k}\Omega$。求：

（1）静态工作点 Q；

（2）电压放大倍数 A_u、输入电阻 R_i、输出电阻 R_o。

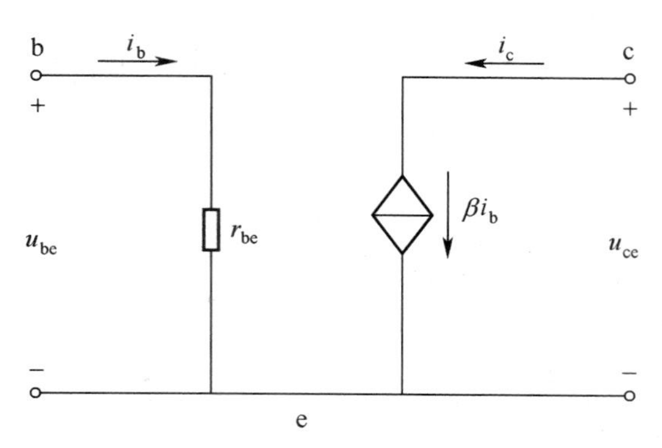

图 2.2-10　晶体管的微变等效电路

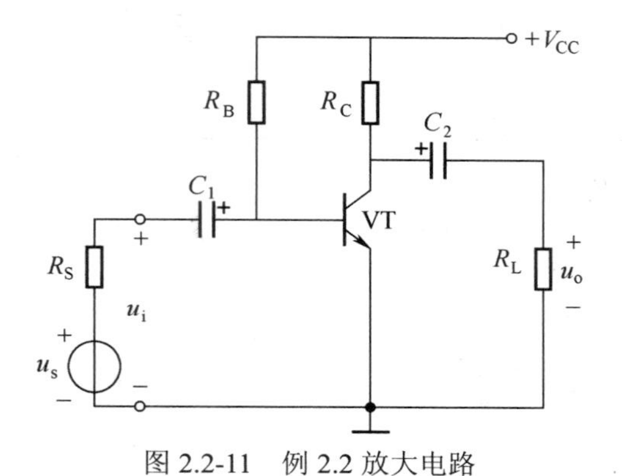

图 2.2-11　例 2.2 放大电路

解：（1）求静态工作点 Q。直流通路如图 2.2-12 所示。

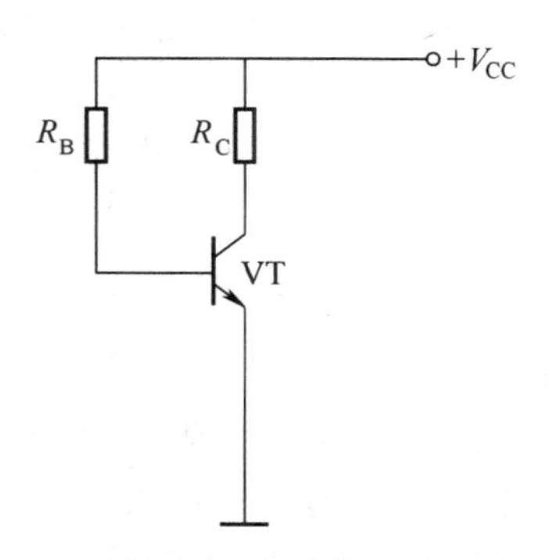

图 2.2-12　直流通路

$$I_{BQ}=\frac{V_{CC}-U_{BEQ}}{R_B}=\frac{20-0.7}{470}\approx 40\ (\mu A)$$

$$I_{CQ}=\beta I_{BQ}=40\times 50=2\ (mA)$$

$$U_{CEQ}=V_{CC}-I_{CQ}R_C=20-2\times 5=10\ (V)$$

（2）画出放大电路的微变等效电路如图 2.2-13 所示。

$$r_{be}=r_{bb'}+(1+\beta)\frac{26\text{mV}}{I_{EQ}}=200+(1+50)\frac{26\text{mV}}{2\text{mA}}=0.96\text{（k}\Omega\text{）}$$

$$A_u=\frac{u_o}{u_i}=\frac{-\beta R_L'}{r_{be}}=\frac{-50\times(5//10)}{0.96}\approx-171$$

$$R_i=R_B//r_{be}\approx0.96\text{（k}\Omega\text{）}$$

$$R_o=R_C=5\text{（k}\Omega\text{）}$$

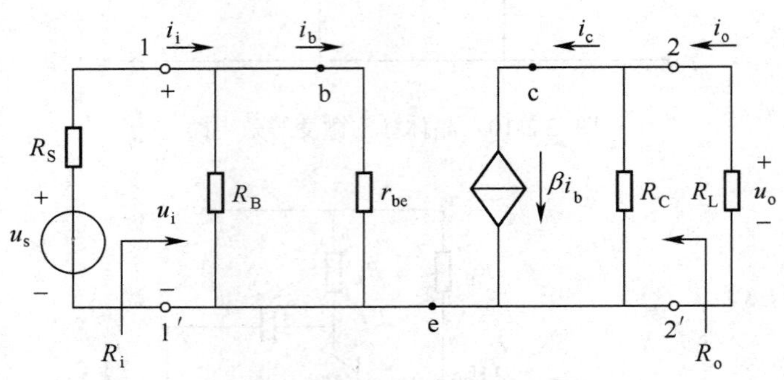

图 2.2-13　微变等效电路

任务三　共发射极放大电路

任务描述

任务目标	1．理解分压式偏置放大电路的工作原理与特性 2．掌握分压式偏置放大电路的静态与动态分析方法
任务实施方法	教师通过对基本放大电路静态与动态分析方法的回顾，提出本课时的任务；学生看书，采用分组讨论，提出需要解决的问题、完成本任务的思路和方案；小组发言交流，教师对固偏与分压式偏置放大电路进行具体讲解，抽查学生对本任务的掌握情况。

上节以共发射极基本放大电路为例，讲解了放大电路的静态与动态分析方法。在分析中，我们知道共发射极基本放大电路是通过基极电阻 R_B 提供静态基极电流 I_{BQ}，只要 R_B 固定了，I_{BQ} 也就固定了，为此，共发射极基本放大电路又称为固定偏置电路。它虽然电路简单，但稳定性差。一旦温度升高，或电源电压变化等都会使静态工作点发生改变，从而影响放大器的性能。为了稳定静态工作点，在要求较高的场合，通常采用改进后的共发射极放大电路——分压式偏置电路。

2.3.1　电路组成与工作原理

分压式偏置电路结构如图 2.3-1 所示，流过电阻 R_{B1} 和 R_{B2} 的静态电流远大于晶体管的基极电流，此时，忽略基极电流。因此，晶体管基极的静态电位由电阻 R_{B1} 和 R_{B2} 对电源电压分压得到。电阻的参数基本不受温度的影响，所以，基极的静态电位是一个固定不变的值。当温度升高时，电流 I_{CQ} 与 I_{EQ} 都随着温度的升高而升高，电阻 R_E 上的压降也会升高，使得晶体管的发射结电压 U_{BEQ}

减小，进而基极电流 I_{BQ} 减少。这样就很大程度上抵消了因温度升高而造成的 I_{CQ} 的增长。其变化过程如下：

$$T\uparrow \to I_{CQ}\uparrow \to I_{EQ}\uparrow \to I_{EQ}R_E\uparrow \to U_{BEQ}\downarrow \to I_{BQ}\downarrow \to I_{CQ}\downarrow$$

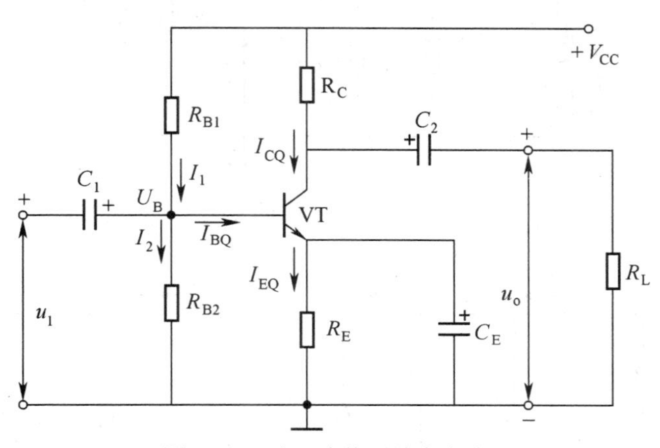

图 2.3-1　分压式偏置放大电路图

有上述可知，分压式偏置电路稳定工作点的实质是：先稳定 U_B，然后通过 R_E 将输出量（I_{CQ}）的变化引回到输入端，使输出量变化减小，这就是负反馈的作用。关于负反馈的问题，将在后面的章节进行讨论。

2.3.2　电路的静态分析

在上节结束的共发射极基本放大电路中，先计算的是基极电流 I_{BQ}。而在本电路中，先要计算基极电位 U_B，有

$$U_B = \frac{R_{B2}V_{CC}}{R_{B1}+R_{B2}} \tag{2.3.1}$$

则根据 $I_{CQ} \approx I_{EQ}$ 得

$$I_{CQ} = \frac{U_B - U_{BEQ}}{R_E} \tag{2.3.2}$$

基极电流

$$I_{BQ} = \frac{I_{CQ}}{\beta} \tag{2.3.3}$$

晶体管集电极与发射极之间的电压

$$U_{CEQ} = V_{CC} - I_{CQ}(R_C + R_E) \tag{2.3.4}$$

2.3.3　电路的动态分析

画出图 2.3-1 电路的交流通路图，并画出其微变等效电路，如图 2.3-2 所示。

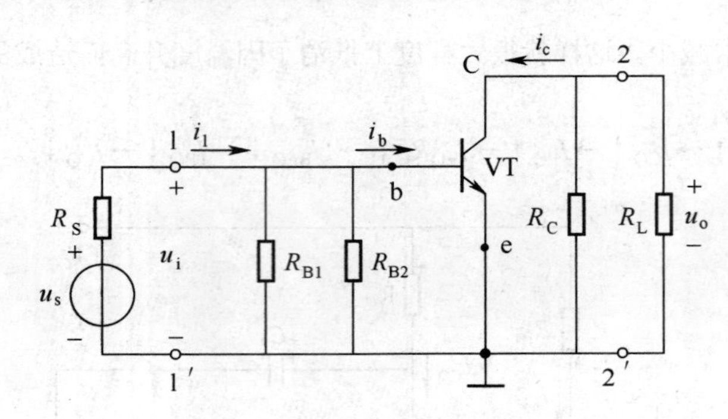

（a）交流通路

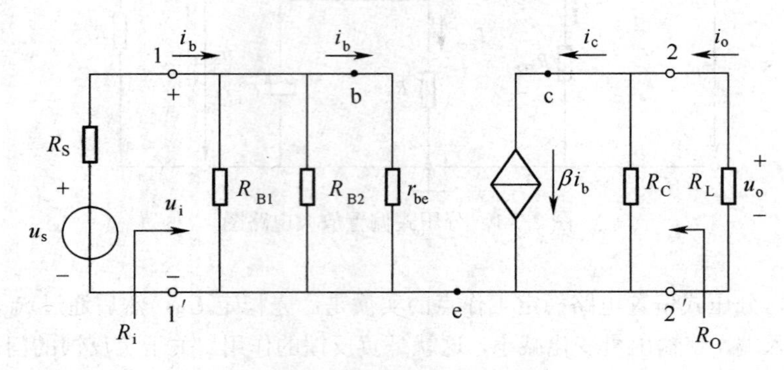

（b）小信号微变等效电路

图 2.3-2　共发射极放大电路的交流小信号等效电路

一、计算电压放大倍数 A_u

由图 2.3-2（b）可知

$$u_i = i_b r_{be}$$

$$u_o = -i_c(R_C // R_L) = -\beta i_b (R_C // R_L) = -\beta i_b R_L'$$

则电压放大倍数为

$$A_u = \frac{u_o}{u_i} = \frac{-\beta i_b R_L'}{i_b r_{be}} = -\frac{\beta R_L'}{r_{be}} \tag{2.3.5}$$

$$A_{uS} = \frac{u_o}{u_S} = A_u \frac{R_i}{R_S + R_i} \tag{2.3.6}$$

二、输入电阻 R_i

由图 2.3-2（b）可知

$$R_i = \frac{u_i}{i_i} = \frac{u_i}{u_i\left(\dfrac{1}{R_{B1}} + \dfrac{1}{R_{B2}} + \dfrac{1}{r_{be}}\right)} = R_{B1} // R_{B2} // r_{be} \tag{2.3.7}$$

三、输出电阻 R_o

由图 2.3-2（b）可知，若将其 u_s 短路，则有 i_b=0，则βi_b=0，所以

$$R_o = \frac{u_o}{i_o} = R_C \tag{2.3.8}$$

例 2.3 电路如图 2.3-1 所示，晶体管的 $\beta = 100$，$r_{bb'} = 200\Omega$，$U_{BEQ} = 0.7V$，$R_{B1} = 62k\Omega$，$R_{B2} = 20k\Omega$，$R_C = 3k\Omega$，$R_E = 1.5k\Omega$，$V_{CC} = 15V$，$R_L = 5.6k\Omega$。求：

（1）静态工作点 Q；

（2）电压放大倍数 A_u、输入电阻 R_i、输出电阻 R_o。

解：（1）静态工作点的计算。

$$U_B = \frac{R_{B2}V_{CC}}{R_{B1}+R_{B2}} = \frac{20k\Omega}{(62+20)k\Omega} \times 15V \approx 3.7V$$

$$I_{CQ} \approx I_{EQ} = \frac{U_B - U_{BEQ}}{R_E} = \frac{3.7-0.7}{1.5} = 2mA$$

$$I_{BQ} = \frac{I_{CQ}}{\beta} = \frac{2mA}{100} = 20\mu A$$

$$U_{CEQ} = V_{CC} - I_{CQ}(R_C + R_E) = 15V - 2mA \times (3+1.5)k\Omega = 6V$$

（2）A_u、R_i、R_o 的计算。

$$r_{be} = r_{bb'} + (1+\beta)\frac{26mV}{I_{EQ}} = 200 + (1+100)\frac{26mV}{2mA} = 1.5k\Omega$$

$$A_u = \frac{u_o}{u_i} = \frac{-\beta R_L'}{r_{be}} = \frac{-100 \times (3 // 5.6)}{1.5} \approx -130$$

$$R_i = R_{B1} // R_{B2} // r_{be} \approx 1.36k\Omega$$

$$R_o = R_C = 3k\Omega$$

任务四　共集电极放大电路与共基极放大电路

任务描述

任务目标	（1）理解共集电极放大电路的静态与动态分析方法 （2）理解共基极放大电路的静态与动态分析方法
任务实施方法	教师通过对基本放大电路静态与动态分析方法的回顾，提出本课时的任务；学生看书，采用分组讨论，提出需要解决的问题、完成本任务的思路和方案；小组发言交流，教师对共集电极与共基极放大电路进行具体讲解，抽查学生对本任务的掌握情况。

晶体管有三种组态：共发射极、共集电极、共基极。对应有三种放大电路，前面分析共发射极两种偏置放大电路的分析方法，在本节，我们学习共集电极放大电路和共基极放大电路的静态与动态分析方法。

2.4.1　共集电极放大电路

共集电极放大电路的原理图如图 2.4-1 所示。

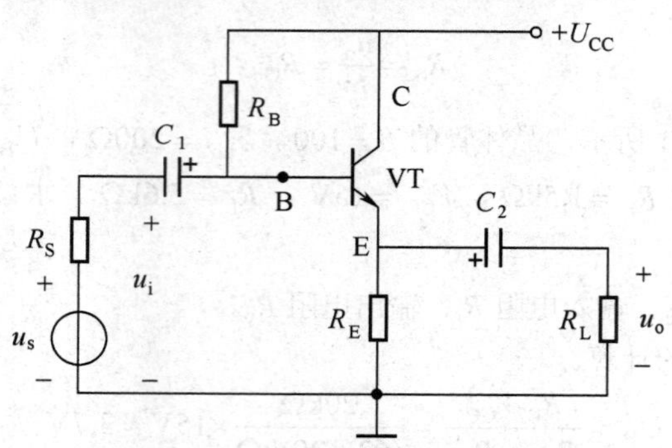

图 2.4-1　共集电极放大电路

一、电路的静态分析

画出图 2.4-1 的直流通路图，如图 2.4-2 所示，由图输入回路可知

$$I_{BQ}R_B + U_{BEQ} + I_{EQ}R_E = V_{CC}$$

而

$$I_{EQ} = (1+\beta)I_{BQ}$$

则

$$I_{BQ} = \frac{V_{CC} - U_{BEQ}}{R_B + (1+\beta)R_E} \tag{2.4.1}$$

$$I_{CQ} = \beta I_{BQ} \approx I_{EQ} \tag{2.4.2}$$

由图输出回路可知

$$U_{CEQ} = V_{CC} - I_{EQ}R_E \tag{2.4.3}$$

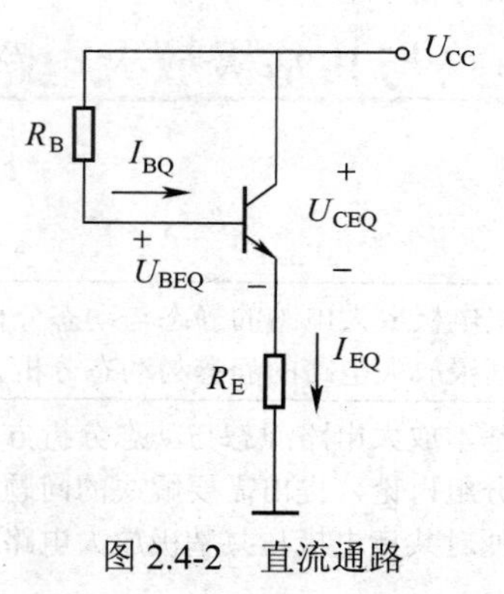

图 2.4-2　直流通路

二、电路的动态分析

画出图 2.4-1 的交流通路图，根据交流通路图画出微变等效电路图，如图 2.4-3 所示。

1. 计算电压放大倍数 A_u

由图 2.4-3（b）可知

$$u_i = i_b r_{be} + i_e(R_E // R_L) = i_b r_{be} + (1+\beta)i_b R'_L$$

$$u_o = i_e(R_E // R_L) = (1+\beta)i_b R'_L$$

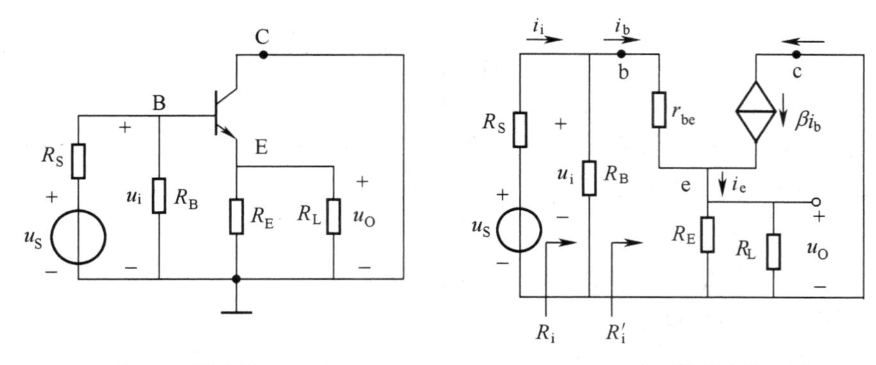

图 2.4-3 共集电极交流小信号等效电路

则电压放大倍数为

$$A_u = \frac{u_o}{u_i} = \frac{(1+\beta)R_L'}{r_{be}+(1+\beta)R_L'} \tag{2.4.4}$$

二、输入电阻 R_i

由图 2.4-3（b）可知，从晶体管的基极看进去的输入电阻为

$$R_i' = \frac{u_i}{i_b} = \frac{i_b r_{be} + (1+\beta)i_b R_L'}{i_b} = r_{be} + (1+\beta)R_L'$$

$$R_i = \frac{u_i}{i_i} = R_B // R_i' = R_B // \left[r_{be} + (1+\beta)R_L'\right] \tag{2.4.5}$$

三、输出电阻 R_o

根据输出电路的定义，画出求输出电阻的等效电路如图 2.4-4 所示，由它产生的电流为

$$i = i_{R_E} - i_b - \beta i_b = \frac{u}{R_E} + (1+\beta)\frac{u}{r_{be}+R_S'}$$

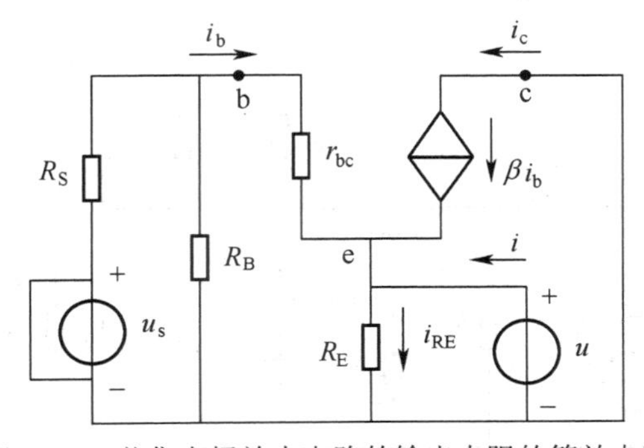

图 2.4-4 共集电极放大电路的输出电阻的等效电路

式中，$R_S' = R_B // R_S$

则

$$R_o = \frac{u}{i} = \frac{1}{\frac{1}{R_E} + \frac{(1+\beta)}{r_{be} + R'_S}} = R_E // \frac{r_{be} + R'_S}{1+\beta} \tag{2.4.6}$$

例 2.4 放大电路如图 2.4-1 所示，晶体管的 $\beta = 50$，$r_{bb'} = 200\Omega$，$U_{BEQ} = 0.7V$，$R_B = 100k\Omega$，$R_S = 50\Omega$，$R_E = 6k\Omega$，$V_{CC} = 12V$，$R_L = 4k\Omega$。求：

（1）静态工作点 Q；

（2）电压放大倍数 A_u、输入电阻 R_i、输出电阻 R_o。

解：（1）求静态工作点 Q。

$$I_{BQ} = \frac{V_{CC} - U_{BEQ}}{R_B + (1+\beta)R_E} = \frac{12-0.7}{100+51\times 6} \approx 27.8\ \mu A$$

$$I_{CQ} = \beta I_{BQ} = 27.8 \times 50 = 1.39\ mA$$

$$U_{CEQ} = V_{CC} - I_{CQ}R_E = 12 - 1.39\times 6 = 3.66\ V$$

（2）A_u、R_i、R_o 的计算。

$$r_{be} = r_{bb'} + (1+\beta)\frac{26mV}{I_{EQ}} = 200 + (1+50)\frac{26mV}{1.39mA} = 1.15\ k\Omega$$

$$A_u = \frac{u_o}{u_i} = \frac{(1+\beta)R'_L}{r_{be} + (1+\beta)R'_L} = \frac{51\times(4//6)}{1.15+51\times(4//6)} \approx 0.99$$

$$R_i = R_B // \left[r_{be} + (1+\beta)R'_L\right] \approx 55.1\,k\Omega$$

$$R'_S = R_S // R_B \approx 50\,\Omega$$

$$R_o = R_E // \frac{r_{be} + R'_S}{1+\beta} \approx 1\,k\Omega$$

综上所述，共集电极放大电路的电压放大倍数小于 1，而接近于 1，因此，共集电极放大电路也称为射极跟随器；其输出电压与输入电压同相；且输入电阻高，输出电阻低，具有电流放大能力的特点。

2.4.2 共基极放大电路

共基极放大电路的原理图如图 2.4-5 所示。

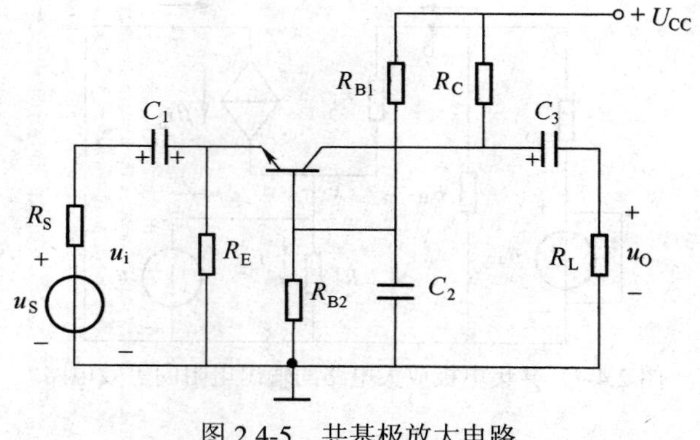

图 2.4-5 共基极放大电路

一、电路的静态分析

画出图 2.4-5 的直流通路图与分压式偏置电路的直流通路图相同，所以，它的静态分析与前相同，在此不再重复。

二、电路的动态分析

画出图 2.4-5 的交流通路图，根据交流通路图画出微变等效电路图，如图 2.4-6 所示。

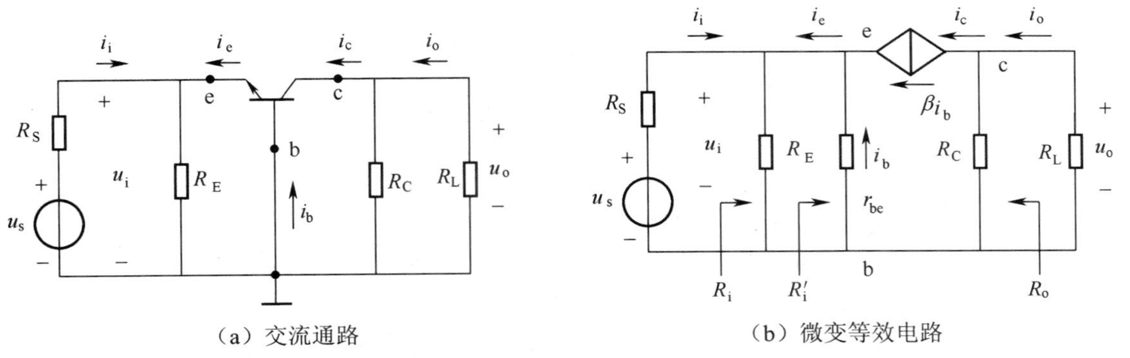

（a）交流通路　　（b）微变等效电路

图 2.4-6　共基极交流小信号等效电路

1. 计算电压放大倍数 A_u

由图 2.4-6（b）可知

$$u_i = -i_b r_{be}$$

$$u_o = -i_c(R_C // R_L) = -\beta i_b R'_L$$

则电压放大倍数为

$$A_u = \frac{u_o}{u_i} = \frac{\beta R'_L}{r_{be}} \tag{2.4.7}$$

由上式可知，共基极放大电路与共发射极放大电路的电压放大倍数在数值上相同，不同的是，共基极放大电路输出信号与输入信号同相。

2. 输入电阻 R_i

由图 2.4-6（b）可知

$$R'_i = \frac{u_i}{-i_e} = \frac{-i_b r_{be}}{-i_e} = \frac{r_{be}}{1+\beta}$$

$$R_i = \frac{u_i}{i_i} = R_E // R'_i = R_E // \frac{r_{be}}{1+\beta} \tag{2.4.8}$$

一般

$$R_E >> \frac{r_{be}}{1+\beta}$$

则

$$R_i \approx \frac{r_{be}}{1+\beta}$$

3. 输出电阻 R_o

在图 2.4-6（b）中，若将其 u_s 短路，则有 i_b=0，则 βi_b=0，所以

$$R_o = \frac{u_o}{i_o} = R_C \tag{2.4.9}$$

可见，共基极放大电路的输出电阻与共发射极放大电路相同。

例 2.5 放大电路如图 2.4-5 所示，晶体管的 $\beta = 100$，$r_{bb'} = 200\Omega$，$U_{BEQ} = 0.7V$，$R_{B1} = 62k\Omega$，$R_{B2} = 20k\Omega$，$R_C = 3k\Omega$，$R_E = 1.5k\Omega$，$V_{CC} = 15V$，$R_L = 5.6k\Omega$。求：

（1）静态工作点 Q；

（2）电压放大倍数 A_u、输入电阻 R_i、输出电阻 R_o。

解：（1）静态工作点的计算。

$$U_B = \frac{R_{B2}V_{CC}}{R_{B1}+R_{B2}} = \frac{20k\Omega}{(62+20)k\Omega} \times 15V \approx 3.7V$$

$$I_{CQ} \approx I_{EQ} = \frac{U_B - U_{BEQ}}{R_E} = \frac{3.7-0.7}{1.5} = 2mA$$

$$I_{BQ} = \frac{I_{CQ}}{\beta} = \frac{2mA}{100} = 20\mu A$$

$$U_{CEQ} = V_{CC} - I_{CQ}(R_C + R_E) = 15V - 2mA \times (3+1.5)k\Omega = 6V$$

（2）A_u、R_i、R_o 的计算。

$$r_{be} = r_{bb'} + (1+\beta)\frac{26mV}{I_{EQ}} = 200 + (1+100)\frac{26mV}{2mA} = 1.5\,k\Omega$$

$$A_u = \frac{u_o}{u_i} = \frac{\beta R_L'}{r_{be}} = \frac{-100 \times (3 // 5.6)}{1.5} \approx 130$$

$$R_i' = \frac{r_{be}}{1+\beta} = \frac{1.5k\Omega}{1+100} \approx 15\,\Omega$$

$$R_i = R_E // R_i' \approx 15\ \Omega$$

$$R_o = R_C = 3\,k\Omega$$

2.4.3 放大电路三种组态小结

根据上述内容，现将三种组态的主要特性归纳于表 2.2.1 中。

表 2.2.1 晶体管放大器三种组态特性比较

组态	R_i	R_o	A_u	A_i
共发射极	中	中	高	高
共基极	低	高	较高	小于 1
共集电极	高	低	小于 1	较高

可见，共发射极放大电路的 R_i 和 R_o 都属中等，且其电压增益和电流增益都较高，因此应用广泛；共集电极放大电路 R_i 高、R_o 低，且电压增益小于 1，适合用作阻抗变化器；共基极放大电路 R_i 低，电压增益较高，但电流增益小于 1，它的通频带很宽，适合在超高频和宽带领域内应用。

任务五　多级放大电路

任务描述

任务目标	（1）掌握多级放大电路的耦合方式 （2）理解多级放大电路的分析方法
任务实施方法	教师通过对单级放大电路分析方法的回顾，提出本课时的任务；学生看书，采用分组讨论，提出需要解决的问题、完成本任务的思路和方案；小组发言交流，教师多级放大电路进行具体讲解，抽查学生对本任务的掌握情况。

基本放大电路的电压放大倍数通常只有几十到几百倍，而实际应用中，在要求放大倍数更高时，需要将若干个基本放大电路串接起来构成多级放大电路。

2.5.1　多级放大电路的组成

多级放大电路的组成如图 2.5-1 所示。多级放大电路由输入级、中间级和输出级组成。

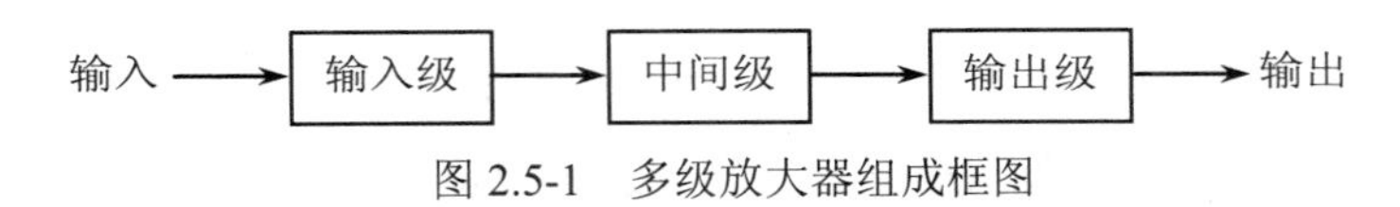

图 2.5-1　多级放大器组成框图

输入级也成为前置级，一般要求高输入阻抗，低噪声系数。因此常采用高输入阻抗的放大电路，如射级输出器、场效应管放大电路等。

中间级要求有高电压放大倍数。通常采用共发射级放大电路等。

输出级直接与负载相连，要求能给负载提供足够大的功率。故常用功率放大电路。

2.5.2　多级放大电路的耦合方式

多级放大电路由若干个基本放大电路串接起来而成，这种串接方式称为耦合。常用的耦合方式有直接耦合、阻容耦合、变压器耦合和光电耦合四种。

一、直接耦合

如图 2.5-2 所示为直接耦合放大电路。前级与后级间无任何元件，直接相连，故称为直接耦合放大电路。

直接耦合方式的优点：

（1）放大电路前级与后级直接相连，因此低频特性好，能放大缓慢变化的低频信号和直流信号。

（2）便于集成。

直接耦合方式的缺点：

（1）直接耦合放大电路前后级间有直流通路，各级静态工作点相互影响，电路分析、设计和调试都较繁琐。

（2）直接耦合放大电路存在零点漂移现象，即放大电路输入为零时，输出不为零并且输出随时间缓慢变化的现象。

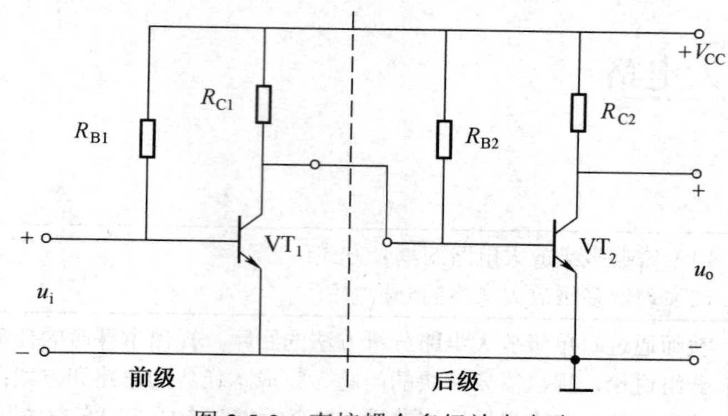

图 2.5-2　直接耦合多级放大电路

二、阻容耦合

如图 2.5-3 所示为两级阻容耦合的共发射级放大电路。第一级与第二级间是通过电容器 C_2 相连接，故称为阻容耦合放大电路。由于前后两级是有耦合电容连接，而电容有隔直通交的特点，因此阻容耦合放大电路只适用于放大交流信号的放大电路。

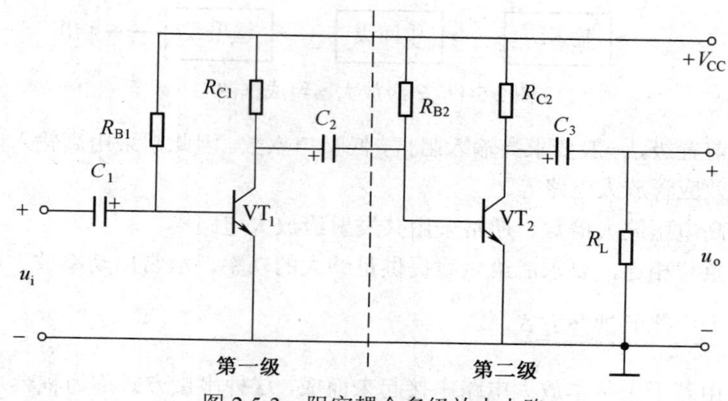

图 2.5-3　阻容耦合多级放大电路

阻容耦合方式的优点：

（1）由于电容的隔直作用，使得各级电路的静态工作点相互隔离，互相独立。电路设计计算和调试都很方便，加上静态工作点独立，放大电路工作点的温度偏移只对本级有影响。

（2）当耦合电容足够大时，在一定范围内电容被视为短路，所以放大电路可以有效地放大交流信号。

阻容耦合方式的缺点：

（1）当交流信号的频率较低时，电容的容抗较大，此时电容会使交流信号大幅度的衰减，放大倍数下降。因此不能放大缓慢变化的低频信号和直流信号。

（2）在集成工艺中制造大电容很困难，因此阻容耦合放大电路不便于集成。

三、变压器耦合

变压器耦合是指将放大电路前级输出信号通过变压器接到后级输入端或负载电阻上的连接

方式。

由于变压器耦合放大电路的前后级是靠磁路耦合，因此其各级放大电路的静态工作点相互独立，便于设计、调试和分析。

变压器耦合方式的优点：

（1）传送交流信号的同时，可以进行电压、电流和阻抗的变换。

（2）由于变压器对直流量无变换作用，具有较好的隔直和隔离温度漂移的作用。

变压器耦合方式的缺点：

（1）不能满足自动控制系统中放大直流信号和变化缓慢信号要求。

（2）变压器体积大且笨重，使用不方便，不便于集成。

四、光电耦合

光电耦合是依靠光电耦合器以光信号为媒介实现前后级电信号传送的一种耦合方式。该方式优点在于前后级电路分别采用独立电源且分别接不同的“地”，即使远距离信号传输，也可以避免受到各种电干扰。

2.5.3 多级放大电路的性能分析

一、电压放大倍数 A_u

若有 n 级放大电路，每级的电压放大倍数分别为 A_{u1}、A_{u2}、…A_{un}，则多级放大电路的电压放大倍数为

$$A_u = A_{u1} \times A_{u2} \times \cdots A_{un}$$

注意：在计算各级电压放大倍数时必须将后级的输入电阻看作前级的负载一部分。

二、输入电阻 R_i

多级放大电路的第一级电路的输入电阻即为多级放大电路的输入电阻。

三、输出电阻 R_o

多级放大电路的最后一级电路的输出电阻即为多级放大电路的输出电阻。

在实际运用中，在考虑输入级和输出级的电路形式和主要参数时，通常主要考虑具体工作对输入电阻和输出电阻的要求，而把电压放大倍数放在次要的位置。而对电压放大倍数的要求，则主要由中间放大级来实现。

例 2.6 两级共发射极阻容耦合放大电路如图 2.5-4 所示，若晶体管 VT_1 的 $\beta_1 = 60$，$r_{be1} = 2k\Omega$，VT_2 的 $\beta_2 = 100$，$r_{be2} = 2.2k\Omega$，其他参数如图 2.5-4（a）所示，各电容的容量足够大。试求放大电路的 A_u、R_i、R_o。

解： 在小信号工作情况下，两级共发射极放大电路的微变等效电路如图 2.5-4（b）、2.5-4（c）所示。由图 2.5-4（b）所示电路中，放大电路的输入端看进去的等效电阻，即放大电路的输入电阻，就是第一级共发射极放大电路的输入电阻，即

$$R_i = R_{i1} = R_1 // R_2 // \left[r_{be1} + (1+\beta_1)R_4\right]$$
$$= 100k\Omega // 24k\Omega // (2k\Omega + 61 \times 0.1k\Omega) \approx 5.7k\Omega$$

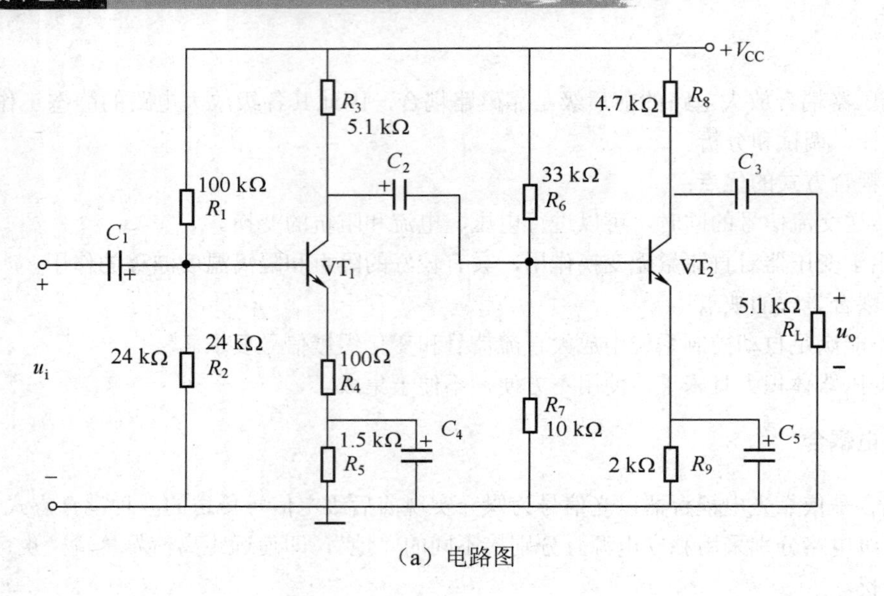

（a）电路图

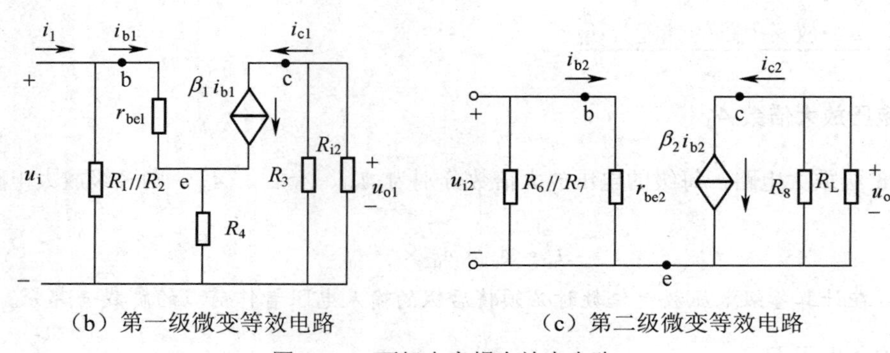

（b）第一级微变等效电路　　　　（c）第二级微变等效电路

图 2.5-4　两级电容耦合放大电路

放大电路的输出端看进去的等效电阻，即放大电路的输出电阻，就是第二级共发射极放大电路的输出电阻，即

$$R_o = R_8 = 4.7\text{k}\Omega$$

考虑到第一级放大电路的负载即为后一放大电路的输入电阻，即

$$R_{i2} = R_6 // R_7 // r_{be2} = \frac{1}{\frac{1}{33}+\frac{1}{10}+\frac{1}{2.2}}\text{k}\Omega \approx 1.7\text{k}\Omega$$

则第一级的总负载为

$$R'_{L1} = R_3 // R_{i2} = 5.1\text{k}\Omega // 1.7\text{k}\Omega \approx 1.3\text{k}\Omega$$

第一级电压放大倍数为

$$A_{u1} = \frac{u_{o1}}{u_i} = \frac{-\beta_1 R'_{L1}}{r_{be1}+(1+\beta_1)R_4} = \frac{-60\times 1.3\text{k}\Omega}{2\text{k}\Omega + 61\times 0.1\text{k}\Omega} \approx -9.6$$

第二级电压放大倍数为

$$A_{u2}=\frac{u_o}{u_{i2}}=\frac{-\beta_2 R'_L}{r_{be2}}=\frac{-100\times(4.7//5.1)\text{k}\Omega}{2.2\text{k}\Omega}\approx -111$$

两级放大电路的总电压放大倍数为

$$A_u=A_{u1}\cdot A_{u2}=(-9.6)\times(-111)=1066$$

式中没有负号，说明两级放大电路的输出电压与输入电压同相位。

任务六　放大电路的频率响应

任务描述

任务目标	（1）了解放大电路的频率响应的概率 （2）掌握放大电路的频率响应的基本分析方法
任务实施方法	教师通过对三极管放大电路基本知识的回顾，提出本课时的任务；学生看书，采用分组讨论，提出需要解决的问题、完成本任务的思路和方案；小组发言交流，教师对放大电路的频率响应进行具体讲解，抽查学生对本任务的掌握情况。

2.6.1　频率响应的基本概念

在各种电子设备的运用中，放大器所接收到的信号各不相同，如广播电台的语音和音乐信号、电视中的图像和伴音信号、数字系统中的脉冲信号等。这些信号从频谱分析来看并不是单一频率，而是一个频率范围内的各种频率的信号。由于在放大电路中一般都存在着电抗元件，如电容、电感、三极管的极间电容和连线分布电容等，不可能对这个频率范围内所有频率信号都实现等量放大，因此，放大器对不同频率的信号有不同的放大能力。

前面在分析基本放大电路的性能指标时，都将信号频率设定在中频范围，省略了耦合电容、旁路电容和三极管极间电容及分布电容等因素所造成的影响。在实际运用中，由于这些因素的存在，使得输入信号的频率产生变化，电路的放大倍数和输出波形的形状和相位都会发生改变。若考虑电抗性元件的作用和信号角频率变量，则放大电路的电压增益可表达为

$$\dot{A}_u(j\omega)=\frac{\dot{U}_o(j\omega)}{\dot{U}_i(j\omega)} \tag{2.6.1}$$

或

$$\dot{A}_u=A_u(\omega)\angle\varphi(\omega) \tag{2.6.2}$$

式中，ω 为信号的角频率；$A_u(\omega)$ 为电压增益的模与角频率之间的关系，称为幅频响应；$\varphi(\omega)$ 为放大电路输出与输入正弦电压信号的相位差与角频率之间的关系，称为相频响应。二者综合起来即为放大电路的频率响应。

一、频率特性指标

放大电路实际的幅频特性曲线如图 2.6-1 所示。在低频和高频区电路的放大倍数都有所下降，而在中频区较为平旦。为分析方便，人们将实际的幅频响应分为 3 个区域，即中频区、低频区和高

频区。并定义上限频率f_H、下限频率f_L以及通频带BW，便于定量分析频率响应的实际状况。

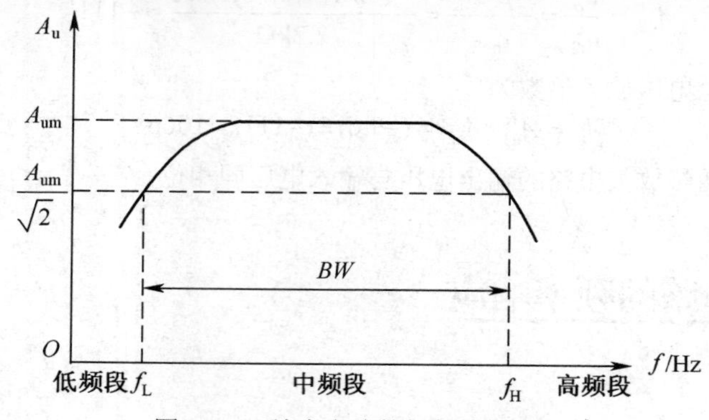

图 2.6-1　放大电路的幅频特性曲线

在图 2.2-6 可以看到，中频段的放大倍数几乎不变，用A_{um}表示，在低频段和高频段放大倍数都将下降，当降到$A_{um}/\sqrt{2}=0.707A_{um}$时的低端频率和高端频率，称为放大电路的下限频率和上限频率，分别用f_L、f_H表示。f_L和f_H之间的频率范围称为放大电路的通频带，用BW表示，即

$$BW = f_H - f_L \tag{2.6.3}$$

二、频率失真

如果放大电路的通频带BW不够宽，此时信号中的各种频率成分的放大倍数和附加相移将发生变化，使输出信号波形失真，统称为频率失真，如图 2.6-2 所示。分为两种情况：放大电路对不同频率分量的放大倍数不同引起输出信号的波形失真，称为幅度失真；放大电路对不同频率分量的相移不同而造成输出信号的波形失真，称为相位失真。

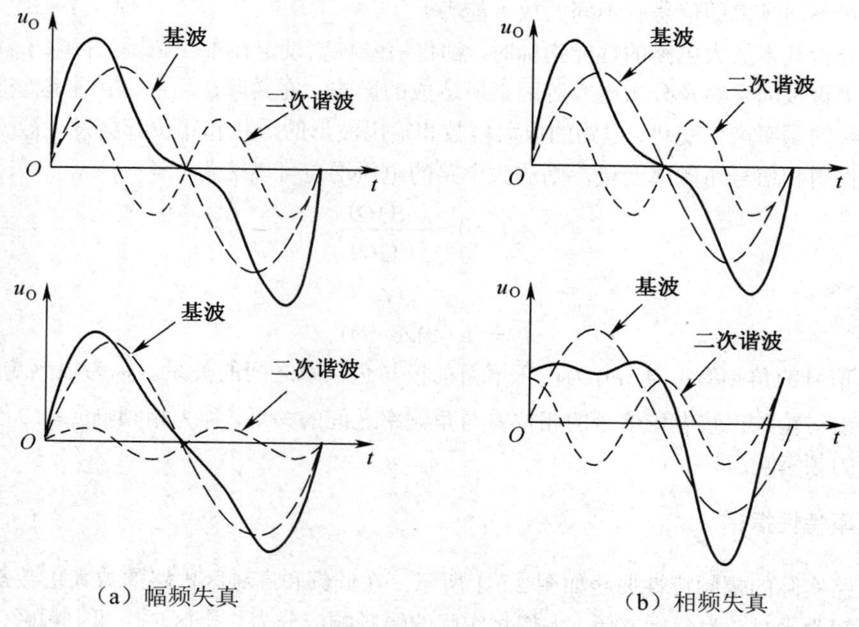

图 2.6-2　频率失真

若某一待放大信号是由基波和二次谐波组成，由于电抗元件的存在使放大电路对二次谐波的放大倍数小于对基波的放大倍数，那么放大后的信号各频率分量的大小比例将不同于输入信号，输出波形将产生频率失真。此失真是电抗元件引起的，电抗元件为线性元件，故失真也称为线性失真。

三、RC 低通电路的频率响应

RC 高低电路如图 2.6-3 所示。根据图可写出其电压传输系数为

$$\dot{A}_{\mathrm{u}}=\frac{\dot{U}_{\mathrm{o}}}{\dot{U}_{\mathrm{i}}}=\frac{\dfrac{1}{\mathrm{j}\omega C}}{R+\dfrac{1}{\mathrm{j}\omega C}}=\frac{1}{1+\mathrm{j}\omega RC} \tag{2.6.4}$$

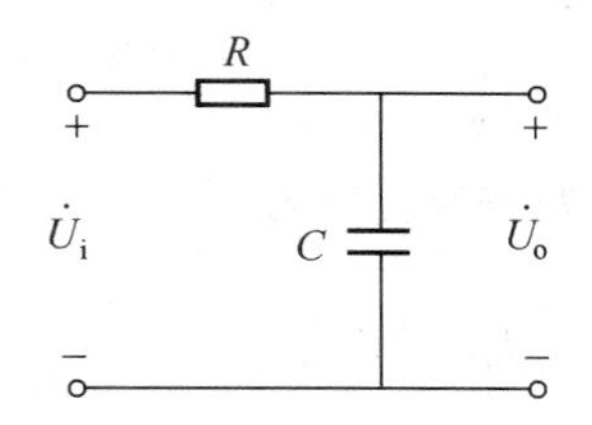

图 2.6-3　简单 RC 低通电路图

式中，ω 为输入信号的角频率，RC 为回路的时间常数 τ，令 $\omega_H=\dfrac{1}{RC}=\dfrac{1}{\tau}$，则

$$f_{\mathrm{H}}=\frac{\omega_H}{2\pi}=\frac{1}{2\pi\tau}=\frac{1}{2\pi RC} \tag{2.6.5}$$

则式（2.6.4）改写为

$$\dot{A}_{\mathrm{u}}=\frac{1}{1+\mathrm{j}\dfrac{\omega}{\omega_{\mathrm{H}}}}=\frac{1}{1+\mathrm{j}\dfrac{f}{f_{\mathrm{H}}}} \tag{2.6.6}$$

其幅频特性和相频特性分别为

$$\left|\dot{A}_{\mathrm{u}}\right|=\frac{1}{\sqrt{1+\left(\dfrac{f}{f_{\mathrm{H}}}\right)^2}} \tag{2.6.7}$$

$$\varphi=-\arctan\frac{f}{f_{\mathrm{H}}} \tag{2.6.8}$$

由式（2.6.7）和式（2.6.8）知，信号频率 f 越低，$\dot{U}_{\mathrm{o}}$ 越接近于 $\dot{U}_{\mathrm{i}}$，$\left|\dot{A}_{\mathrm{u}}\right|$ 衰减越小，相移 φ 越小；当信号频率 f 逐渐升高时，幅值 $\left|\dot{A}_{\mathrm{u}}\right|$ 将逐渐下降，相移 φ 逐渐增大，即频率越高，衰减越大，相移越大，故称为低通电路。当时 $f=f_{\mathrm{H}}$，$\left|\dot{A}_{\mathrm{u}}\right|=\dfrac{1}{\sqrt{2}}\approx 0.707$，$\varphi=-45^\circ$，其通频带范围为 0 ～ f_{H}，因此 f_{H} 称为高通电路的上限截止频率，简称上限频率。其幅频特性曲线和相频特性曲线如图 2.6-4 所示。

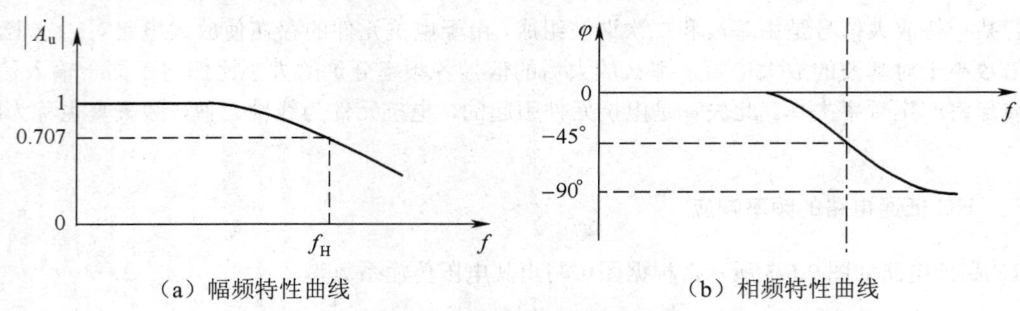

（a）幅频特性曲线　　（b）相频特性曲线

图 2.6-4　简单 RC 低通电路的频率响应

工程上为了简便直观，在绘制频率响应曲线时常采用对数坐标，称为波特图。波特图由对数幅频特性和对数相频特性两部分组成，它们的横轴为对数刻度 $\lg f$，幅频特性的纵轴用 $20\lg|\dot{A}_u|$ 表示，单位为分贝（dB）；相频特性的纵轴仍用 φ 表示。

由式（2.6.7），RC 低通电路的对数幅频特性为

$$20\lg|\dot{A}_u| = -20\lg\sqrt{1+\left(\frac{f}{f_H}\right)^2} \tag{2.6.9}$$

与式（2.6.8）联立知，当时 $f << f_H$，$20\lg|\dot{A}_u| \approx 0dB$，$\varphi \approx 0°$；当时 $f = f_H$，$20\lg|\dot{A}_u| \approx -3dB$，$\varphi \approx -45°$；当 $f >> f_H$ 时，$20\lg|\dot{A}_u| \approx -20\lg\left(\frac{f}{f_H}\right)$，表明 f 每升高 10 倍，电压放大倍数下降 20dB，即对数幅频特性在此区间等效为一条从 f_H 出发，斜率为-20dB/十倍数的斜线。

在电路的近似分析汇总，常将波特图的曲线折线化，用渐近的折线来表示，称为近似的波特图。

对于 RC 低通电路的对数幅频特性，是以截止频率 f_H 为拐点，由当 $f < f_H$ 时，$20\lg|\dot{A}_u| = 0\text{dB}$ 的一条水平直线与当 $f > f_H$ 时，斜率为斜率为-20dB/十倍数的斜线合成近似，如图 2.6-5（a）所示。

对于 RC 低通电路的对数相频特性，是用三段直线合成近似的合成近似；以 $0.1f_H$ 和 $10f_H$ 为两个拐点，当 $f < 0.1f_H$ 时，用 $\varphi = 0°$ 的直线近似，即认为 $f = 0.1f_H$ 时，$\dot{A}_u$ 产生的相移为 0°（误差为 $-5.71°$）；当 $f > 10f_H$ 时，用 $\varphi = -90^0$ 的直线近似，即认为 $f = 10f_H$ 时，已产生相移 $-90°$（误差为 $5.71°$）；当 $0.1f_H < f < 10f_H$ 时，φ 随 f 增加线性下降，为一条为斜率为 $-45°$/十倍数的斜线，且在 $f = f_H$ 时，$\varphi = -45°$，如图 2.6.5（b）所示。

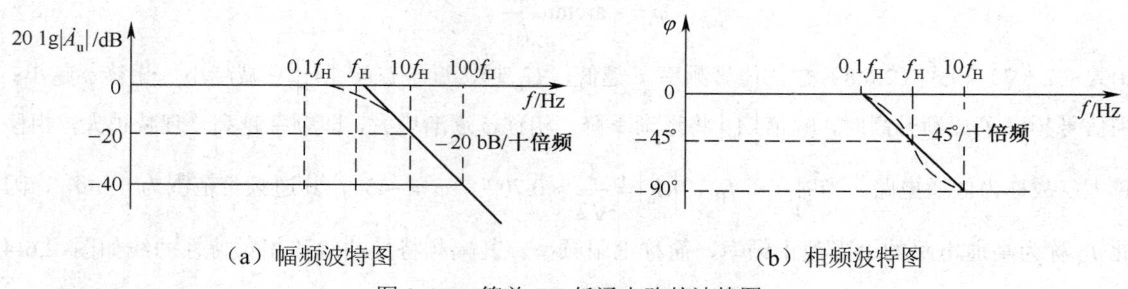

（a）幅频波特图　　（b）相频波特图

图 2.6-5　简单 RC 低通电路的波特图

例 2.7　电路如图 2.6-6（a）所示，试求该电路的上限截止频率 f_H。

解：用戴维南定理画出图 2.6-6（a）的等效电路，如图 2.6-6（b）所示。由图可见，它是一个 RC 低通电路，所以，上限截止频率 f_H 为

$$f_H = \frac{1}{2\pi(R_1 // R_2)C} = 31.8\text{kHz}$$

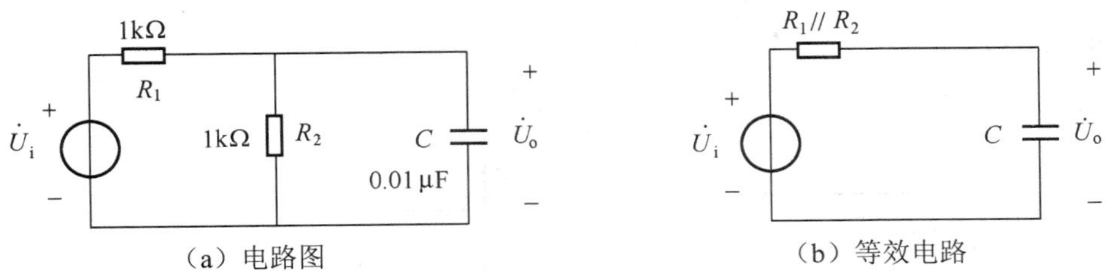

（a）电路图　　（b）等效电路

图 2.6-6　实用 RC 低通滤波器

四、RC 高通电路的频率响应

RC 高通电路如图 2.6-7 所示。根据图可写出其电压传输系数为

$$\dot{A}_u = \frac{\dot{U}_o}{\dot{U}_i} = \frac{R}{R + \frac{1}{j\omega C}} = \frac{1}{1 + \frac{1}{j\omega RC}} \tag{2.6.10}$$

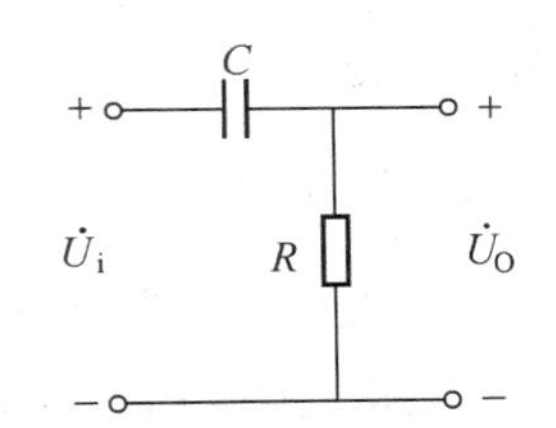

图 2.6-7　简单 RC 高通电路图

式中，ω 为输入信号的角频率，RC 为回路的时间常数 τ，令 $\omega_L = \frac{1}{RC} = \frac{1}{\tau}$，则

$$f_L = \frac{\omega_L}{2\pi} = \frac{1}{2\pi\tau} = \frac{1}{2\pi RC} \tag{2.6.11}$$

则式（2.6.10）改写为

$$\dot{A}_u = \frac{1}{1 - j\frac{\omega_L}{\omega}} = \frac{1}{1 - j\frac{f_L}{f}} \tag{2.6.12}$$

其幅频特性和相频特性分别为

$$|\dot{A}_u| = \frac{1}{\sqrt{1 + \left(\frac{f_L}{f}\right)^2}} \tag{2.6.13}$$

$$\varphi = \arctan\frac{f_L}{f} \tag{2.6.14}$$

由式（2.6.13）和式（2.6.14）知，信号频率 f 越高，$\dot{U}_o$ 越接近于 $\dot{U}_i$，$|\dot{A}_u|$ 衰减越小，相移 φ 越小；当信号频率 f 逐渐下降时，幅值 $|\dot{A}_u|$ 将逐渐下降，相移 φ 逐渐增大，即频率越低，衰减越大，相移越大，故称为高通电路。当时 $f=f_L$，$|\dot{A}_u|=\frac{1}{\sqrt{2}}\approx 0.707$，$\varphi=45^\circ$，其通频带范围为 $f_L\sim\infty$，阻带为 $0\sim f_L$，因此 f_L 称为高通电路的下限截止频率，简称下限频率。其幅频特性曲线和相频特性曲线如图 2.6-8 所示。

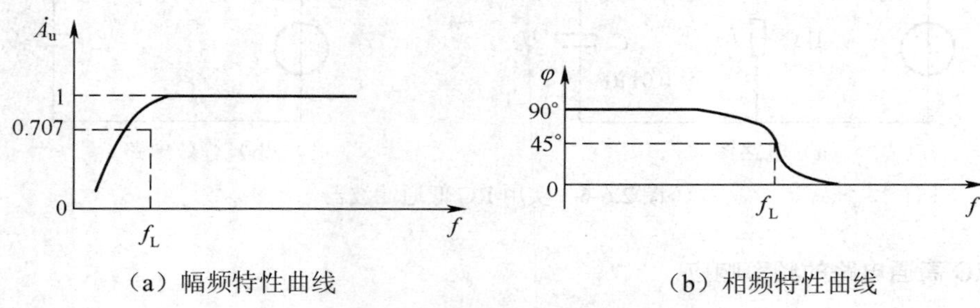

（a）幅频特性曲线　　（b）相频特性曲线

图 2.6-8　简单 RC 高通电路的频率响应

由式（2.6.13），RC 低通电路的对数幅频特性为

$$20\lg|\dot{A}_u|=-20\lg\sqrt{1+\left(\frac{f_L}{f}\right)^2} \tag{2.6.15}$$

与式（2.6.14）联立知，当时 $f>>f_L$，$20\lg|\dot{A}_u|\approx 0\text{dB}$，$\varphi\approx 0^\circ$；当时 $f=f_L$，$20\lg|\dot{A}_u|\approx -3\text{dB}$，$\varphi\approx 45^\circ$；当 $f<<f_L$ 时，$20\lg|\dot{A}_u|\approx -20\lg\left(\frac{f_L}{f}\right)$，表明 f 每下降 10 倍，电压放大倍数下降 20dB，即对数幅频特性在此区间等效为一条从 f_H 出发，斜率为 20dB/十倍数的斜线。

仿照 RC 低通电路波特图的绘制方法，即可画出 RC 高通电路的波特图，如图 2.6-9 所示。

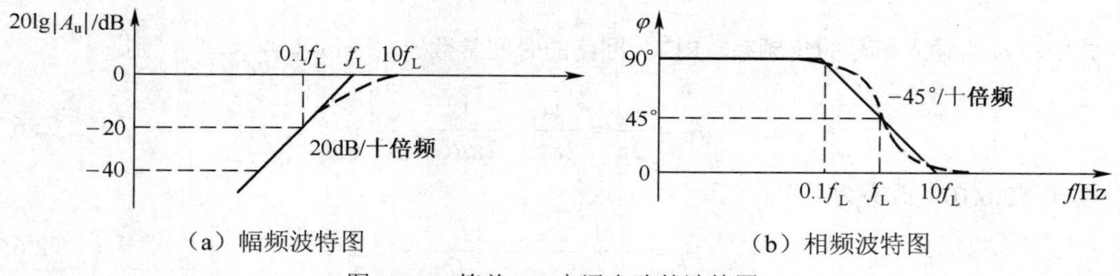

（a）幅频波特图　　（b）相频波特图

图 2.6-9　简单 RC 高通电路的波特图

例 2.7　电路如图 2.6-10 所示，该电路的下限截止频率 $f_L=300\text{Hz}$，求电容 C 的容量。

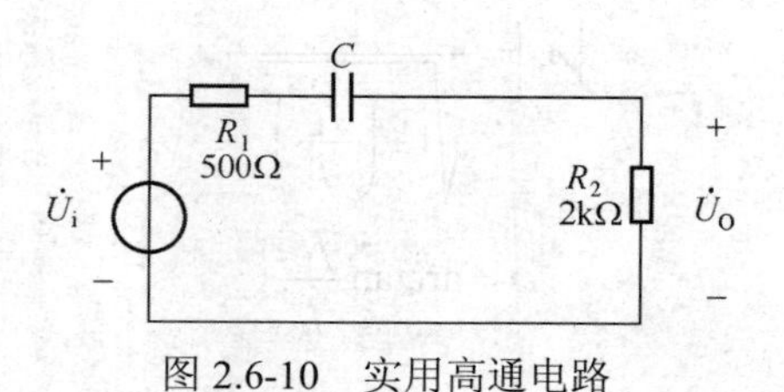

图 2.6-10　实用高通电路

解：由图 2.6-10 可得回路电阻

$$R = R_1 + R_2 = 2500\Omega$$

则

$$C = \frac{1}{2\pi f_L R} = 0.212\mu\text{F}$$

2.6.2　半导体三极管的高频特性

在前面的讲述中，忽略了三极管极间电容所存在的影响，由三极管的特性方程导出了三极管的低频交流小信号等效电路模型进行分析。而考虑到发射结和集电结结电容的影响，就可以得出在高频小信号作用下的等效电路模型，称为混合π模型，如图 2.6-11 所示。由于电容 $C_{b'e}$ 和 $C_{b'c}$ 的影响，$\dot{I}_b$ 不仅包含电流 $r_{b'e}$ 和 $r_{b'c}$，还包含流过 $C_{b'e}$ 和 $C_{b'c}$ 的电流，此时，低频小信号等效电路模型中的受控电流 $\dot{I}_c$ 不再与 $\dot{I}_b$ 成正比，而是与基－射间的结电压 $\dot{U}_{b'e}$ 成正比，且与信号频率无关，因此用跨导 g_m 来表示它们之间的控制关系，$g_m\dot{U}_{b'e}$ 为一受控的电流源。混合π模型等效电路中各参数与频率都无关，故适用于放大电路的高频特性分析。在高频运用时，由图 2.6-11 示，三极管的结电容对信号电流产生分流作用，使得输出电流 $\dot{I}_c$ 减小，即导致三极管的电流放大系数 β 随频率升高而下降，即电流放大系数 β 不再是一个常量，而是频率的函数，记为 $\dot{\beta}$。

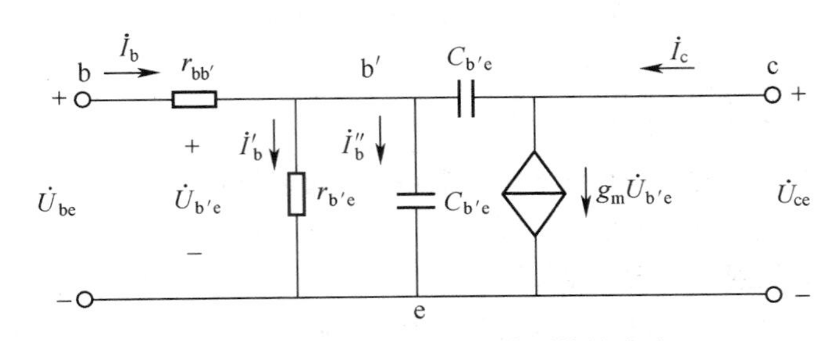

图 2.6-11　晶体管混合π模型等效电路

在图 2.6-11 中，假设 $\dot{U}_{c'e}=0$，即指在 $\dot{U}_{c'e}$ 固定的条件下，在等效电路中可将 c、e 间交流短路，则得图 2.6-12 所示等效电路，由此可推出共发射极接法时交流短路电流放大系数 $\dot{\beta}$ 为

$$\dot{\beta} = \left.\frac{\dot{I}_c}{\dot{I}_b}\right|_{\dot{U}_{C'E}=0} = \frac{\beta_0}{1+\text{j}\dfrac{f}{f_\beta}} \tag{2.6.16}$$

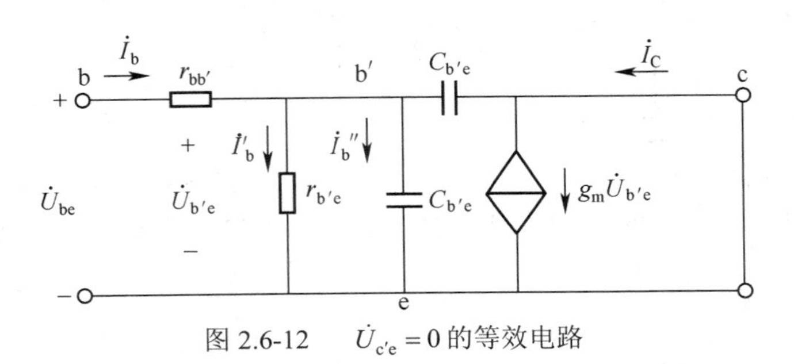

图 2.6-12　$\dot{U}_{c'e}=0$ 的等效电路

式中 $\beta_0 = g_m r_{b'e}$，$f_\beta = \dfrac{\beta_0}{2\pi r_{b'e}(C_{b'e} + C_{b'c})}$。

其中，式（2.6.16）的幅频特性为

$$\left|\dot{\beta}\right| = \frac{\beta_0}{\sqrt{1+\left(\dfrac{f}{f_\beta}\right)^2}} \tag{2.6.17}$$

图 2.6-13 为其幅频特性图，当 $f = f_\beta$ 时，$\left|\dot{\beta}\right| = 0.707\beta_0$，即 f_β 为 $\left|\dot{\beta}\right|$ 下降为 $0.707\beta_0$ 时的频率，所以将 f_β 称为共发射极短路电流放大系数的截止频率。当频率升高到 f_T 时，$\left|\dot{\beta}\right|$ 值将下降到等于 1，三极管将无放大电流能力，将 f_T 称为特征频率。

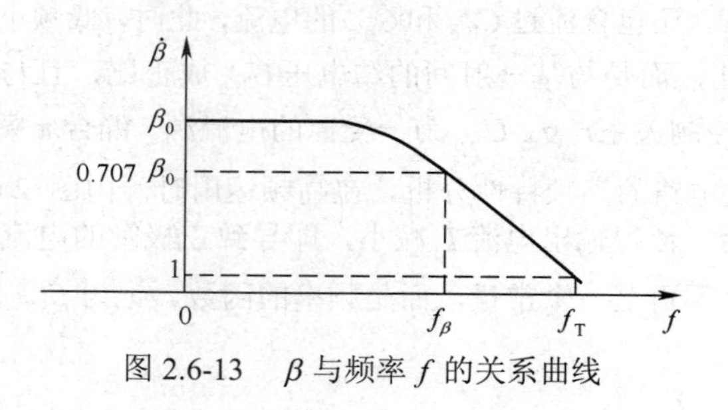

图 2.6-13　β 与频率 f 的关系曲线

2.6.3　单级放大电路的频率响应

利用晶体管和场效应管的高频小信号等效电路模型可以分析放大电路的频率响应。下面以单级基本小信号共发射极放大电路为例来分析频率响应的一般分析方法。

单级基本小信号共发射极放大电路如图 2.6-14（a）所示，其对应的高频小信号混合 π 模型等效电路如图 2.6-14（b）所示。分析放大电路的频率响应时，为方便起见，一般都将输入信号的频率范围分为高频、中频和低频三个频率，根据各频率的特点对图 2.6-14（b）所示电路进行简化，再进行分析计算，求出各频段的频率响应。

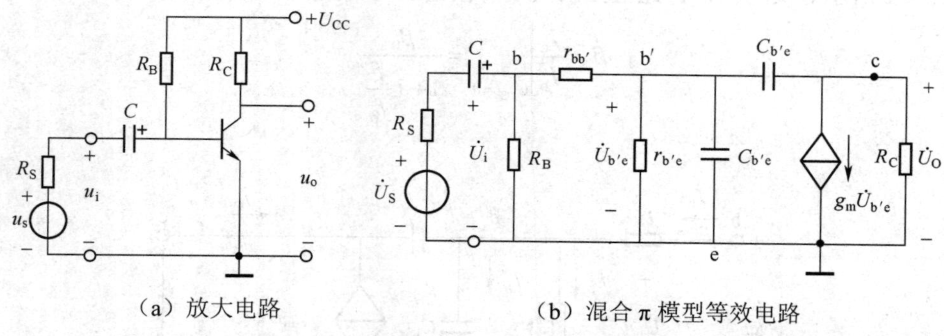

（a）放大电路　　（b）混合 π 模型等效电路

图 2.6-14　单级基本小信号共发射极放大电路及其混合 π 模型等效电路

一、中频段频率响应

当中频电压信号 $\dot{U}_S$ 作用于放大电路时，耦合电容 C 的容量较大，可视为交流短路；而并联在电路中的极间电容也很小，也可视为交流开路。图 2.6-15 为高频等效电路图。

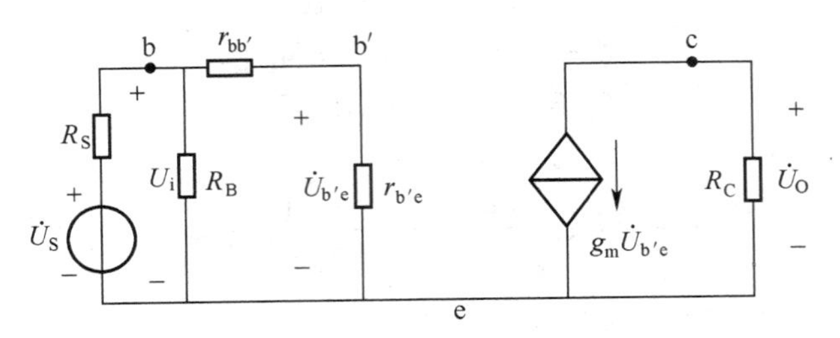

图 2.6-15　图 2.6-14（a）所示放大电路的中频等效电路

由图 2.6-15 得

$$\dot{U}_i = \dot{U}_S \frac{R_i}{R_S + R_i}$$

其中

$$R_i = R_B // (r_{bb'} + r_{b'e}) = R_B // r_{be} \approx r_{be} \quad (R_B >> r_{be})$$

$$\dot{U}_{b'e} = \dot{U}_i \frac{r_{b'e}}{r_{bb'} + r_{b'e}} = \dot{U}_i \frac{r_{b'e}}{r_{be}}$$

$$\dot{U}_o = -g_m \dot{U}_{b'e} R_C = -\frac{\beta_0}{r_{b'e}} \dot{U}_i \frac{r_{b'e}}{r_{be}} R_C$$

则放大电路中频段的源电压放大倍数为

$$\dot{A}_{usm} = \frac{\dot{U}_o}{\dot{U}_S} = -\frac{\beta_0}{r_{b'e}} \frac{R_i}{R_S + R_i} \frac{r_{b'e}}{r_{be}} R_C = -\beta_0 \frac{R_C}{R_S + r_{be}} \qquad (2.6.18)$$

式（2.6.18）与式（2.3.5）、式（2.3.6）比较知，在中频段利用混合 π 模型等效电路进行分析所得结果和前面利用微变等效电路分析所得结果相同。因此得出，在中频段，放大电路的电压放大倍数与频段内的信号频率无关。

二、高频段频率响应

当高频电压信号 $\dot{U}_S$ 作用于放大电路时，耦合电容的容抗随着信号频率的升高而减小，即耦合电容 C 可视为交流短路；而并联在电路中的极间电容的容抗虽然也减小，但是不能视为交流开路。图 2.6-16（a）为高频等效电路图。图中电容左边的电路根据戴维南定理简化后有等效变换后的高频等效电路，如图 2.6-16（b）所示。

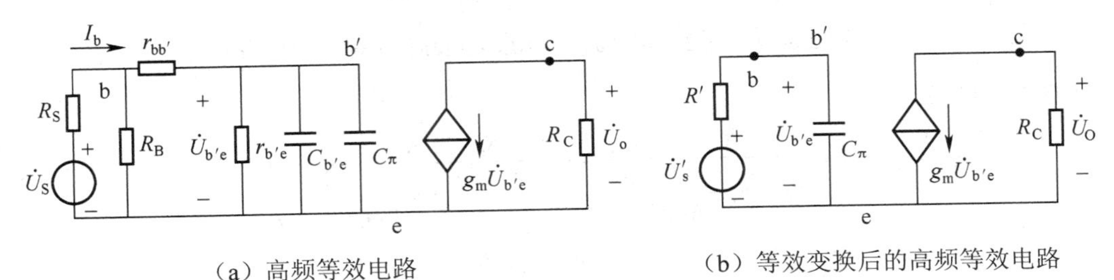

图 2.6-16　图 2.6-14（a）所示放大电路的高频等效电路

由图 2.6-16 得

$$\dot{U}'_S = \dot{U}_S \frac{R_i}{R_S + R_i} \frac{r_{b'e}}{r_{be}}$$

$$R' = r_{b'e} // [r_{bb'} + (R_S // R_B)]$$

$$C_\pi = C_{b'e} + (1 + g_m R_C) C_{b'c}$$

$$\dot{U}_{b'e} = \dot{U}'_S \frac{\frac{1}{j\omega C_\pi}}{R' + \frac{1}{j\omega C_\pi}} = \frac{1}{1 + j\omega R' C_\pi} \dot{U}'_S$$

$$\dot{U}_o = -g_m \dot{U}'_{b'e} R_C \qquad \left(g_m = \frac{\beta_0}{r_{b'e}} \right)$$

则放大电路高频段的源电压放大倍数为

$$\begin{aligned} \dot{A}_{ush} &= \frac{\dot{U}_o}{\dot{U}_S} = \frac{\dot{U}'_S}{\dot{U}_S} \frac{\dot{U}_{b'e}}{\dot{U}'_S} \frac{\dot{U}_o}{\dot{U}_{b'e}} = \frac{R_i}{R_S + R_i} \frac{r_{b'e}}{r_{be}} \frac{1}{1 + j\omega R' C_\pi} (-g_m R_C) \\ &= -\beta_0 \frac{R_i}{R_S + R_i} \frac{R_C}{r_{be}} \frac{1}{1 + j\omega R' C_\pi} \qquad (2.6.19) \\ &= \dot{A}_{usm} \frac{1}{1 + j\left(\frac{f}{f_H}\right)} \quad f_H = \frac{1}{2\pi R' C_\pi} \end{aligned}$$

上式表明，由于电抗器件等的影响，电路的放大倍数下降。

三、低频段频率响应

当低频电压信号 $\dot{U}_S$ 作用于放大电路时，耦合电容 C 的容抗随着频率的下降而增加，不能视为交流短路；而电路中的极间电容也进一步增大，仍可视为交流开路。图 2.6-17 为低频等效电路图。

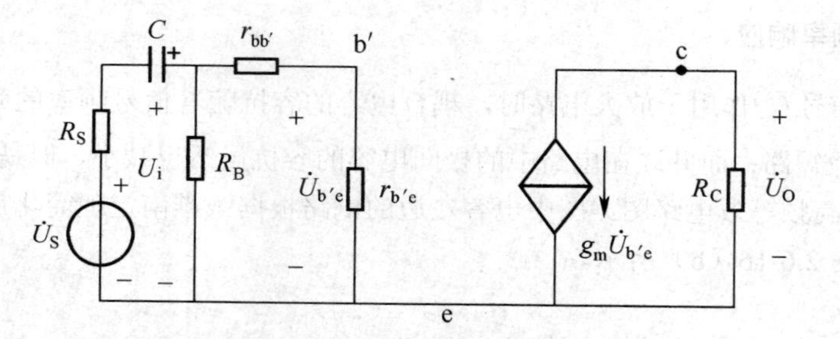

图 2.6-17　图 2.6-14（a）所示放大电路的低频等效电路

由图 2.6-17 得

$$\dot{U}_{b'e} = \dot{U}_S \frac{R_i}{R_S + R_i + \frac{1}{j\omega C}} \frac{r_{b'e}}{r_{be}} = \dot{U}_S \frac{R_i}{R_S + R_i} \frac{1}{1 + \frac{1}{j\omega C(R_S + R_i)}} \frac{r_{b'e}}{r_{be}}$$

$$\dot{U}_o = -g_m \dot{U}_{b'e} R_C$$

耦合电容 C 和输入电阻 $R_i = R_B // (r_{bb'} + r_{b'e})$ 构成的 RC 高通电路的下限截止频率为

$$f_{L1} = \frac{1}{2\pi C (R_S + R_i)}$$

则放大电路中频段的源电压放大倍数为

$$\dot{A}_{usl}=\frac{\dot{U}_o}{\dot{U}_S}=-\beta_0\frac{R_C}{R_S+r_{be}}\frac{1}{1-j\left(\frac{f_L}{f}\right)}=\dot{A}_{vsm}\frac{1}{1-j\left(\frac{f_L}{f}\right)}\quad f_L=f_{L1} \tag{2.6.20}$$

上式表明，由于电抗器件等的影响，电路的放大倍数下降。

四、全频段频率响应

将上述分频段分析的结果综合，就可以得到信号频率从零到无穷大的全部频率段的频率响应。由式（2.6-18）、式（2.6.19）和式（2.6.20）可得出放大电路全频段电压放大倍数为

$$\dot{A}_{us}=\dot{A}_{usm}\frac{1}{\left[1-j\left(\frac{f_L}{f}\right)\right]\left[1+j\left(\frac{f}{f_H}\right)\right]} \tag{2.6.21}$$

运用前面介绍的RC高低通电路波特图的近似折线作图法，做出全频段的波特图，如图2.6-18所示。

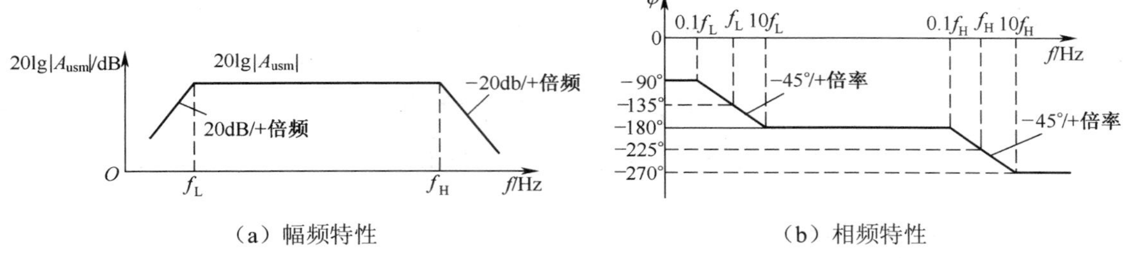

（a）幅频特性　　（b）相频特性

图2.6-18　单管共发射极放大电路波特图

例 2.9　放大电路如图2.6-19所示，已知晶体管的$U_{BEQ}=0.7V$，$\beta_0=65$，$r_{bb'}=100\Omega$，$C_{b'c}=5pF$，$f_T=100MHz$，试估算改该电路的中频电压增益、上限频率、下限频率和同频带。

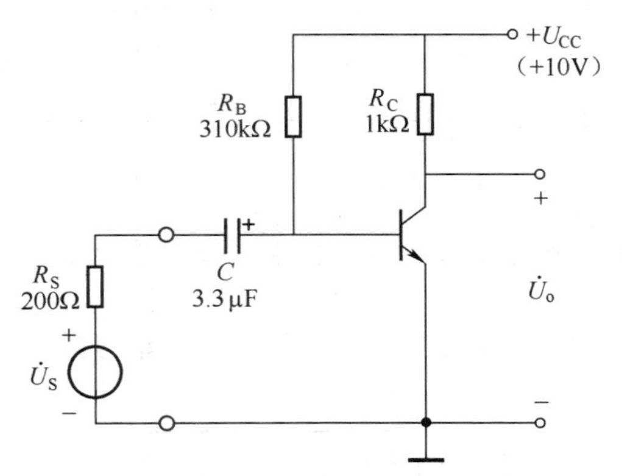

图2.6-19　实用单管共发射极放大电路

解： 计算晶体管高频混合π模型中的参数

$$I_{BQ}=\frac{V_{CC}-U_{BEQ}}{R_b}=\frac{10-0.7}{310}mA=0.03mA$$

$$I_{CQ} = \beta_0 I_{BQ} = 1.95\text{mA}$$
$$U_{CEQ} = V_{CC} - I_{CQ}R_c = 10 - 1.95 \times 1 = 8.05\text{V}$$

可见放大电路的静态工作点合适，可求得

$$r_{b'e} = (1+\beta_0)\frac{26\text{mV}}{I_{EQ}} = 867\Omega$$

$$g_m = \frac{I_{EQ}}{26} = 0.075\text{S}$$

$$C_{b'e} = \frac{g_m}{2\pi f_T} - C_{b'c} = 114\text{pF}$$

中频电压增益

$$\dot{A}_{usm} = \frac{\dot{U}_o}{\dot{U}_S} = -\frac{g_m r_{b'e}}{R_S + r_{b'e} + r_{bb'}}R_C == -55.7$$

上限、下限频率及通频带

$$R' = (R_S + r_{bb'}) // r_{b'e} = 223\Omega$$
$$C_\pi = C_{b'e} + (1 + g_m R_C)C_{b'c} = 494\text{pF}$$
$$f_H = \frac{1}{2\pi R' C_\pi} = 1.45\text{MHz}$$
$$f_L = \frac{1}{2\pi C(R_S + r_{b'e} + r_{bb'})} = 41\text{Hz}$$
$$BW = f_H - f_L \approx f_H = 1.45\text{MHz}$$

2.6.4 多级放大电路的频率响应

多级放大电路或其他形式的放大电路，其电压放大倍数的频率响应也同样可写成与表达式（2.6.21）相似的形式，但电路中可能存在多个耦合电容或旁路电容等，此时低频段等效电路中就会含有多个高通电路，因而存在多个低频转折频率。而多级放大电路又是由多个三极管组成，则其电路中就存在多个三极管的等效结电容，在高频段等效电路中就含有多个低通电路，存在多个高频转折频率。综上所述，多级放大电路电压放大倍数的频率响应可以表示为

$$\dot{A}_{us} \approx \dot{A}_{usm}\prod_k \frac{1}{\left[1 - \text{j}\left(\frac{f_{Lk}}{f}\right)\right]}\prod_i \frac{1}{\left[1 + \text{j}\left(\frac{f}{f_{Hi}}\right)\right]} \tag{2.6.22}$$

式中，低频和高频转折频率的个数 K 和 i 由放大电路中的电容个数决定，其数值决定每个电容所在电路的时间常数。

根据理论证明，多级放大电路总的上、下限频率 f_H、f_L 与其组成的电路的各级上、下限频率 f_{Hi}、f_{Lk} 有下列近似关系

$$\frac{1}{f_H} \approx 1.1\sqrt{\frac{1}{f_{H1}^2} + \frac{1}{f_{H2}^2} + \cdots + \frac{1}{f_{Hk}^2}} \tag{2.6.23}$$

$$f_L \approx 1.1\sqrt{f_{L1}^2 + f_{L2}^2 + \cdots + f_{Lk}^2} \tag{2.6.24}$$

任务七　放大电路中的噪声与干扰

任务描述

任务目标	（1）了解放大电路中的噪声 （2）了解放大电路中的干扰
任务实施方法	教师通过放大电路基本知识的简单回顾，提出本课时的任务；学生看书，采用分组讨论，提出需要解决的问题、完成本任务的思路和方案；小组发言交流，教师对概念进行具体讲解，抽查学生对本任务的掌握情况。

放大电路中，输入信号的电压通常比输入信号电压小很多，而放大电路的灵敏度都很高，很容易受到外界和内部一些无规则信号的影响，如输入信号即使为零，输出端仍然会有信号输出，这就是放大电路的噪声和干扰。若将这些噪声和干扰电压的大小可以与有用信号电压的大小进行比较，此时放大电路的输出端的有用信号和噪声干扰信号就难以分辨，影响了有用信号的正常传输和放大。因而，噪声和干扰是高灵敏度放大电路设计、研究中不可忽视的问题。

2.7.1　放大电路中的噪声

放大电路中的内部噪声主要是由电路中电阻的热噪声和晶体管或场效应管的内部噪声所形成的，它实际上是杂乱无章的随机电压 u_n 或电流 i_n，如图 2.7-1 所示。

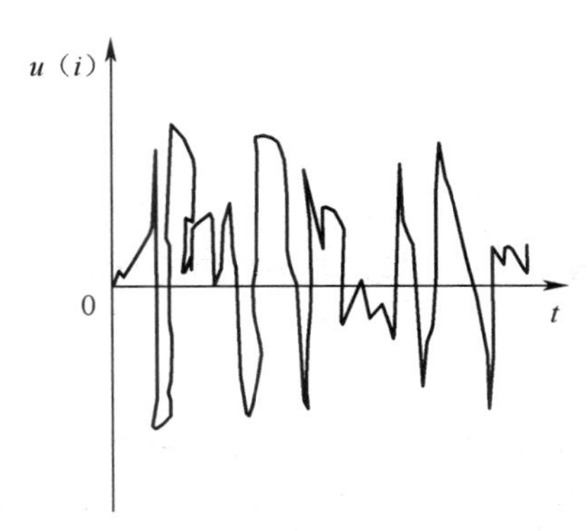

图 2.7-1　噪声电压（电流）波形

一、噪声的类型与性质

（1）电阻的热噪声。

任何电阻（导体）即使在不与外电源连接时，它的两端仍有电压降的产生。这是电阻中自由电子随机的热运动所引起的。如在某一瞬间向一个方向运动的自由电子有可能比向另一个方向运动的数量多，即通过电阻每个横截面的自由电子数量的代数和不为零，从而产生了一个瞬间电流。这种随时都会产生的随机电流正比于电阻两端的随机电压。这种由自由电子无规则热运动而产生的随机电压称为噪声电压。

热噪声电压是一个非周期变化的时间函数，其频率范围很宽，因而噪声电压 u_n 的大小将随放大电路带宽的增加而增加。为此在设计放大电路时应视实际需求而适当选取通频带，以减小噪声干扰。

（2）晶体管的噪声。

当有电流流过晶体管时，就会产生噪声。晶体管的噪声来源有三种：热噪声，由载流子不规则的热运动通过内部的体电阻和电极引线电阻时产生；散粒噪声，由于通过发射结注入基区的载流子数目在各个瞬间都不相同，因而引起发射极电流或集电极电流产生无规则的波动而产生；闪烁噪声，可能为载流子在晶体表面无规则的产生（激发）与复合所产生。

而场效应管，它的噪声主要来源于沟道电阻的热噪声。一般而言，场效应管的噪声比晶体管小。

二、噪声系数

噪声系数 N_F 表示噪声的大小，定义为

$$N_F = \frac{\text{输入端信号噪声比}}{\text{输出端信号噪声比}} = \frac{\dfrac{P_{si}}{P_{ni}}}{\dfrac{P_{so}}{P_{no}}} = \frac{P_{no}}{A_P P_{ni}}$$

式中，P_{si}、P_{so} 分别表示放大电路输入端和输出端的信号功率，P_{ni} 表示放大电路输入端的噪声功率，等于信号源内阻 R_S 产生的热噪声功率，P_{no} 表示放大电路输出端的总噪声功率，包括信号源的噪声功率和放大电路自身产生的噪声功率等，A_p 表示放大电路的功率增益。

显然，$N_F > 1$。若 $N_F = 1$，则表明放大电路本身是理想的，不产生噪声。

三、减小噪声的措施

（1）选用低噪声的元器件。

（2）选用低噪声的输入级。

（3）采用滤波电路或引入负反馈以抑制噪声。

（4）借助软件手段，对数据进行处理以减小噪声的影响。

2.7.2 放大电路中的干扰

一般来说，外界对放大电路的干扰主要有杂散电磁场干扰、交流电源引入的干扰和接地点安排不正确而引起的干扰，即当放大电路输入端无输入信号时，输出端仍可能出现交流干扰电压。

一、杂散电磁场干扰及抑制措施

放大电路的工作环境一般都有许多电磁场干扰源，常见的有供电电网、大功率机电设备、无线电台、微波中继等，它们所产生的电磁波或尖峰脉冲可通过电容耦合、电感耦合或交流电源线等进入放大电路，产生干扰。

对于杂散电磁场干扰，采取以下抑制措施：

（1）合理布局。

就放大电路的结构布置而言，电源变压器要尽量远离放大电路的输入级；要合理布置，使之不易对放大电路产生干扰。此外，放大电路的布线要合理，输入线、输出线、交流电源线要分开走线，不要平行走线，应尽量缩短连线以减小分布电容和连线电阻。

（2）屏蔽。

为减小外界干扰，可采取屏蔽措施。屏蔽有静电屏蔽和磁场屏蔽两种。静电屏蔽罩可用铜、铝等电导率高的金属薄板材料制成，它可将干扰源或受干扰的元器件或部件用屏蔽罩屏蔽起来，并将它可靠的接地。如放大电路的输入级的输入线采用具有金属网套的屏蔽线，并将屏蔽线外套妥善接地。磁屏蔽常采用具有高磁导率的磁性材料。

二、交流电源引入的干扰和抑制

由交流电源引入的高频干扰信号对高频干扰信号对高灵敏度放大电路的影响很大，常采用的抑制措施有：在交流电源进线处加装高质量的电容、电感滤波电路，来消除高频干扰信号；采用“浮地”的方式，使交流供电回路和直流供电回路之间形成电气隔离，达到切断由交流电源引入的高频干扰信号的通路，消除干扰。

三、接地点安排不正确引起的干扰与抑制

在多级放大电路中，如果电路的接地点安排不当，就会造成严重的干扰。消除杂散地线电流产生干扰的措施是采用一点接地的方法，即将各级放大电路分散的接地端（多点接地），全部直接连接到直流电源的共地点。

任务八　实验与实践

任务描述

任务目标	（1）用万用表识别与检测晶体管 （2）掌握放大电路的静态工作点 Q 的测试与调整方法 （3）掌握放大电路的性能指标 A_u、R_i、R_0 的测试方法
任务实施方法	教师通过对晶体管基本知识的回顾，引入正题，提出本课时的任务；教师操作演示检测的方法和操作步骤，强调操作注意事项；学生实验，教师指导、检查、学生交流汇报实验结果；教师点评分析任务的完成情况，学生总结本课时的收获。

2.8.1　晶体管的识别与检测

一、实验目的

1．熟悉晶体管的外形及引脚识别方法。
2．掌握用万用表判别晶体管引脚好坏、引脚的方法。

二、实验原理

晶体管是一种电流控制器件，即通过基极电流去控制集电极电流。所谓放大作用，实质上是一种控制作用，必须满足晶体管发射结正偏，集电结反偏。

1．晶体管管型和基极 B 的测试

晶体管可以看出是两个靠背的 PN 结构。对于 NPN 型晶体管而言，基极是两个结的公共阳极；

而 PNP 型晶体管，基极是两个结的公共阴极。因此判别公共极是阳极还是阴极，即可知该管是 PNP 型还是 NPN 型晶体管。

用万用表测试晶体管的 PN 结，其方法跟测试二极管的 PN 结相同，若万用表黑表笔接基极，红表笔接另外两个极，阻值很小，则为 NPN 型三极管的基极。若万用表红表笔接基极黑表笔接另外两个极，阻值很小，则为 PNP 型三极管的基极。

2．晶体管发射极 e 和集电极 c 的判别

在晶体管的类型和基极确定后，即可分清晶体管的另外两个极，如图 2.8-1 所示。若把已判明了的 NPN 型晶体管基极 b 与晶体管的另外两个极串接一个电阻（20～100kΩ），若集电极与发射极间加的是正常放大所需极性的电源电压，则 $I_c \approx \beta I_b$；反之若电源电压极性相反，则 I_{cr} 几乎为 0，即 $I_c >> I_{cr}$。因此当用万用表接入 NPN 型晶体管 c 和 e 端时，若黑表笔接 c 端而红表笔接 e 端，读取此时的电阻值；将两表笔对调，也测得一组电阻值。这两组电阻值必有一大一小，则阻值小的那次测量值中，黑表笔所接的为集电极 c，红表笔接的为发射极 e。

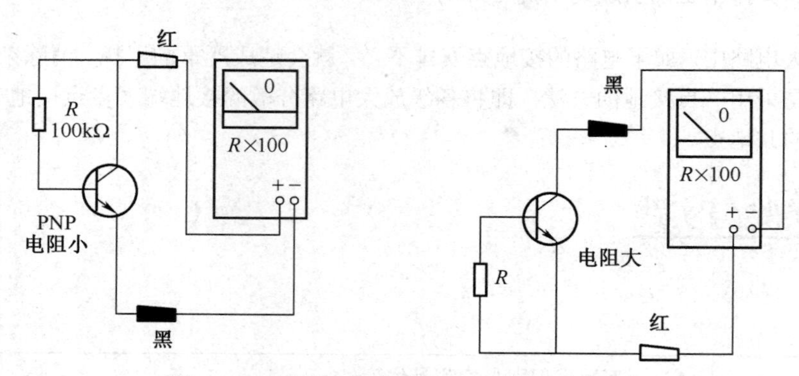

图 2.8-1　晶体管集电极 c 和发射极 e 的判断

对于 PNP 型晶体管的 c 和 e 的判别，方法相同。

三、实验设备

各种型号的晶体管若干、万用表、电阻 20kΩ～100kΩ各一支

四、实验内容

1．用万用表 R×1kΩ挡，先将任何一支表笔与管子某一管脚固定相接，另一支表笔则分别与其余两脚相碰，测得的电阻值都很大（或很小），然后再把表笔换过来，重复上述过程，若与调换前测得的结果相反，阻值都很小（或很大），则可判定与表笔固定接触的管脚是管子的基极 b。若不符合上述结果，则可另换管脚，并重复上述操作过程，直到出现上述结果，判别出基极为止。

2．若测得阻值均很小且黑表笔与基极 b 相连，红表笔分别与其他两极相连，则此管为 NPN 型晶体管。反之为 PNP 型晶体管。

3．用万用表 R×1kΩ挡按图 2.8-1 所示。把已判出管型和基极 b 的 NPN 型晶体管的 b 与晶体管的，另一管脚接 20～100kΩ电阻，万用表两表笔分别接其余两管脚，记下两次万用表指针（或电阻值）的偏转角。这样偏转角大的（电阻值小）的那次操作中，与黑表笔相连的管脚为集电极 c，另一脚为 e。用相同的方法，也能判出 PNP 型晶体管的 c 和 e。

五、实验报告

1．整理实验数据，分析其中的原理。
2．其他（包括实验的心得、体会及意见等）。

2.8.2　晶体管共发射单级放大器

一、实验目的

1．掌握放大器静态工作点的设置以及对放大器性能的影响。
2．学习测量放大倍数 A_u、输入电阻 R_i、输出电阻 r_o 的方法，掌握共发射极放大电路的特性。
3．观察静态工作点设置不同对直流、交流负载线和输出波形的影响。
4．学习放大器的动态性能。

二、实验原理

图 2.8-2 为电阻分压式单管共射放大电路实验电路图。

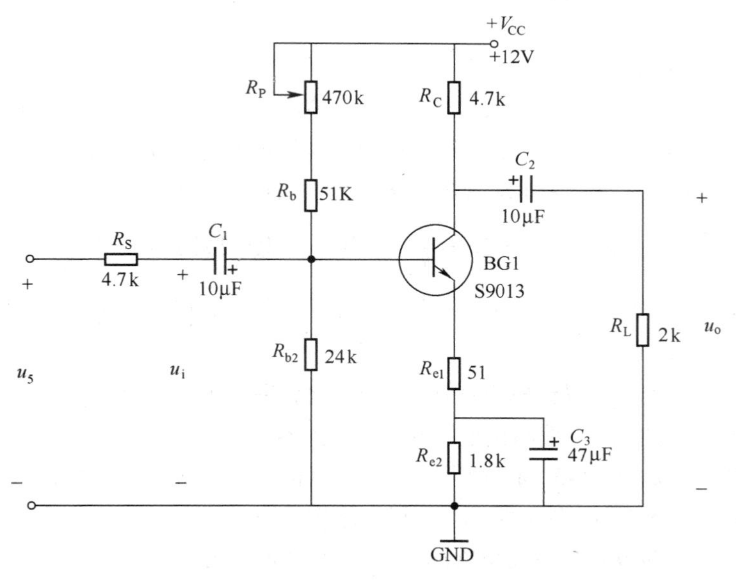

图 2.8-2　共射极单管放大器

它的偏置电路采用 R_{b1}（R_b+R_p）和 R_{b2} 组成的分压电路，并在发射极接有电阻 R_e（$R_{e1}+R_{e2}$），以稳定放大器的静态工作点。放大器的输入端加入输入信号 u_i 后，在放大器的输出端就能得到一个与输入信号 u_i 相位相反、幅值放大的输出信号 u_o，从而实现了电压放大。

在图 2.8-2 电路中，流过支路 R_b+R_p 的电流远大于三极管的基极电流（一般为 5～10 倍），它的静态工作点可用下式估算：

$$U_B=\frac{R_{b2}}{R_{b1}+R_{b2}}V_{CC}$$

$$I_E = \frac{U_B - U_{BE}}{R_e} \approx I_C$$

$$U_{CE} = V_{CC} - I_C(R_c + R_e)$$

电压放大倍数

$$A_u = -\frac{\beta R'_L}{r_{be} + (1+\beta)R_{e1}}$$

其中

$$R'_L = R_c // R_L$$

输入电阻

$$R_i = R_{b1} // R_{b2} //(1+\beta)R_{e1}$$

输出电阻

$$r_o \approx R_c$$

由于电子器件性能的分散性比较大，在设计和制作晶体管放大电路时离不开测量和调试技术。在设计前应测量所有元器件的参数，为电路设计提供必要的依据。在完成设计和装配后，还要测量和调试放大器的静态工作点和各项性能指标。一个优质的放大器必然是理论设计与实验调整结合的产物。因此除了学习放大器理论知识与设计方法外，还必须掌握必要的测量和调试技术。

放大器的测量和调试一般包括：放大器静态工作点的测试和调试，消除干扰与自激振荡及放大器动态性能的测量和调试等。

1. 静态工作点的测试

测量放大器静态工作点，应在输入信号 $u_i = 0$ 的情况下进行，即将放大器输入端短接，然后选用量程合适的直流毫安表和直流电压表分别测量晶体管的集电极电流 I_C 以及各电极对地的电位 U_B、U_C 和 U_E。一般情况下，为了避免断开集电极，所以采用测量电压，然后算出 I_C 的方法。

例如，只要测出 U_E，即可用 $I_C \approx I_E = \frac{U_E}{R_e}$ 算出 I_C（也可根据 $I_C = \frac{V_{CC} - U_C}{R_c}$，由 U_C 测出 I_C），同时也能算出 $U_{BE} = U_B - U_E$，$U_{CE} = U_C - U_E$。为了减少误差，提高测量精度，应选用内阻较高的直流电压表。

静态工作点选得不恰当会导致输出波形失真，因此静态工作点是否合适对放大器的性能和输出波形都有很大的影响。如工作点偏高接近饱和区，放大器在加入交流信号后易出现饱和失真，此时 u_o 的负半周将被削底，如图 2.8-3（a）所示；如工作点偏低接近截止区则易出现截止失真，此时 u_o 的正半周将被削顶，如图 2.8-3（b）所示。所以在选定静态工作点之前还必须进行动态测试，即在放大器输入端加入一定的 u_i，检查输出电压 u_o 的大小和波形是否满足要求，如不满足要求，则应调整静态工作点的位置。

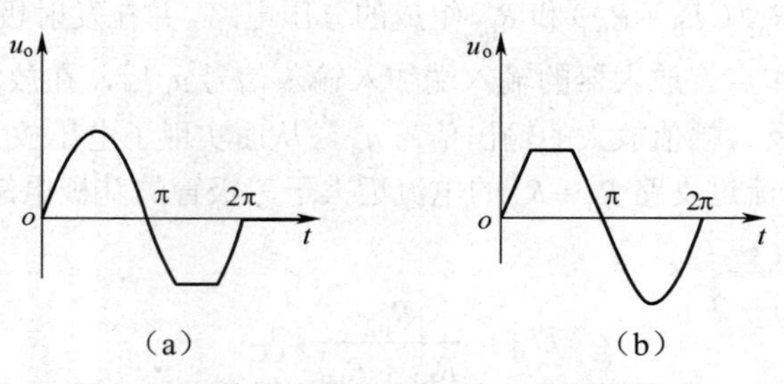

图 2.8-3　静态工作点对 u_o 波形失真的影响

改变V_{CC}，R_c，R_{b1}和R_{b2}都会引起静态工作点的变化，但通常都采用调节偏置电阻R_P方法来改变静态工作点，若出现截止失真可以减小R_P，若出现饱和失真可以增大R_P。

最后还要说明的是，上面所说的工作点“偏高”或“偏低”不是绝对的。应该是相对信号的幅度而言，如信号幅度小，即使工作点较高或较低也不一定会出现失真。所以确切地说，产生波形失真是信号幅度与静态工作点设置配合不当所致。如需满足较大信号幅度的要求，静态工作点最好靠近交流负载线中心。

2. 放大器动态指标的测试

放大器的动态指标包括电压放大倍数A_u、输入电阻R_i、输出电阻r_o、最大不失真输出电压U_{op-p}（动态范围）和通频带$BW_{0.7}$等。

（1）电压放大器A_u测量。

放大器的静态工作点调整合适后，然后在输入端加入输入电压u_i，在输出电压u_o不失真的情况下，用交流毫伏表测出u_i和u_o的有效值（U_i和U_o），则

$$A_u = \frac{U_o}{U_i}$$

（2）输入电阻R_i的测量

为了测量放大器的输入电阻R_i，按图 2.8-4 所示电路在放大器的输入端与信号源之间串入一已知电阻R_S，在放大器正常工作的情况下，用交流毫伏表测出u_s和u_i的有效值（U_s和U_i），则根据输入电阻的定义可得

$$R_i = \frac{U_i}{I_i} = \frac{U_i}{U_{Rs}/R_S} = \frac{U_i}{U_s - U_i}R_S$$

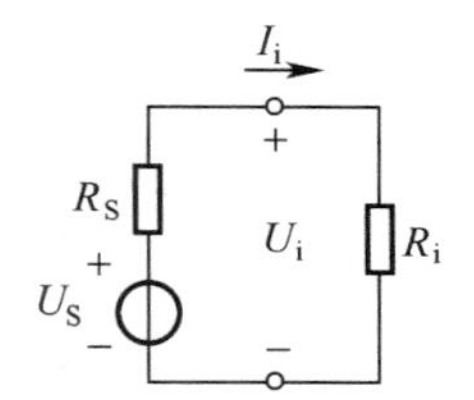

图 2.8-4 输入电阻R_i的测量

测量时应注意：

1）由于电阻R_S两端没有电路公共接地点，所以测量R_S两端的电压U_{Rs}时必须分别测出（U_s和U_i），然后按照$U_{Rs} = U_s - U_i$求出U_{Rs}值。

2）电阻R_S的值不宜取得过大过小，以免产生较大的测量误差，通常取R_S与R_i为同一数量级，本实验取$R_S = 4.7\text{k}\Omega$。

（3）输出电阻r_o的测量。

按图 2.8-5 所示电路，在放大器正常情况下，测出输出端不接负载R_L时的输出电压U_{oc}和接入负载R_L时的输出电压U_o，根据

$$U_o = \frac{R_L}{r_o + R_L}U_{oc}$$

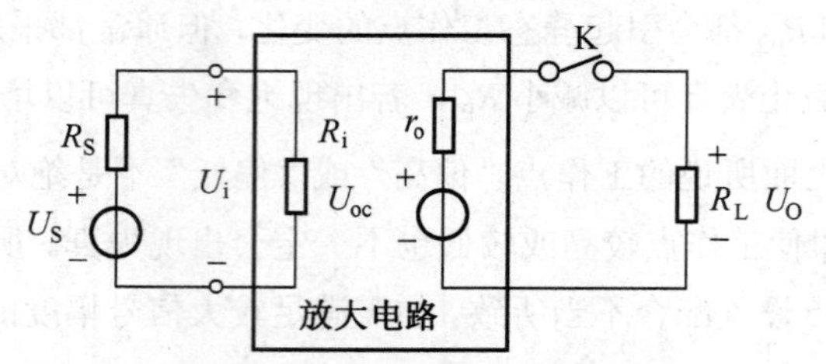

图 2.8-5　输出电阻 r_o 的测量

即可求出 r_o

$$r_o = \left(\frac{U_{oc}}{U_o} - 1\right) R_L$$

在测量中应注意，必须保持 R_L 接入前后输入信号的大小不变。

（4）最大不失真输出电压 U_{op-p} 的测量。

如上所述，为了得到最大动态范围，应将静态工作点最好尽量调到靠近交流负载线的中心点上。为此在放大器正常工作情况下，逐步增大输入信号 u_i 的幅度，并同时调节 R_p（改变静态工作点），用示波器观察 u_o 的波形，当输出波形同时出现削底和削顶现象时，说明静态工作点已靠近交流负载线的中点上。然后反复调整输入信号 u_i 的幅度，使输出波形幅度最大，且无明显失真时，用交流毫伏表测出 U_o（有效值），则动态范围等于 $2\sqrt{2}U_o$。

（5）放大器频率特性的测量。

放大器的频率特性是指放大器的电压放大倍数与输入信号频率之间的关系的曲线。单管共射放大器的幅频特性如图 2.8 -6 所示，A_{um} 为中频电压放大倍数，通常规定电压放大倍数随频率的变化下降到中频放大倍数的 $\frac{1}{\sqrt{2}}$ 倍时，即 $0.707A_{um}$ 时所对应的频率分别称为下限频率 f_L 和上限频率 f_H，则通频带 $BW_{0.7} = f_H - f_L$。

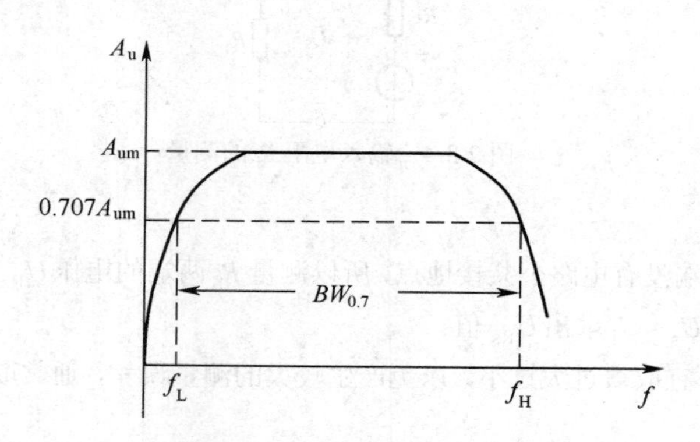

图 2.8-6　幅频特性曲线

放大器的幅频特性曲线就是测量输入不同频率信号时的电压放大倍数 A_u。为此，可采用前述测 A_u 的方法，每改变一个信号频率，测量其相应的电压放大倍数。在测量时应注意取点要恰当，在低频段与高频段应多测几点，在中频段可以少测几点。此外，在改变频率时，要保持输入信号的幅度不变，且输出波形不失真。

三、实验设备

示波器、毫伏表、函数信号发生器、万用表、直流稳压电源、S9013（$\beta=50\sim100$）、电阻和电容若干

四、实验内容

1. 连接电路

（1）按照图 2.8-2 所示、连接电路（注意：接线前先测量+12V 的电源，关闭电源后再接线）。

（2）接线完毕仔细检查，确定无误后接通电源。

2. 静态工作点的测试

在输入端用函数信号发生器加入频率为 1kHz 的正弦信号u_i，调节输入信号u_i的幅度和电位器R_p，用示波器观察输出电压u_o的波形，使之幅度最大而且不失真（或失真最小），然后使函数信号发生器输出为零，用直流电压表测量U_B、U_C和U_E的值。同时测出R_p的大小（便于计算理论值）。填入表 2.8.1 中。

表 2.8.1

R_p	U_B（V）		U_E（V）		U_C（V）		I_C（mA）（计算）	
	测量值	理论值	测量值	理论值	测量值	理论值	测量值	理论值

3. 观察静态工作点对输出波形失真的影响

取$R_c=2k\Omega$，$R_L=2k\Omega$，$u_i=0$，调节R_p使$I_C=1.5mA$，测出U_{CE}，再逐步增大输入信号幅度，使输出电压u_o幅度足够大但不失真，然后保持输入信号不变，分别增大和减小R_p，使放大器出现饱和失真和截止失真，并测出此时的U_B、U_C和U_E值，记录在表 2.8.2 中。

表 2.8.2

R_p	U_B	U_C	U_E	输出波形情况
最大				
合适				
最小				

4. 放大器动态性能的测试

（1）电压放大倍数的测试

在放大器输入端加入频率为 1kHz 的正弦信号u_i，调节输入信号u_i的幅度和电位器R_p，用示波器观察输出电压u_o的波形，使之幅度最大而且不失真，然后用交流毫伏表测出的u_i和u_o的有效值（U_i和U_o），记录在表 2.8.3 中，用交流毫伏表测出下述 3 种情况下u_i和u_o的有效值（U_i和U_o），记录填入表 2.8.3 中，并用双踪示波器观察的相位关系，进行比较。此时测得的输出电压U_o即为最大不失真输出电压U_{op-p}。

表 2.8.3

给定参数		实测		实测计算	理论值估算
R_c	R_L	U_i（mV）	U_o（V）	A_u	A_u
2k	∞				
5.1k	∞				
2k	2k				

（2）测放大器的输入电阻和输出电阻。

置 $R_c = 2k\Omega$，$R_L = 2k\Omega$，在输出电压 u_o 最大且不失真的情况下，用交流毫伏表测出 U_s、U_i 和 U_o 的值，保持 U_s，再把负载 R_L 断开，测出输出电压 U_{oc} 的值，均记录表 2.8.4 中。

表 2.8.4

U_s / mV	U_i / V	R_i / kΩ		U_o / V	U_{oc} / V	r_o / kΩ	
		测量值	理论值			测量值	理论值

（3）测量幅频特性曲线。

置 $R_c = 2k\Omega$，$R_L = 2k\Omega$，保持输入信号 u_i 的幅度不变，改变输入信号的频率 f，用交流毫伏表测出相应的输出电压 U_o，记录表 2.8.5 中。计算出放大器的下限频率 f_L 和上限频率 f_H，描绘出幅频特性图，根据通频带的计算公式 $BW_{0.7} = f_H - f_L$，求出通频带 $BW_{0.7}$。测量时为了使信号源频率取得合适，可先粗侧一下，找出中频范围，然后再仔细读数。

表 2.8.5

f（kHz）				f_o			
U_o（V）							
$A_u = \frac{U_o}{U_i}$							

五、实验报告

1．列表整理测量结果，并把实测的静态工作点、电压放大倍数、输入电阻和输出电阻的值与理论计算值比较（取一组数据进行比较），分析产生误差的原因。

2．分析讨论在实验过程中出现的问题。

3．其他（包括实验的心得、体会及意见等）。

2.8.3　两级放大电路

一、实验目的

1．掌握阻容耦合两极放大电路静态工作点的调试与测量方法。

2．掌握两极放大电路性能指标的测试方法。

二、实验原理

本实验是两级共射放大电路，两级之间采用电容耦合方式，如图 2.8-7 所示。电容具有“隔直通交”的作用，因此，各级的直流电路相互独立，每一级的静态工作点互不相关，对分析和应用都带来了方便。但输入信号的频率较低时，级间耦合电容会造成信号的衰减，甚至对变化极缓慢的信号根本无法响应，导致阻容耦合方式在应用上的局限。

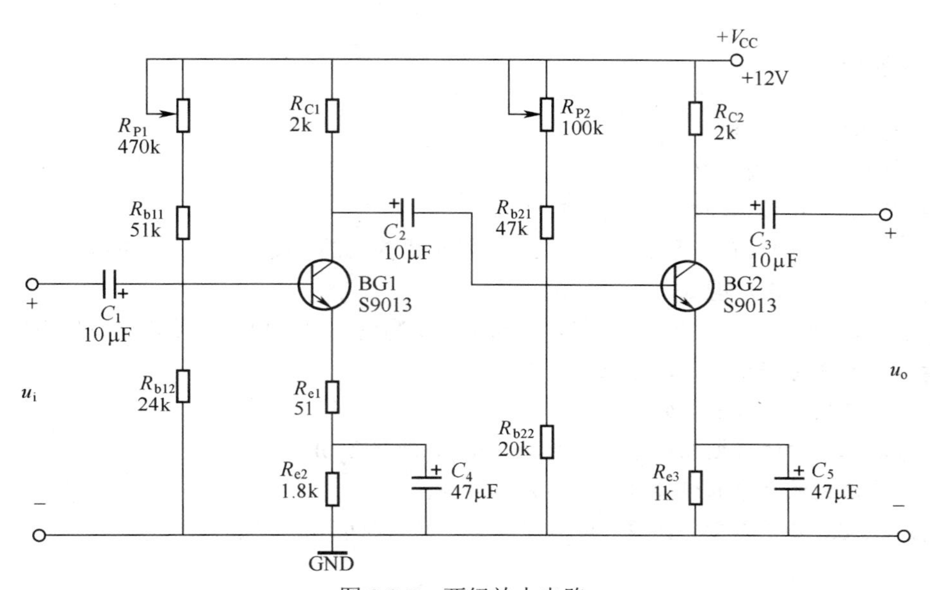

图 2.8-7　两级放大电路

分析多级放大器，要考虑各级之间的相互影响，这就是要讨论放大器级与级之间以及放大器与信号源或负载之间的连接问题，即：

（1）放大器的输入电阻和输出电阻在多级放大器中的相互联系。

（2）后级的输入电阻是前级的负载电阻。

当信号源把信号加到放大器的输入端时，放大器的输入电阻就相当于信号源的负载。对于多级放大器中任意两级电路，后级的输入电阻构成了前级的负载电阻。

（3）前级的输出电阻就是后级的信号源内阻。

两级阻容耦合放大器静态工作点的测量，可在工作点调整合适的情况下用万用表测量三极管各极对地的直流电压，即U_{B1}、U_{E1}、U_{C1}和U_{B2}、U_{E2}。

电压放大倍数

$$A_u = A_{u1} \cdot A_{u2} = \frac{-\beta R_{L1}}{r_{be1} + (1+\beta)R_{e1}} \cdot \frac{-\beta R_L'}{r_{be2}}$$

其中

$$R_{L1} = R_{C1} // R_{i2}$$

$$A_u = A_{u1} \cdot A_{u2} = \frac{-\beta[R_{C1} //(R_{p2} + R_{b21}) // R_{b22} // r_{be2}]}{r_{be1} + (1+\beta)R_{e1}} \cdot \frac{-\beta R_L'}{r_{be2}}$$

$$R_L' = R_{C2} // R_L$$

输入电阻为第一级的输入电阻

$$R_i = (R_{\mathrm{P1}} + R_{\mathrm{b11}}) // R_{\mathrm{b12}} // [r_{\mathrm{be1}} + (1+\beta)R_{\mathrm{e1}}]$$

输出电阻为最后一级的输出电阻

$$r_{\mathrm{o}} = R_{\mathrm{C2}}$$

三、实验设备

示波器、毫伏表、函数信号发生器、万用表、直流稳压电源、S9013（$\beta = 50 \sim 100$）晶体管、电阻和电容若干

四、实验步骤

1. 静态工作点的测试

（1）静态工作点的调整。

1）按图 2.8-7 接线，注意接线尽可能短。

2）静态工作点的设置：要求第二级在输出波形不失真的前提下幅值尽可能大，第一级为增加信噪比，静态工作点尽可能低。

3）在输入端加上 1kHz 的正弦信号，调整输入信号的幅度和电位器使输出波形不失真。

注意：如发现有寄生振荡，可采用一下措施消除：

- 重新布线，尽可能走线短。
- 可在三极管的集电极和基极之间加上几 pF 到几百 pF 的电容。
- 信号源到放大器的连接线采用屏蔽线连接。

4）按表 2.8.6 要求测量并计算，注意测静态工作点时应使信号源输出为零。

表 2.8.6

R_{p1}	U_{B1}	U_{E1}	U_{C1}	R_{p2}	U_{B2}	U_{C2}	U_{E2}

2. 多级放大器电压放大倍数的测试

在多级放大器的输入端接入 1kHz 的正弦信号，分别接入 $R_{\mathrm{L}} = \infty$ 和 $R_{\mathrm{L}} = 2\mathrm{k}\Omega$，用毫伏表测量输入信号 u_{i}、第一级输出信号 u_{o1} 和第二级输出信号 u_{o2} 的有效值 U_{i}、U_{o1}、U_{o2}，记录在表 2.8.7 中，同时计算出 A_{u1}、A_{u2} 和 A_{u}。

表 2.8.7

负载 R_{L}	U_{i} /V	U_{o1} /V	U_{o2} /V	A_{u1}	A_{u2}	计算 A_{u}
$R_{\mathrm{L}} = \infty$						
$R_{\mathrm{L}} = 2\mathrm{k}\Omega$						

五、实验报告

1. 整理实验数据，分析实验结果。
2. 其他（包括实验的心得、体会及意见等）。

小结

1．半导体三极管是具有放大作用的半导体器件。根据结构和工作原理的不同，分为双极型的晶体管和单极型的场效应管。晶体管是工作时内部的自由电子和空穴都参与导电，而场效应管工作时内部只有一中载流子（多数载流子）参与导电。

2．晶体管有 NPN 型和 PNP 型之分，场效应管有耗尽型 MOS 场效应管、增强型 MOS 场效应管和结型场效应管三种类型，每种类型中都有 N 沟道和 P 沟道。类型不同，外加偏置电压的极性和引脚电流的方向各不相同。

3．晶体管通过基极电流控制集电极电流，以实现电流放大，是电流控制器件。场效应管通过栅源电压控制漏极电流，以实现电流放大，是电压控制器件。晶体管用作放大器件时，必须满足发射结正偏，集电结反偏，此时晶体管工作在放大区，$i_c=\beta i_b$。

4．用来对电信号实现放大的电路称为放大电路，它是实用最为广泛的电子电路，也是构成其他电子电路的基本单元电路。放大电路的性能指标主要有放大倍数、输入电阻和输出电阻。

5．放大电路有两种工作状态，静态和动态；有两种分析，静态分析（直流分析）和动态分析（交流分析）；常用的分析方法有图解法和小信号微变等效电路法。放大电路的分析应遵循“先静态、后动态”的原则。只有静态工作点合适，动态分析才有意义。在分析中要主要温度对静态工作点的影响。

6．多级放大电路耦合方式主要有：直接耦合和阻容耦合。多级放大电路的电压放大倍数等于各级电压放大倍数的乘积，输入电阻等于第一级输入电阻，输入电阻为末级输出电阻。在求解某一级的电压放大倍数时，应将后级的输入电阻作为负载，将前级的输出电阻作为信号源的内阻。

7．使用半导体三极管时应注意管子的极限参数，以防损坏半导体三极管。

习题

2.1　填空题

1．无论是 NPN 型晶体管，还是 PNP 型晶体管都有三个电极，即__________、__________、__________；都有三个区，即__________、__________、__________；都有两个 PN 结，即__________、__________。

2．晶体管实现电流放大作用的外部条件为__________、__________。

3．对于单级基本放大电路静态工作点要设置合适，若静态工作点设置过低，易产生__________失真；静态工作点设置过高，易产生__________失真。

4．多级放大电路的耦合方式主要有__________和__________。

2.2　选择题

1．在放大电路中，（　　）状态为晶体管的工作状态。

A．放大　　B．截止　　C．饱和

2．当晶体管工作在放大区时，下列说法正确的是（　　）。

A．发射结和集电结均正偏　　B．发射结正偏，集电结反偏

C．发射结和集电结均反偏

3．某晶体管工作在放大区，若当 I_B 从 10μA 增大到 20μA 时，I_C 从 1mA 变为 2mA，那么它的 β 约为（　　）。

A．83　　　　B．100　　　　C．90

4．直接耦合放大电路存在零点漂移的原因是（　　）。

A．电阻阻值有误差　　　　B．晶体管参数的分散性

C．晶体管参数受温度影响

2.3　判断题

1．任何放大电路都具有功率放大作用。（　　）

2．处于放大状态的晶体管，集电极电流是由多子扩散运动而形成的。（　　）

3．放大电路中，必须要有合适的直流电源才能正常工作。（　　）

4．共基极电路既能放大电压，也能放大电流。（　　）

5．直接耦合的多级放大电路各级的静态工作点可以独立计算。（　　）

2.4　习题图 2.1 所示的晶体管，试判断其工作状态。

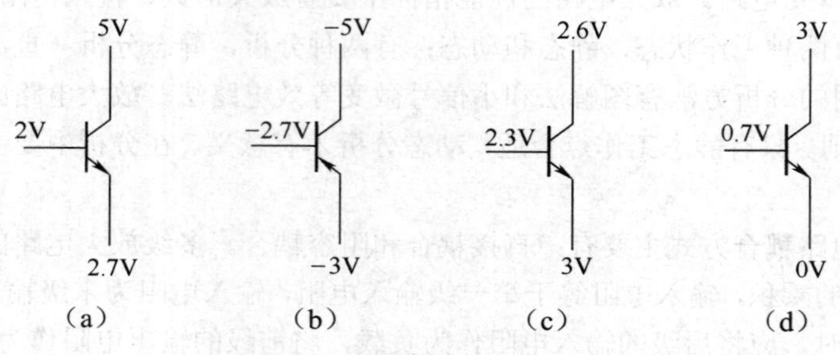

习题图 2.1

2.5　习题图 2.2 所示的晶体管放大电路中，$\beta = 60$，$r_{bb'} = 200\Omega$，$U_{BEQ} = 0.7V$，$R_B = 500k\Omega$，$R_C = 5k\Omega$，$V_{CC} = 18V$，$R_L = 5k\Omega$。求：

（1）静态工作点 Q；

（2）画出微变等效电路图；

（3）电压放大倍数 A_u、输入电阻 R_i、输出电阻 R_o。

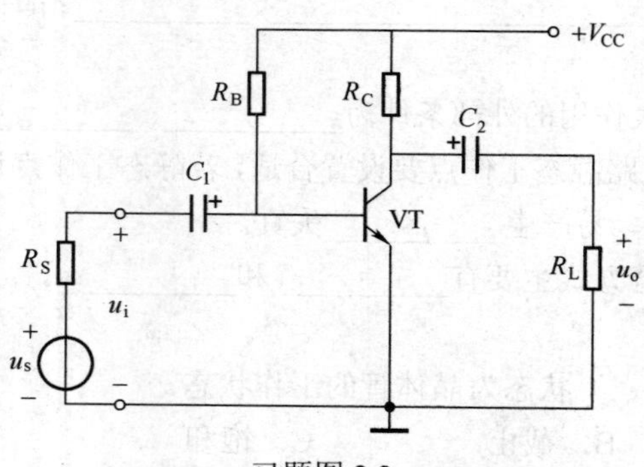

习题图 2.2

2.6　电路如习题图 2.3 所示，晶体管的 $\beta = 80$，$r_{bb'} = 200\Omega$，$U_{BEQ} = 0.7V$，$R_{B1} = 60k\Omega$，$R_{B2} = 20k\Omega$，$R_C = 3k\Omega$，$R_E = 1k\Omega$，$V_{CC} = 12V$，$R_L = 3k\Omega$。求：

（1）静态工作点 Q；

（2）画出微变等效电路图；

（3）电压放大倍数 A_u、输入电阻 R_i、输出电阻 R_o。

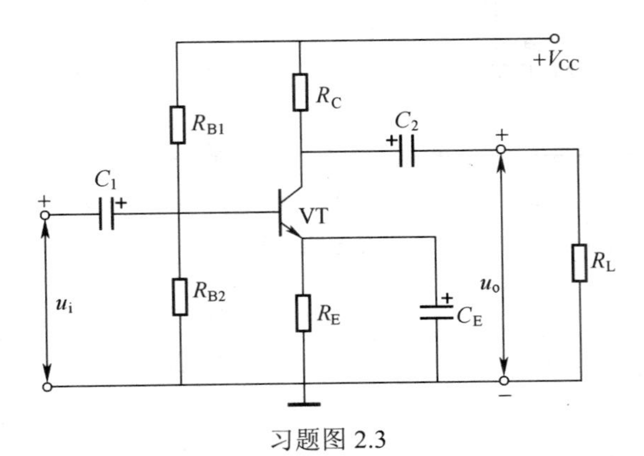

习题图 2.3

2.7　放大电路如习题图 2.4 所示，晶体管的 $\beta = 60$，$r_{bb'} = 200\Omega$，$U_{BEQ} = 0.7V$，$R_B = 100k\Omega$，$R_S = 40\Omega$，$R_E = 4k\Omega$，$V_{CC} = 15V$，$R_L = 3k\Omega$。求：

（1）静态工作点 Q；

（2）电压放大倍数 A_u、输入电阻 R_i、输出电阻 R_o。

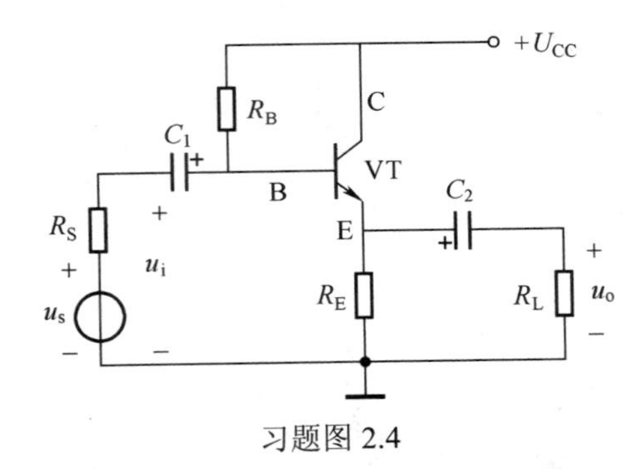

习题图 2.4

2.8　放大电路习题图 2.5 所示，晶体管的 $\beta = 50$，$r_{bb'} = 300\Omega$，$r_{be} = 1.6k\Omega$，$f_T = 100MHz$，$C_{b'e} = 4pF$，试求下限截止频率 f_L 和上限截止频率 f_H。

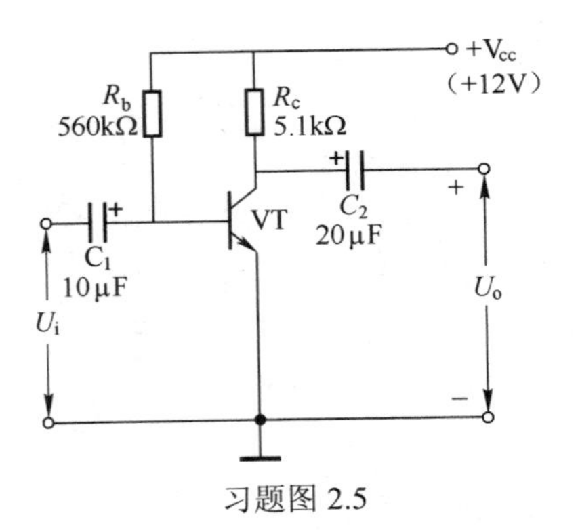

习题图 2.5

2.9 RC 电路如习题图 2.6 所示，试求出电路的转折频率，并画出电路的波特图。

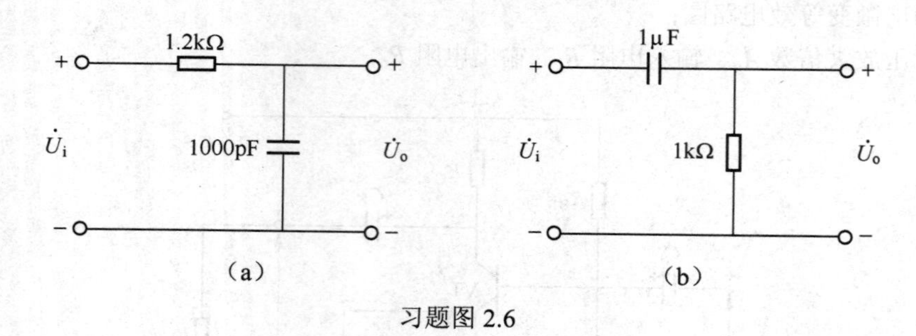

习题图 2.6

模块三

测量分析集成运算放大器

教学要求

（1）理解集成运算放大器的组成、基本特性、主要参数及理想集成运算放大器技术指标。

（2）掌握差分放大电路的工作原理及分析方法。

（3）掌握互补功率放大电路工作原理。

（4）掌握集成运算放大器工作在线性区和非线性区时的特点。

（5）能分析、计算集成运算放大器的线性应用电路。

集成电路是一种电子器件，与分立元件不同，它是利用专门的制造工艺，在一小块硅基片上，集中了多个二极管、晶体管、电阻等器件并连接它们成能完成一定功能的电子线路。它是一个整体，因此具有体积小、重量轻、性能好等特点。

集成电路按其功能分，可分为数字集成电路和模拟集成电路。在模拟集成电路中，集成运算放大器（简称集成运放）是应用最广泛的一种。本模块着重介绍构成集成运算放大器的集中单元电路、差动放大电路、功率放大电路，以及介绍集成运放在线性区的应用。

任务一　差动放大电路

任务描述

任务目标	（1）理解差动放大电路的组成特点 （2）掌握差动放大电路的工作原理
任务实施方法	教师通过对单管共发射极放大电路和多级放大电路知识的回顾，提出本课时的任务；学生看书，采用分组讨论，提出需要解决的问题、完成本任务的思路和方案；小组发言交流，教师对概念的具体讲解，抽查学生对本任务的掌握情况。

差动放大电路也称为差分放大电路，它的输出电压与两个输入电压之差成正比。差动放大电路具有很强的“零点漂移”抑制作用、便于集成等优点，因此广泛应用在集成电路中。

图 3.1-1 表示一线性放大电路，它的两个输入端电压分别为 u_{i1} 和 u_{i2}，输出端电压为 u_o。在电路完全对称的情况下，输出信号电压可以表示为

$$u_o = A_{ud}(u_{i1} - u_{i2}) \tag{3.1.1}$$

式中 A_{ud} 表示差分放大电路的差模放大倍数。

图 3.1-1　理想差分放大电路输出与输入关系

由式（3.1.1）可知，差分放大电路的两输入端所共有的任何信号对输出电压都不会有影响。而在一般情况下，实际的输出电压不仅取决于两输入信号的差模信号 u_{id}，还与两输入信号的共模信号 u_{ic} 有关，u_{id}，u_{ic} 表示为

$$u_{id} = u_{i1} - u_{i2} \tag{3.1.2}$$

$$u_{ic} = (u_{i1} + u_{i2})/2 \tag{3.1.3}$$

即差模信号为两输入信号之差，共模信号为两输入信号的算术平均值。若用差模信号与共模信号表示两个输入电压时，有

$$u_{i1} = u_{ic} + \frac{u_{id}}{2} \tag{3.1.4}$$

$$u_{i2} = u_{ic} - \frac{u_{id}}{2} \tag{3.1.5}$$

当差模信号与共模信号同时存在时，对于线性放大电路而言，利用叠加定理得出总输出电压 u_o，即

$$u_o = A_{ud}u_{id} + A_{uc}u_{ic} \tag{3.1.6}$$

式中，$A_{ud} = u_{od}/u_{id}$ 为差模电压放大倍数，$A_{uc} = u_{oc}/u_{ic}$ 为共模电压放大倍数。

例 3.1-1　若已知输入信号 u_{i1}=5mV，u_{i2}=3mV。试求差模信号 u_{id} 和共模信号 u_{ic} 的值。

解：差模信号

$$u_{id} = u_{i1} - u_{i2} = 5 - 3 = 2\ \text{mV}$$

共模信号

$$u_{ic} = (u_{i1} + u_{i2})/2 = (5+3)/2 = 4\ \text{mV}$$

3.1.1　零点漂移的分析

零点漂移简称零漂，是指当放大电路的输入端短路时（输入信号为零时），输出端仍有输出信号，即输出电压偏离原来的起始点而上下漂动。

在直接耦合多级放大电路中，当第一级放大电路的 Q 点由于某种原因（如温度变化）而发生偏移，则这种偏移就会一级级被放大产生漂移电压，当漂移电压的大小能与有效信号电压相比时，就无法分辨有效信号电压与漂移电压，严重时漂移电压甚至可以把有效信号电压淹没了，此时放大电路就无法正常工作。

零漂主要是温漂（温度变化）引起的，抑制温漂常用的方法一般有：采用温度特性好、高质量

的硅管；在电路中加入直流负反馈；采用热敏元件进行温度补偿；采用调制解调电路；采用差分放大电路。其中，抑制零漂最有效的措施就是采用差分放大电路。

3.1.2 基本差动放大电路

基本差分放大电路如图 3.1-2 所示。该电路由两个电路参数和晶体管特性完全对称的单管共发射极放大电路组合而成，具有两个输入端和两个输出端，在理想情况下，电路完全对称，即电路左右两边元件特性和参数完全一致，且在外界条件变化时仍能保持一致。

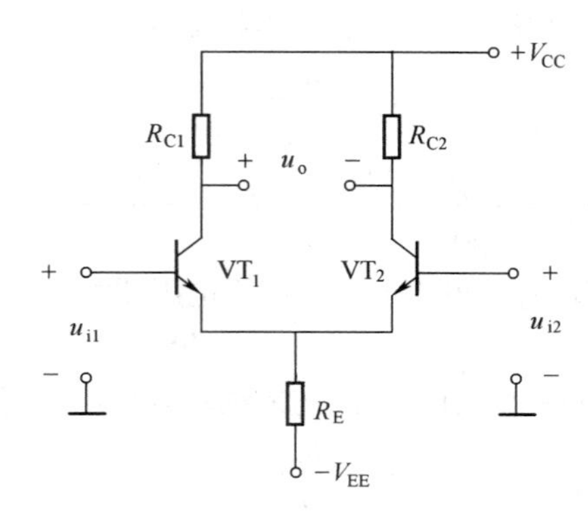

图 3.1-2 基本差分放大电路

一、电路基本结构

图 3.1-2 所示的基本差分放大电路，电路采用 V_{CC}、V_{EE} 双电源供电。VT_1、VT_2 是两只特性相同的晶体管，实现电流放大；两管的集电极电阻 R_{C1}=R_{C2} 实现将集电极电流变化量转变为相应的电压变化量；R_E 为两个晶体管的发射极公共电阻，用以抑制零点漂移，并决定两个晶体管的静态工作点电流。

电路中，输入信号 u_{i1}、u_{i2} 从两个晶体管的基极输入，输出信号 u_o 从两个三极管的集电极之间取出，称为双端输入、双端输出方式。

二、工作原理

1. 对零点漂移的抑制作用

零点漂移（简称零漂）是指放大电路输入信号为零时，输出信号不为零的现象。

（1）当输入信号 u_{i1}=u_{i2}=0 时，即输入信号为零、静态时，由于两管的特性相同、元件参数相同，流入 R_E 的电流为两个晶体管发射极电流之和，所以

$$I_{CQ1}=I_{CQ2}\approx I_{EQ}=\frac{V_{EE}-U_{BEQ}}{2R_E} \tag{3.1.7}$$

$$U_{CQ1}=U_{CQ2}=V_{CC}-I_{CQ}R_C \tag{3.1.8}$$

$$u_o=u_{o1}-u_{o2}=U_{CQ1}-U_{CQ2}=0 \tag{3.1.9}$$

则静态时，电路的输出信号为零，避免了零点漂移现象。

（2）当温度发生变化或电源电压出现波动时，此时晶体管参数将发生变化。但由于两晶体管特性相同，电路对称，$\Delta I_{C1}=\Delta I_{C2}$，$\Delta U_{C1}=\Delta U_{C2}$，于是输出电压变化量为 $\Delta U_O=\Delta U_{C1}=\Delta U_{C2}$，

同样避免了零点漂移。

2．对差模信号的放大作用

在 VT1、VT2 两晶体管的基极输入一对差模信号 $\Delta u_{i1}=-\Delta u_{i2}$， $\Delta u_{id}=\Delta u_{i1}-(-\Delta u_{i2})=2\Delta u_{i1}$ 则由于电路参数完全对称，则输出电压 $\Delta u_{od}=\Delta u_{c1}-\Delta u_{c2}=\Delta u_{o1}-\Delta u_{o2}=2\Delta u_{o1}$，从而实现电压放大。

三、动态性能指标的估算

1．差模电压放大倍数 A_{ud}

差模电压放大倍数 A_{ud} 是指差模输出电压 u_{od} 与差模输入电压 u_{id} 之比，即

$$A_{ud}=\frac{u_{od}}{u_{id}} \tag{3.1.10}$$

则有

$$A_{ud}=\frac{\Delta u_{od}}{\Delta u_{id}}=\frac{2\Delta u_{o1}}{2\Delta u_{i1}}=A_{ud1}=-\frac{\beta R_C}{r_{be}} \tag{3.1.11}$$

可见，差分放大电路对差模信号的电压放大与单管电压放大倍数相等。

2．共模电压放大倍数 A_{uc}

共模电压放大倍数 A_{uc} 是指差模输出电压 u_{oc} 与差模输入电压 u_{ic} 之比，即

$$A_{uc}=\frac{u_{oc}}{u_{ic}}$$

由于共模信号是一对大小、方向相同的输入信号，而电路又完全对称，所以 $A_{uc}=0$。

3．差模输入电阻 R_{id} 和输出电阻 R_o

差模输入电阻 R_i 指从差动放大电路两个输入端看进去所呈现的等效电阻。

$$R_{id}=2r_{be}$$

差模输出电阻 R_o 指差动放大电路两管集电极间对差模信号所呈现的电阻。

$$R_o=2R_C$$

4．共模抑制比 K_{CMR}

共模抑制比 K_{CMR} 是差模放大倍数与共模放大倍数之比的绝对值，用来表征差分放大电路对共模信号抑制能力的参数，即

$$K_{CMR}=\left|\frac{A_{ud}}{A_{uc}}\right|$$

K_{CMR} 值越大，说明差分放大电路抑制共模信号的性能越好。一般差分放大电路的 K_{CMR} 约为 10^3～10^6。

例 3.1-2 已知差动放大电路的输入信号 $u_{i1}=3\text{mV}$，$u_{i2}=2\text{mV}$，$A_{ud}=-50$，$A_{uc}=-0.05$，试求：差动放大电路的差模信号 u_{id}、共模信号 u_{ic}、输出电压 u_o 及 K_{CMR}。

解：差模信号

$$u_{id}=u_{i1}-u_{i2}=3-2=1\text{mV}$$

则 VT_1 管的差模输入信号为 $\quad u_{id1}=u_{id}/2=0.5\text{mV}$

VT_2 管的差模输入信号为 $\quad u_{id2}=-u_{id}/2=-0.5\text{mV}$

共模信号

$$u_{ic}=(u_{i1}+u_{i2})/2=(3+2)/2=2.5\text{mV}$$

为此，当用共模信号和差模信号表示两个输入电压时，

$$u_{i1}=u_{ic}+\frac{u_{id}}{2}=2.5+0.5=3\text{mV}$$

$$u_{i2}=u_{ic}-\frac{u_{id}}{2}=2.5-0.5=2\text{mV}$$

则差模输出电压 u_{od} 为

$$u_{od}=A_{ud}u_{id}=-50\times1=-50\text{mV}$$

共模输出电压 u_{oc} 为

$$u_{oc}=A_{uc}u_{ic}=-0.05\times2.5=-0.125\text{mV}$$

根据叠加定理得

$$u_o=u_{od}+u_{oc}=-50-0.125=-50.125\text{mV}$$

共模抑制比 K_{CMR} 为

$$K_{CMR}=\left|\frac{A_{ud}}{A_{uc}}\right|=\frac{50}{0.05}=1000$$

5. *差分放大电路的输入、输出方式*

差分放大电路的输入方式和输出方式组合起来，电路共有四种输入输出方式：

（1）双端输入双端输出。

（2）双端输入单端输出。

（3）单端输入双端输出。

（4）单端输入单端输出。

差分放大电路四种连接方式及其性能比较见表 3.1.1。

表 3.1.1　差分放大电路四种连接方式及性能

连接方式	双端输入双端输出	单端输入双端输出	双端输入单端输出	单端输入单端输出
电路图	$+V_{CC}$ R_C R_C $+u_o-$ R_L VT_1 VT_2 u_i I $-V_{EE}$	$+V_{CC}$ R_C R_C $+u_o-$ R_L VT_1 VT_2 u_i I $-V_{EE}$	$+V_{CC}$ R_C R_C VT_1 u_o R_L VT_2 u_i I $-V_{EE}$	$+V_{CC}$ R_C R VT_1 u_o R_L VT_2 u_i I $-V_{EE}$
A_{ud}	$A_{ud}=\frac{u_o}{u_i}=\frac{-\beta R'_L}{r_{be}}$	$R'_L=R_C//\frac{R_L}{2}$	$A_{ud}=\frac{u_o}{u_i}=\frac{-\beta R'_L}{2r_{be}}$	$R'_L=R_C//R_L$
A_{uc}	$A_{uc}=\frac{u_{oc}}{u_{ic}}\to0$		$A_{uc}\approx\frac{R_C//R_L}{2R_E}$　（很小）	
K_{CMR}	$K_{CMR}\to\infty$		$K_{CMR}\approx\frac{\beta R_E}{r_{be}}$　（高）	
R_{id}	$R_{id}=2r_{be}$			
R_{ic}	$R_{ic}=\frac{r_{be}+(1+\beta)2R_E}{2}$			
R_o	$R_o=2R_C$		$R_o=R_C$	

3.1.3　具有恒流源的差动放大电路

根据前面的分析知，共模抑制比越大差分放大电路性能越好。对于单端输出的差分放大电路，在表 3.1.1 中看出，要提高共模抑制比，应当增大 R_E。但 R_E 增大，又要保证静态工作点合适，则需增加直流压降，这种方法不是很现实。为此在实际中，常用恒流源来代电阻 R_E，如图 3.1-3（a）所示。从恒流源的特性知，其交流等效电阻很大，而电流压降却不大。这样就大大提高了共模抑制比，在集成电路中被广泛采用。

在图 3.1-3（a）中，VT_3、VT_4 管构成比例电流源电路，R_1、VT_4、R_2 构成基准电流电路，由图求得

$$I_{REF} \approx I_{C4} \approx \frac{V_{EE} - U_{BE4}}{R_1 + R_2}$$

$$I_{C3} = I_o \approx I_{REF} \frac{R_2}{R_3}$$

可见，当 R_1、R_2、R_3、V_{EE} 一定是，$I_{C3}=I_o$ 为一恒定的电流。等效电路如图 3.1-3（b）所示。此种恒流源差分放大电路共模抑制比可提高 1～2 个数量级。

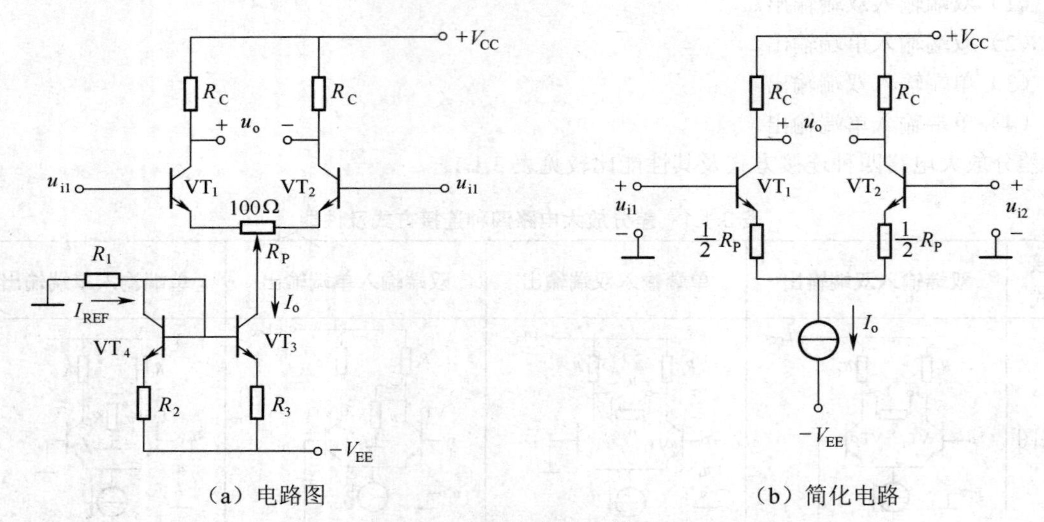

图 3.1-3　恒流源的差分放大电路

任务二　集成运算放大器概述

任务描述

任务目标	（1）建立集成运算放大器的模型 （2）掌握理想集成运放的特点
任务实施方法	教师展示集成放大器的实物，通过对集成电路基本知识的介绍，引入正题，提出本课时的任务；学生看书，采用分组讨论，提出需要解决的问题、完成本任务的思路和方案；小组发言交流，教师对概念的具体讲解，抽查学生对本任务的掌握情况。

3.2.1 集成运放的组成和符号

一、集成运放的组成

集成运放是模拟集成电路的一种，种类很多，但其内部电路各不相同。就电路结构而言，一般都由四部分组成：输入级、中间级、输出级和偏置电路，如图 3.2-1 所示。

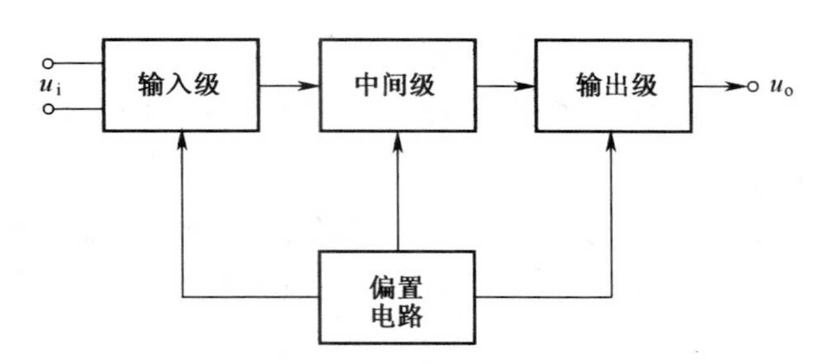

图 3.2-1 集成运放组成框图

（1）输入级。

集成运放的输入级是决定集成运放性能的关键所在，要求零输入时低温漂，高输入阻抗，高共模抑制比。一般采用差分放大电路。

（2）中间级。

集成运放的中间级是决定集成运放能否达到高增益的部分，因此中间级也称为电压放大级，要求高增益。一般采用有源负载的共发射放大电路或共源放大电路。

（3）输出级。

集成运放的输出级是向负载提供一定的输出功率，要求输出电阻小，有高的带负载能力。一般采用互补功率放大电路。

（4）偏置电路。

集成运放的偏置电路是向各级提供稳定、合适的静态电流。

二、集成运放的符号

如图 3.2-2 所示为集成运放的电路符号。集成运放有两个输入端，分别为同相输入端 U_+和反相输入端 U_-，一个输出端 U_o。

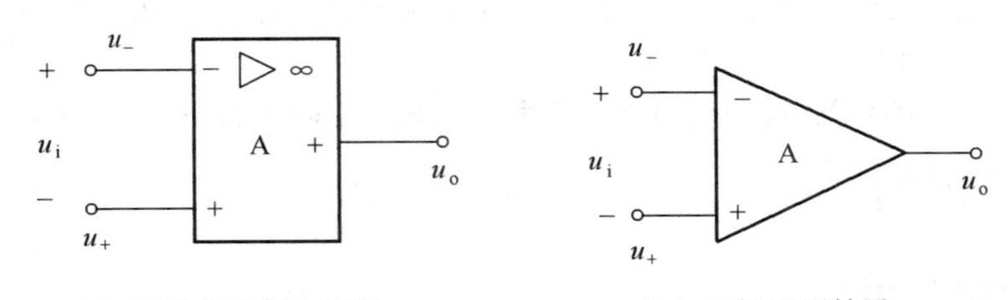

（a）国家标准规定符号　　（b）习惯通用符号

图 3.2-2 集成运放的电路符号

3.2.2 集成运放的主要参数

集成运放的参数是评价集成运放性能的重要指标，是正确选择和使用集成运放的重要依据。

（1）开环电压放大倍数 A_{od}。

A_{od} 是指集成运放无外加反馈情况下的差模放大倍数，即 $A_{od}=\dfrac{\Delta u_{od}}{\Delta u_{id}}$，其分贝数记为 $20\lg|A_{od}|$。A_{od} 越大，运算精度越高。

（2）最大输出电压 U_{op-p}。

U_{op-p} 是指在电源为额定状态时，集成运放的最大不失真输出电压的峰－峰值。

（3）共模抑制比 K_{CMR}。

K_{CMR} 反映了集成运放对共模信号的抑制能力，它等于差模放大倍数与共模放大倍数之比的绝对值，即 $K_{CMR}=|A_{od}/A_{oc}|$，其值也可以用分贝数表示，K_{CMR} 越大越好。

（4）差模输入电阻 r_{id}。

r_{id} 是集成运放输入差模信号时的输入电阻。r_{id} 越大，从信号源获得的电流越小，所以 r_{id} 越小越好。

（5）输出电阻 r_o。

r_o 是指运放在开环工作时，在输出端对地之间看进去的等效电阻。其大小反映了集成运放在小信号输出时的带负载能力。

（6）输入失调电压 U_{IO}。

U_{IO} 是为了使输出电压为零而在输入端加的补偿电压。

（7）输入失调电流 I_{IO}。

I_{IO} 是指当运放输出电压为零时，两输入端静态偏置电流之差，它反映了输入级差放管输入电流的不对称程度，I_{IO} 越小，运放质量越好。

（8）输入偏置电流 I_{IB}。

I_{IB} 是输入级差放管的基极偏置电流的平均值，其值大小反映了放大器的输入电阻和输入失调电流的大小。

（9）最大共模输入电压 U_{Imax}。

U_{Imax} 是指运放在线性工作范围内能承受的最大共模输入电压，超过此值时，集成运放不能对差模信号进行放大。

（10）最大差模输入电压 U_{IDmax}。

U_{IDmax} 在运放两输入端之间加的最大差模输入电压，超过此值时，集成运放将出现反向击穿现象。

（11）开环带宽 BW。

BW 是指集成运放的外部电路无反馈时，差模电压增益下降 3dB 所对应的频率。

3.2.3 理想集成运放

一、理想集成运放概述

理想集成运放就是将集成运放的各项技术指标理想化。表现为：

（1）开环差模电压放大倍数 $A_{od}\to\infty$。

（2）差模输入电阻 $r_{id} \to \infty$。

（3）输出电阻 $r_o \to 0$。

（4）共模抑制比 $K_{CMR} \to \infty$。

（5）带宽 $BW \to \infty$。

实际中，集成运放的技术指标都是有限值，理想化处理之后肯定会存在分析误差。在一般的工程应用中，这些误差是允许的，而且运用理想化的概念，有利于简化分析过程。在本书的分析过程中，如无特别说明，均将集成运放看作理想集成运放。

在集成运放各种应用电路中，集成运放其工作有两种情况，工作在线性区或非线性区。

二、集成运放的电压传输特性

集成运放的输出电压 u_o 与输入电压（$u_- - u_+$）之间的关系曲线，称为集成运放的电压传输特性。如图 3.2-3 所示。

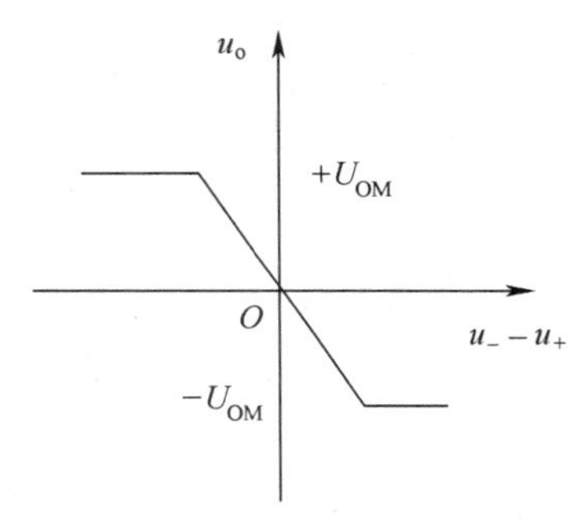

图 3.2-3　运放电压传输特性曲线

电压传输特性曲线包括两部分。斜线段为集成运放的线性区；水平直线部分为非线性区。

三、理想集成运放工作在线性区的特点

当集成运放电路中，引入负反馈（后面的章节介绍），则工作在线性区。由 3.2-3 中的曲线可知，理想集成运放在线性区有两个重要的特点：

（1）差模输入电压为零。

理想集成运放 $A_{od} \to \infty$，而 u_o 为有限值，根据 A_{od} 定义，则 u_{id} 为零，则 $u_- = u_+$，故称为“虚短”。

（2）差模输入电流为零。

理想集成运放 $r_{id} \to \infty$，而差模净输入电压为零，则两个输入端的输入电流均为零，即 $i_- = i_+ = 0$，故称为“虚断”。

“虚短”和“虚断”是非常重要的概念，是集成运放工作在线性区时的重要结论，是分析集成运放线性应用电路的重要依据。

四、理想集成运放工作在非线性区的特点

当集成运放电路中，处于正反馈或开环状态，则工作在非线性区。由 3.2-3 中的曲线可知，集成运放在净输入电压信号值超出了线性区的范围，则输出电压不在随着净输入电压信号线性变化，将达到正向或反向的饱和值。

理想集成运放在非线性区有两个重要的特点：

（1）输出电压 u_o 为一恒值。

当 $u_- > u_+$ 时，$u_o = -U_{OM}$

当 $u_- < u_+$ 时，$u_o = +U_{OM}$

（2）差模输入电流为零。

在非线性区，虽然 $u_- \neq u_+$，但 $r_{id} \rightarrow \infty$，故此时输入电流仍为零，即 $i_- = i_+ = 0$。

任务三　互补功率放大电路

任务描述

任务目标	（1）了解功率放大电路的基本概念 （2）掌握消除乙类互补功率放大电路交越失真的方法
任务实施方法	教师通过对功率放大电路基本概念等知识的介绍，引入正题，提出本课时的任务；学生看书，采用分组讨论，提出需要解决的问题、完成本任务的思路和方案；小组发言交流，教师对概念进行具体讲解，抽查学生对本任务的掌握情况。

在许多的电子、通信设备的输出级，都要求放大电路能输出足够大的功率。因此在放大电路中，除了需要对电压放大以外，还需要对信号进行功率放大的电路，把能向负载提供较大输出功率的放大电路称为功率放大电路（简称功放）。功率放大电路跟前面所介绍的电压放大电路所完成的任务是不同的，电压放大电路是实现电压放大，其主要性能指标是电压放大倍数、输入电阻、输出电阻等。功率放大电路的任务是在向负载输出不失真的功率，主要技术指标是最大输出功率、效率、非线性失真等。集成运放和集成功放的输出级多采用本节介绍的互补功率放大电路。

3.3.1　功率放大电路的特点和分类

一、功率放大电路的特点

功率放大电路是保证信号在失真允许的范围内输出足够大的功率，来驱动负载。因此它有以下特点：

1. 输出功率要足够大

为了能获得足够大的输出功率，要求功放管的电压和电流都要有尽可能大的输出幅度，为此功放管往往需要工作在接近极限状态。

2. 效率要高

效率是指负载获得的有用信号功率和电源供给的直流功率的比值。由于功率放大电路的输出功率很大，因此直流电源消耗的功率也大，就需要功率放大电路的效率高。

3. 非线性失真要小

由于功率放大电路是在大信号下工作，不可避免地会出现非线性失真。而对同一功率放大电路而言，非线性失真与输出功率是矛盾的，输出功率越大，非线性失真就会越严重。因此在选用功放时，要根据实际情况选择。

4. 散热保护

在功率放大电路中，晶体管本身也要消耗一部分功率，使得管子的结温和管壳温度升高，当温度升高到一定程度时，管子就会损坏。为此必须采取适当的散热措施，改善热稳定性，充分发挥管子的潜力，使功放能输出足够大的功率。

综上所述，对功率放大电路的要求是：安全、不失真、高效率的输出大功率。

二、功率放大电路的分类

1. 按工作频率分

按放大信号频率的不同，可分为低频功率放大电路和高频功率放大电路。低频功率放大电路用于放大的音频范围为几十到几十千赫；高频功率放大电路用于放大的射频范围为几百千赫至几十兆赫。

2. 按晶体管导通时间的不同分

功率放大电路根据晶体管导通时间的不同，一般可分为甲类、乙类和甲乙类功率放大电路。

（1）甲类功率放大电路。

晶体管在整个信号周期内都导通为甲类功放，其集电极电流波形如图 3.3-1（a）所示，其特点是非线性失真小，但不论有无输入信号，始终有较大的静态工作电流，消耗一定的电源功率，故管耗大，效率低。

（2）乙类功率放大电路。

晶体管只在半个信号周期内导通为乙类功放，其集电极电流波形如图 3.3-1（b）所示，其特点是无输入信号时，静态电流为零，电源供给的功率也为零，管子此时不消耗功率，效率高，但是波形失真严重。

（3）甲乙类功率放大电路。

晶体管的导通时间比信号一个周期短而比半个周期长的为甲乙类功放，其集电极电流波形如图 3.3-1（c）所示，其特点是效率较高，波形失真较严重，因此在低频功放中只要用乙类或甲乙类功放。

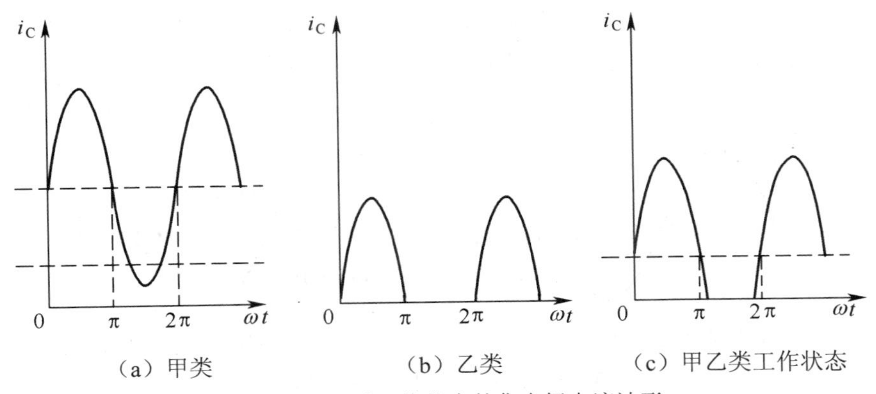

图 3.3-1　三种工作状态的集电极电流波形

功放除了上述分类以外，还可以按构成放大电路的器件的不同分为分立元件功放和集成功放等。

3.3.2 乙类双电源互补功率放大电路

一、电路组成

双电源互补对称放大电路又称为无输出电容的功率放大电路，简称 OCL 电路，其原理电路如图 3.3-2 所示。图中 VT_1（NPN）、VT_2（PNP）是一对特性相同的互补对称的晶体管。两管均接成射极输出电路以增强带负载能力。

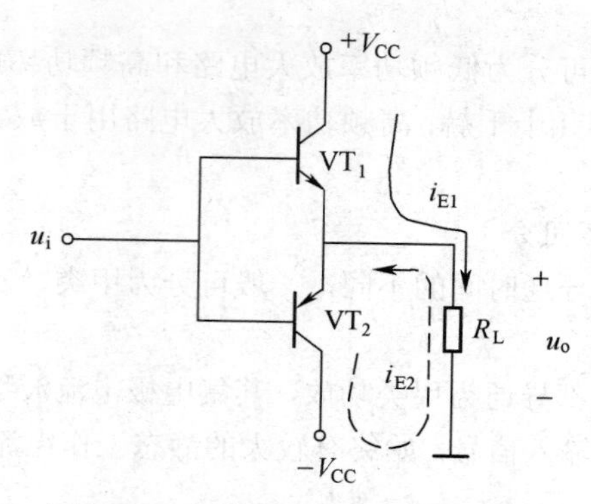

图 3.3-2 双电源互补对称功放电路

二、工作原理

设输入信号 u_i 为正弦波，如图 3.3-3（a）所示。静态时，即 u_i=o，两晶体管发射结零偏均截止，此时集电极电流 $I_{C1}=I_{C2}=0$，输出电压也为零。

动态时，当输入信号 u_i 处于正半周时，VT_1 发射结正偏而导通，VT_2 发射结反偏而截止，此时有电流 i_{E1} 通过负载 R_L，方向如图 3.3-2 中实线所示，与 u_o 参考方向一致；当输入信号 u_i 处于负半周时，VT_2 发射结正偏而导通，VT_1 发射结反偏而截止，此时有电流 i_{E2} 通过负载 R_L，方向如图 3.3-2 中虚线所示，与 u_o 参考方向相反。VT_1、VT_2 两管分别在输入信号的正、负半周轮流工作，使得负载 R_L 上得到一个完整的正弦波信号，如图 3.3-3（b）所示。由于两晶体管互补对方的不足，结构对称，故该电路称为乙类互补对称功率放大电路（或互补推挽电路）。

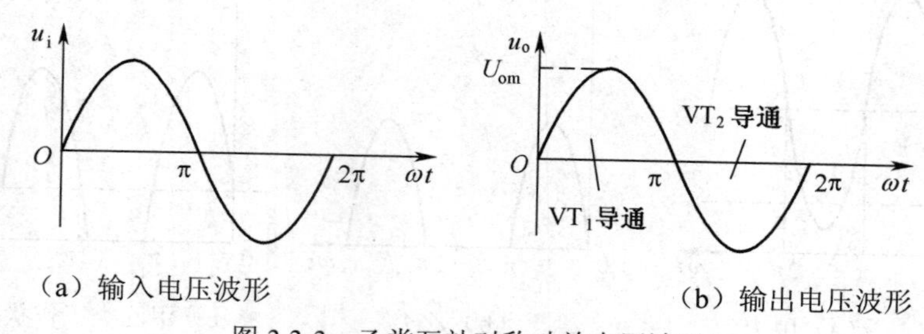

（a）输入电压波形（b）输出电压波形

图 3.3-3 乙类互补对称功放电压波形

三、交越失真及其消除

乙类功放静态时，I_C 为零，效率高。但是当输入信号很小时，达不到晶体管的开启电压，晶体管就不导通。显然，在信号正、负半周交替过零时，由于小于开启电压，就不会有输出电压。此时就会产生波形失真，称为交越失真，如图 3.3-4 所示。为了消除交越失真，应使两晶体管在静态时处于微导通状态。

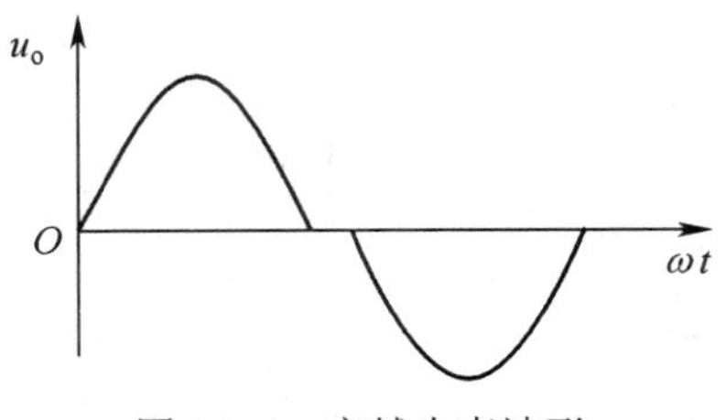

图 3.3-4　交越失真波形

为了使晶体管在静态时工作在微导通状态，就必须增加偏置电路，使晶体管的静态工作点设置在稍微大于开启电压处，于是在一个周期内晶体管的导通角略大于 180°，这种工作状态称为甲乙类工作状态，一般采用如图 3.3-5 所示电路。

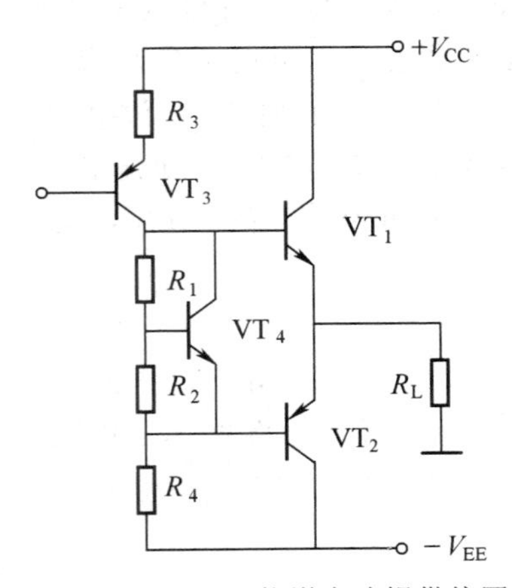

图 3.3-5　用 U_{BE} 倍增电路提供偏置

图 3.3-5 所示电路是在 VT_1、VT_2 基极之间串入由 R_1、R_2 和 VT_4 组成的一个电压倍增电路，设流入 VT_4 的基极电流远小于 R_1、R_2 的电流，则 U_{CE4} 与 U_{BE4} 的倍增关系为

$$U_{CE4} \approx \frac{U_{BE4}}{R_2}(R_1 + R_2)$$

U_{CE4} 用以供给 VT_1、VT_2 两管的偏置电压。而 U_{BE4} 基本不变（约 0.6～0.7V），只要适当调整 R_1、R_2 的比值，就可以改变 VT_1、VT_2 两管的偏置电压值。

3.3.3　乙类单电源互补功率放大电路

乙类单电源互补功率放大电路又称为无变压器耦合的功率放大电路，简称 OTL 电路，其原理电路如图 3.3-6 所示。图中 VT_1、VT_2 是参数对称的两晶体管，两管发射极 e 的静态电位为 $V_{CC}/2$。为了使负载上仅获得交流信号，将电容器串联在负载与发射极 e 之间。静态时，电容上的电压 $U_C=U_E=V_{CC}/2$。由于电容 C 的容量足够大，时间常数 R_LC 远大于输入信号的周期。这样，在一个输入信号周期内，电容充电和放电的电荷变化不会引起电容的端电压有明显的变化，电容 C 相当于一个恒压源。

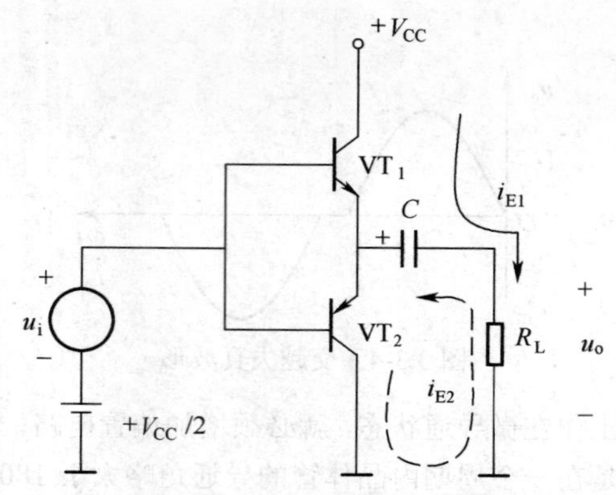

图 3.3-6　单电源 OTL 互补功率放大电路

当输入 u_i 在正半周时，VT_1 导通而 VT_2 截止，向负载提供电流 $i_o=i_{e1}$，即电流从 $+V_{CC}$ 经 VT_1 的集电极和发射极、电容 C、输出到负载 R_L 上，此时负载 R_L 获得正半周输出信号。与此同时，电容 C 充电。当输入 u_i 在负半周时，VT_2 导通而 VT_1 截止，C 放电，电流由 C 所存储的电荷提供，$i_o=i_{e2}$，即电流从电容 C 的“+”断经 VT_2 的发射极和集电极、地输出到负载 R_L 上，此时负载 R_L 获得负半周输出信号。在这个过程中，电容 C 既起到信号耦合作用，又起到电源作用。

3.3.4　复合管

互补对称电路需要一对特性对称的晶体管，由于制作工艺的原因，管型不同，特性很难对称，为此采用复合管就能解决这一问题。复合管是指将两个晶体管通过一定的方式连接起来，形成一个等效的晶体管，其中两个晶体管的导电类型可以是同型也可以是异型，如图 3.3-7 所示。

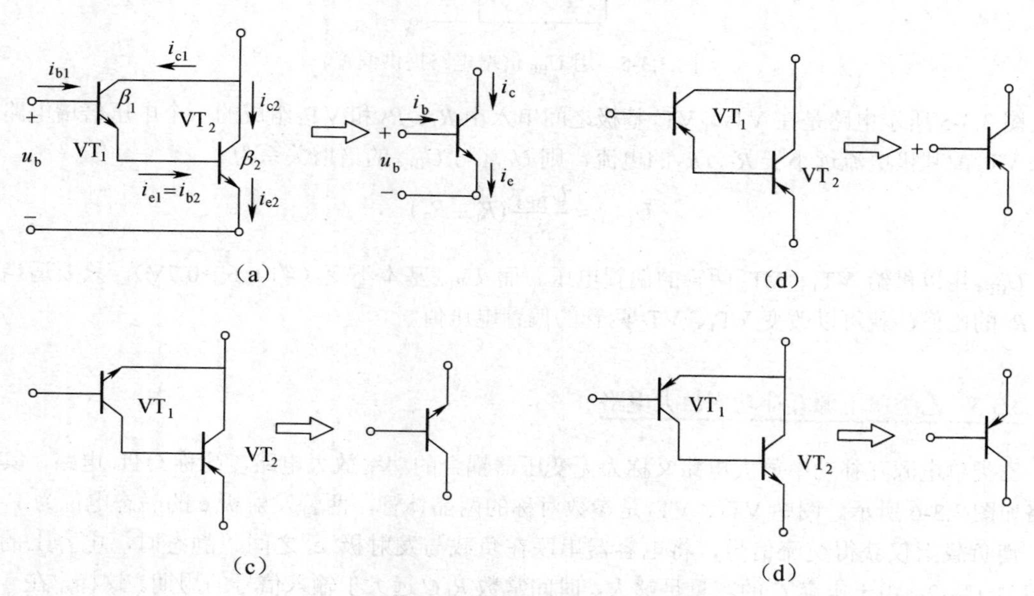

图 3.3-7　复合管的接法

从图中复合管 VT_1、VT_2 各电极电流的流向和近似关系，可得出复合管组成原则和等效管型的判断方法：

（1）保证参与符合的每只晶体管的三个电极电流都按各自正确的方向流动；

（2）复合管复合的等效管型取决于前一只晶体管的管型；

（3）复合后的等效管总得电流放大系数 $\beta = \beta_1 \times \beta_2$。

任务四　集成运算放大器的线性应用

任务描述

任务目标	（1）理解集成运算放大器线性运用中各种运算电路的工作原理 （2）能计算各种运算电路
任务实施方法	教师通过对集成运放组成、特点及传输特性等基本知识的回顾，引入正题，提出本课时的任务；学生看书，采用分组讨论，提出需要解决的问题、完成本任务的思路和方案；小组发言交流，教师对概念进行具体讲解，抽查学生对本任务的掌握情况。

集成运放工作在线性区时，有“虚短”和“虚断”的特点，运用这个特点来分析基本运算电路非常简单。基本运算电路是指由集成运放和外接电组、电容可以构成的比例、加减、积分和微分运算电路。

3.4.1　比例运算

一、反相比例运算

反相比例运算电路如图 3.4-1 所示。输入电压 u_i 通过电路 R_1 作用于集成运放的反相输入端，R=R_1//R_f 为平衡电阻，是保证运放输入级差分放大电路的对称性，以便消除放大器的偏置电路及漂移对输出端的影响。

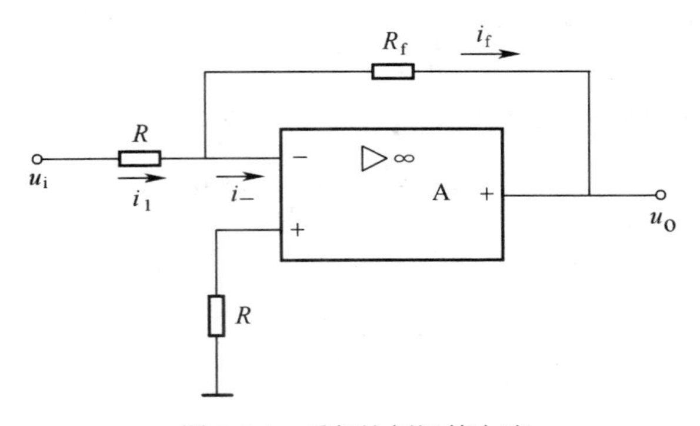

图 3.4-1　反相比例运算电路

根据“虚短”和“虚断”的特点，即 $u_- = u_+$、$i_- = i_+ = 0$，可得 $u_- = u_+ = 0$。这表明运算放大器反相输入端与地端等电位，称为“虚地”。此现象为反相比例运算电路的一个重要特点。

因“虚地”特性，列反相输入端的节点电流方程，得

$$i_1 - i_f = \frac{u_i - u_-}{R_1} - \frac{u_- - u_o}{R_f} = 0$$

整理得

$$u_o = -\frac{R_f}{R_1} u_i$$

则电压放大倍数为

$$A_{uf} = \frac{u_o}{u_i} = -\frac{R_f}{R_1} \tag{3.4.1}$$

由上式可知，u_o与u_i成反相比例运算关系，比例系数为R_f / R_1，其中负号表示u_o与u_i的相位相反。

例 3.4.1 在如图 3.4-1 所示反相比例运算电路中，已知$R_1 = 30\text{k}\Omega$，$R_f = 60\text{k}\Omega$，$R = 20\text{k}\Omega$，试求电路的输入电压与输出电压的关系。

解：在集成运算放大电路中，根据“虚短”和“虚断”的概念，由式（3.4.1）得

$$A_{uf} = \frac{u_o}{u_i} = -\frac{R_f}{R_1} = -\frac{60}{30} = -2$$

二、同相比例运算

同相比例运算电路如图 3.4-2 所示。输入电压u_i通过电阻R作用于集成运放的同相输入端。

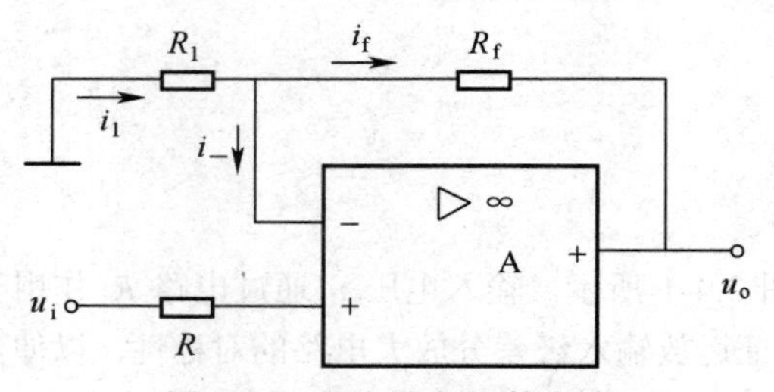

图 3.4-2 同相比例运算电路

根据$u_- = u_+$、$i_- = i_+ = 0$，得

$$u_+ = u_i = u_-$$

列反相输入端的节点电流方程，得

$$i_1 - i_f = \frac{0 - u_-}{R_1} - \frac{u_- - u_o}{R_f} = 0$$

整理得

$$u_o = \left(1 + \frac{R_f}{R_1}\right) u_i$$

则电压放大倍数为

$$A_{uf} = \frac{u_o}{u_i} = 1 + \frac{R_f}{R_1} \tag{3.4.2}$$

由上式可知，u_o与u_i成同相比例运算关系，比例系数为$1 + \frac{R_f}{R_1}$。

图 3.4-2 中，若去掉 R_1，如图 3.4-3 所示，此时

$$u_o = u_- = u_+ = u_i \tag{3.4.3}$$

式（3.4.3）表明，u_o 与 u_i 大小相等，相位相同，此时电压放大倍数为 1，故该电路称为电压跟随器。

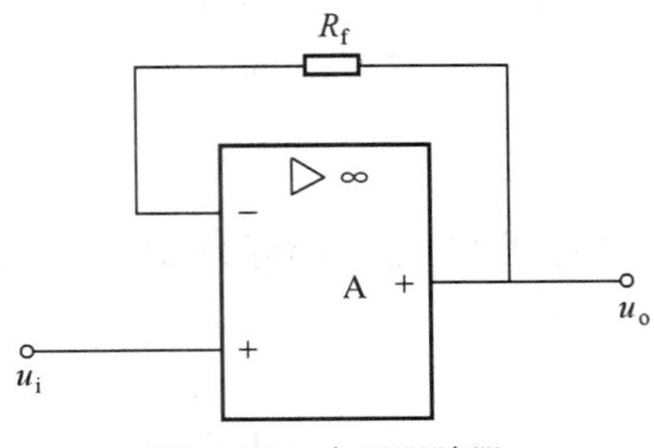

图 3.4-3　电压跟随器

例 3.4.2　在如图 3.4-2 所示的同相比例运算电路中，已知 $R_1 = 30\text{k}\Omega$，$R_f = 60\text{k}\Omega$，$R = 20\text{k}\Omega$，$u_i = 15\text{V}$，试求电路输出电压的值。如果 R_1 发生断路，输出电压为多少？

解：在集成运算放大电路中，根据“虚短”和“虚断”的概念，由式（3.4.2）得

$$A_{uf} = \frac{u_o}{u_i} = 1 + \frac{R_f}{R_1} = 1 + \frac{60}{30} = 3$$

输出电压

$$u_o = 3u_i = 45\text{V}$$

当 R_1 发生断路，由式（3.4.3）得

$$u_o = u_- = u_+ = u_i = 15\text{V}$$

3.4.2　加法与减法运算

能够对多个输入信号进行求和或求差的电路称为加减运算电路。其中，加法电路可分为反相加法电路和同相加法电路。

一、反相加法运算

在反相比例运算电路的基础上，增加多个输入支路，就构成了反相加法运算电路，如图 3.4-4 所示。

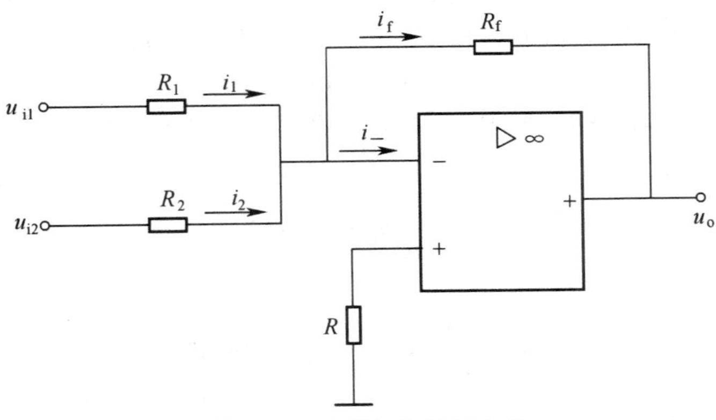

图 3.4-4　反相加法运算电路

根据“虚短”和“虚断”的特点及KCL求得

$$u_o = -i_f R_f = -(i_1 + i_2)R_f = -\left(\frac{R_f}{R_1}u_{i1} + \frac{R_f}{R_2}u_{i2}\right) \tag{3.4.4}$$

可见，电路实现了对输入信号 u_{i1} 和 u_{i2} 的求和运算。当 $R_1 = R_2 = R_f$ 时，

$$u_o = -(u_{i1} + u_{i2}) \tag{3.4.5}$$

二、同相加法运算

与反相加法运算电路相似，在同相比例运算电路的基础上，增加多个输入支路，就构成了同相加法运算电路，如图 3.4-5 所示。

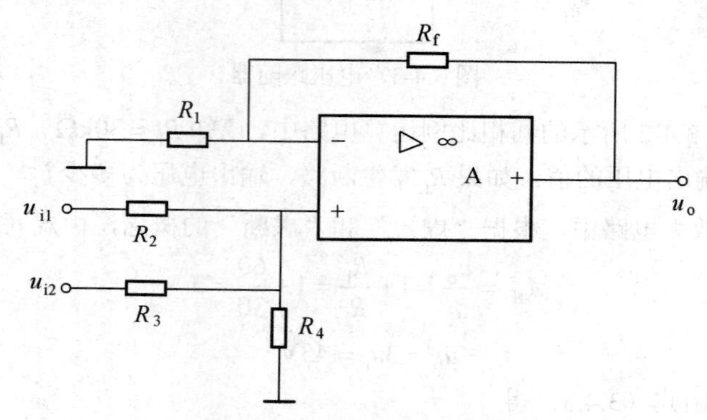

图 3.4-5　同相加法运算电路

根据“虚断”特性，在同相端对 u_{i1}、u_{i2} 应用叠加原理求得 u_+ 为

$$u_+ = \frac{R_3 // R_4}{R_2 + R_3 // R_4}u_{i1} + \frac{R_2 // R_4}{R_3 + R_2 // R_4}u_{i2} \tag{3.4.6}$$

在反相端，利用分压公式求得 u_- 为

$$u_- = \frac{R_1}{R_1 + R_f}u_o \tag{3.4.7}$$

根据“虚短”，即 $u_- = u_+$，联立式（3.4.6）与式（3.4.7）得

$$u_o = \left(1 + \frac{R_f}{R_1}\right)u_+ = \left(1 + \frac{R_f}{R_1}\right)\left(\frac{R_3 // R_4}{R_2 + R_3 // R_4}u_{i1} + \frac{R_2 // R_4}{R_3 + R_2 // R_4}u_{i2}\right) \tag{3.4.8}$$

可见，电路实现了同相加法运算。若 $R_2 = R_3 = R_4$， $R_f = 2R_1$，则式（3.4.8）简化为

$$u_o = u_{i1} + u_{i2}$$

例 3.4.3　已知电路如图 3.4-6 所示，已知 $u_i = 10\text{mV}$，求电路的输出电压 u_o。

解：由式（3.4.1）得

$$u_o = -\frac{10}{10}u_i = -10\text{mV}$$

由式（3.4.4）得

$$u_o = -\left(\frac{10}{10}u_{o1} + \frac{10}{10}u_i\right) = -20\text{mV}$$

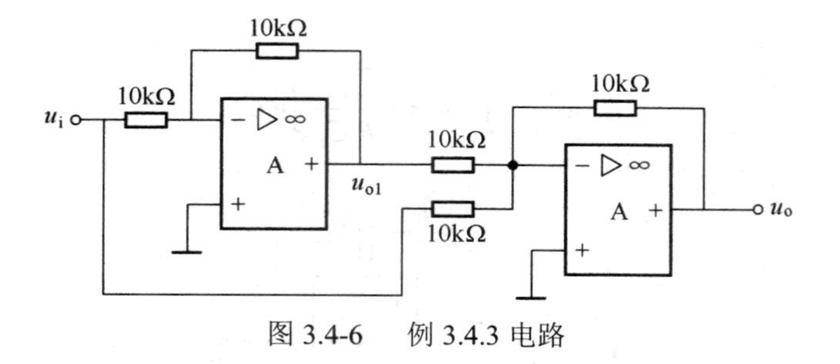

图 3.4-6　例 3.4.3 电路

三、减法运算

减法运算电路如图 3.4-7 所示。

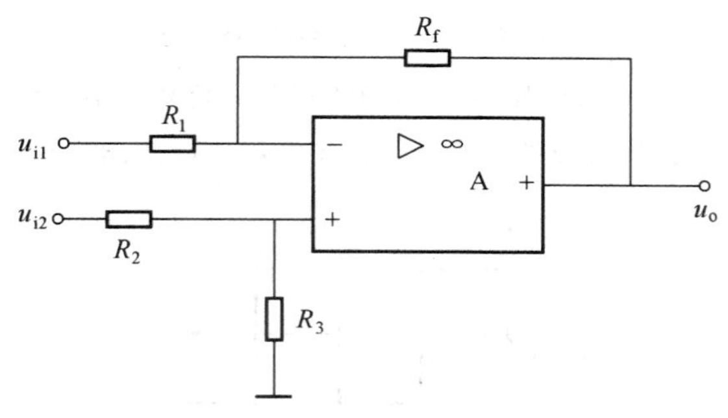

图 3.4-7　减法运算电路

根据“虚短”和“虚断”的特点及 KCL 求得

$$u_- = u_+ = \frac{R_3}{R_2 + R_3} u_{i2}$$

$$i_1 - i_f = \frac{u_{i1} - u_-}{R_1} - \frac{u_- - u_o}{R_f} = 0$$

整理得

$$u_o = \left(1 + \frac{R_f}{R_1}\right) \frac{R_3}{R_2 + R_3} u_{i2} - \frac{R_f}{R_1} u_{i1} \tag{3.4.9}$$

（1）若 $R_1 = R_2$， $R_3 = R_f$ ，则上式为

$$u_o = \frac{R_f}{R_1}(u_{i2} - u_{i1})$$

（2）若 $R_1 = R_2 = R_3 = R_f$ ，则式（3.4.9）为

$$u_o = u_{i2} - u_{i1}$$

可见，输出电压为两个输入电压之差，从而实现了减法运算。

3.4.3　积分与微分运算

一、积分运算电路

反相积分运算电路如图 3.4-8 所示。若电容器 C 上的初始电压为 0，根据“虚短”和“虚断”

的特点得

$$u_o = -\frac{1}{C_f}\int i_c \mathrm{d}t = -\frac{1}{R_1 C_f}\int u_i \mathrm{d}t \qquad (3.4.10)$$

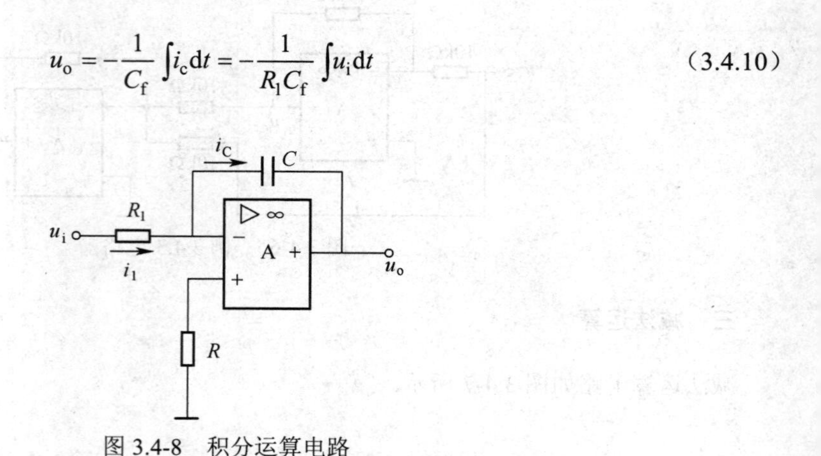

图 3.4-8　积分运算电路

上式表明，输出电压 u_o 为输入电压 u_i 对时间的积分，负号表示它们在相位上是相反的。积分电路常用以实现波形变化，如将方波电压变换为三角波电压，如图 3.4-9 所示。

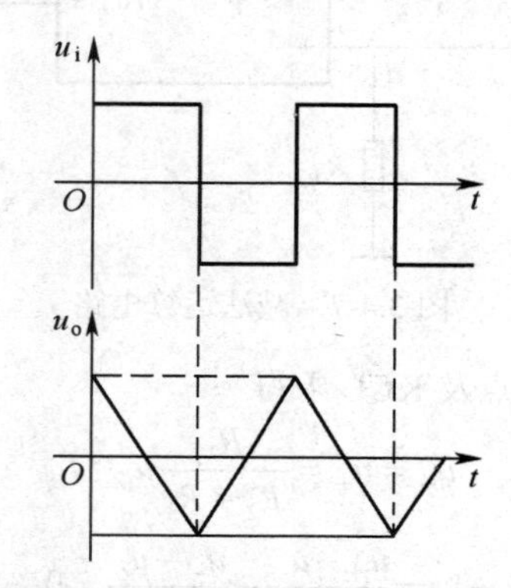

图 3.4-9　积分运算电路波形转换

二、微分运算电路

微分运算是积分运算的逆运算。积分电路中，电阻 R_1 与 C 的位置对调，即得微分电路，电路如图 3.4-10 所示。

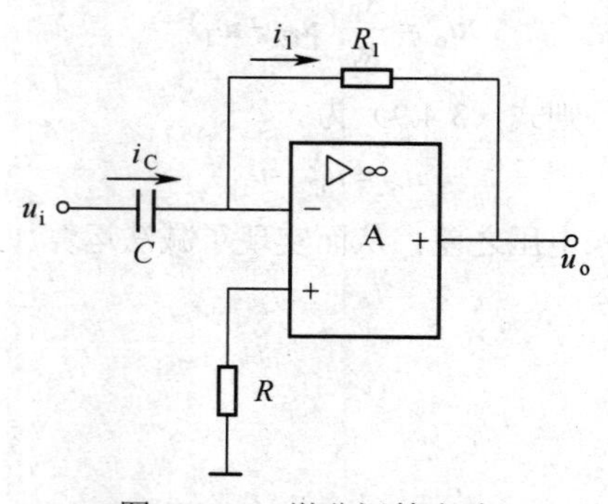

图 3.4-10　微分运算电路

根据“虚短”和“虚断”的特点得

$$i_c = C\frac{du_c}{dt} = C\frac{du_i}{dt}$$

$$i_f = -\frac{u_o}{R_f} = i_c$$

则

$$u_o = -i_c R_f = -CR_f\frac{du_i}{dt} \tag{3.4.11}$$

上式表明输出电压 u_o 正比于输入电压 u_i 对时间 t 的微分，实现了微分运算。

集成运放在线性时可以构成以上运算电路，在非线性时，它还可以作为电压比较器和信号产生电路等。

任务五　实验与实践

任务描述

任务目标	（1）掌握差动放大电路的静态工作点、电压放大倍数和共模抑制比的测试方法 （2）掌握比例求和电路的测试方法
任务实施方法	教师通过对差动放大电路和集成运放线性应用基本知识的回顾，引入正题，提出本课时的任务；教师操作演示测量的方法和操作步骤，强调操作注意事项；学生实验，教师指导、检查、学生交流汇报实验结果；教师点评分析任务的完成情况，学生总结本课时的收获。

3.5.1　差动放大电路

一、实验目的

1．掌握差动放大电路的静态工作点的调节方法。
2．会测差动放大电路的电压放大倍数和共模抑制比。

二、实验原理

基本的差动放大电路利用电路对称性抑制零点漂移，但电路中元件参数完全对称在实际上是不可能的，为此常采用如图 3.5-1 所示典型的差动放大电路。图中电位器 R_W 用来调节静态输出电压，使其为零（$\Delta U_O = 0$）。

对图 3.5-1 电路，则差模电压放大倍数为

$$A_{ud(双端)} = \frac{\Delta U_{o1} - \Delta U_{o2}}{\Delta U_{i1} - \Delta U_{i2}} = \frac{\Delta U_{o1} - \Delta U_{o2}}{\Delta U_i} = \frac{\beta R_L'}{r_{be} + (1+\beta)\frac{1}{2}R_W}$$

式中，$R_L' = \frac{R_C \cdot R_L}{2R_C + R_L}$

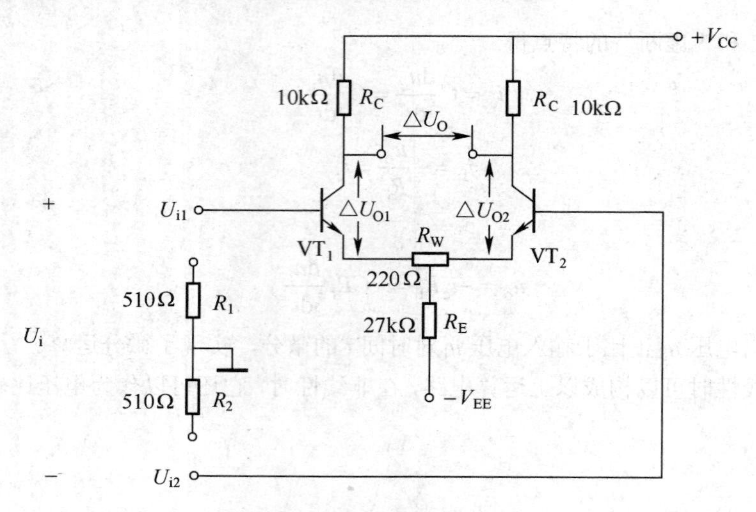

图 3.5-1　典型差动放大电路

$$A_{ud(单端)} = -\frac{1}{2}\frac{\beta R_L'}{r_{be} + (1+\beta)\frac{1}{2}R_W}$$

共模电压放大倍数为

$$A_{uc(双端)} = \frac{\Delta U_{o1} - \Delta U_{o2}}{\Delta U_i}$$

$$A_{uc(单端)} \approx -\frac{1}{2}\frac{R_L'}{R_E}$$

共模抑制比为

$$K_{CMR} = 20\lg\left|\frac{A_{ud}}{A_{uc}}\right|$$

三、实验设备

示波器、数字毫伏表、函数信号发生器、万用表、直流稳压电源、S9013（$\beta = 50 \sim 100$）晶体管、电阻和电容若干。

四、实验内容

1. 测量静态工作点

若 V_{CC}=12V，V_{EE}=-12V，将 u_{i1}、u_{i2} 接地，调节 R_W，使得 U_O=0，测量静态工作点，并把数据记录在表 3.5.1 中。

表 3.5.1　静态工作点测量

对地电压	U_B/V	U_C/V	U_E/V	I_E/mA	U_{O1}/V	U_{O2}/V
测量值						

2．测量放大倍数

（1）测量差模电压放大倍数 A_{ud}。

差动放大器的输入信号可采用直流信号也可采用交流信号。不过双端差分输入时必须要差模信号，或者是独立信号源接成差模输入。

本实验采用的是直流信号源，将直流信号源输出 $U_{I1}=+0.1V$，$U_{I2}=-0.1V$ 接入，按表 3.5.2 要求测量并记录，由测量数据算出单端、双端输出的电压放大倍数。注意先调好直流信号源 OUT1 和 OUT2 值，使其分别为 +0.1V 和 −0.1V，再接入 u_{i1} 和 u_{i2}。

（2）测量共模电压放大倍数 A_{uc}。

将输入端 u_{i1}、u_{i2} 短接，接同极性直流信号 OUT1 或 OUT2，分别测量并填入表 3.5.2 中。由测量数据算出单端、双端输出的电压放大倍数，进一步算出共模抑制比 K_{CMRR}。

表 3.5.2　放大倍数的测量

测量及计算 / 输入信号 U_I	差模输入						共模输入						共模抑制比
	测量值			计算值			测量值			计算值			计算值
	U_{O1}	U_{O2}	U_O（双）	A_{ud1}	A_{ud2}	A_{ud}（双）	U_{O1}	U_{O2}	U_O（双）	A_{uc1}	A_{uc2}	A_{uc}	K_{CMRR}
+0.1V													
−0.1V													

3．单端输入放大电路的放大倍数的测量

（1）在图 3.5-1 中将 u_{i2} 接地，组成单端输入差动放大器，从 u_{i1} 端输入直流信号 +0.1V、−0.1V 测量单端及双端输出，填表 3.5.3 记录电压值。计算单端输入时的单端输出、双端输出的电压放大倍数，并与双端输入时的单端输出、双端差模电压放大倍数进行比较。

（2）从端接入正弦交流信号，分别测量记录单端、双端输出电压，填入表 3.5.3 中，计算单端、双端差模电压放大倍数（注意：输入交流信号时，用示波器监测波形，若有失真现象时，可减小输入电压值，使都不失真为止）。

表 3.5.3　单端输入的放大倍数测量

输入信号值（u_{i1}）	输出电压值			放大倍数	
	U_{O1}	U_{O2}	U_O（双）	A_{ud1}	A_{ud}（双）
直流 +0.1V					
直流 −0.1V					
正弦信号（50mV、1kHz）					

五　实验报告

1．整理实验数据，分析其中的原理。

2．其他（包括实验的心得、体会及意见等）。

3.5.2　比例求和电路

一、实验目的

1．加深对集成运放组成比例、求和电路工作原理的理解。

2．掌握上述电路的测试和分析方法。

二、实验原理

集成运算放大器是一种具有两个输入端、一个输出端的高电压放大倍数、高输入阻抗、低输出阻抗的直接耦合多级放大电路。在其输出端和输入端之间加上反馈网络，就可以实现不同的电路功能。若加负反馈就可以组成比例、加法、减法、微积分和对数等模拟运算电路。利用理想集成运放工作在线性区的“虚短”和“虚断”两个特点就可求出其电压增益。

三、实验设备

uA741、电位器、电阻和电容若干示波器、数字毫伏表、函数信号发生器、万用表、直流稳压电源。

四、实验内容

1．反相比例运算电路

（1）按图 3.5-2 连接实验电路，接通 ±12V 电源，输入端 U_i 对地短路，即进行调零和消振。

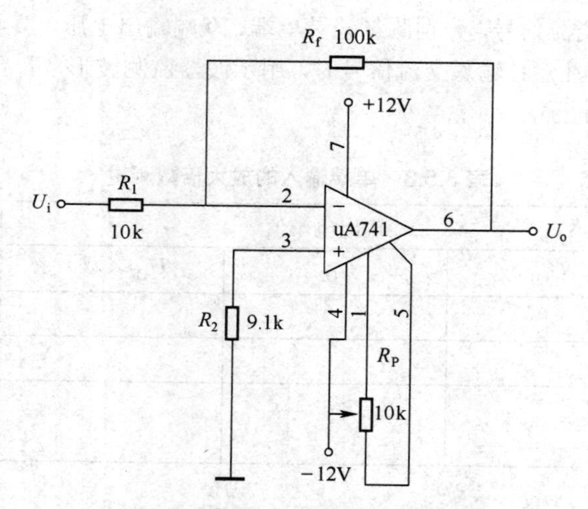

图 3.5-2　反相比例运算电路

（2）输入频率 $f = 100\text{Hz}$，$U_i = 0.5\text{V}$ 的正弦信号，测量相应的 U_o，并用示波器观察 U_i 和 U_o 的相位关系，将数据记入表 3.5.4 中。

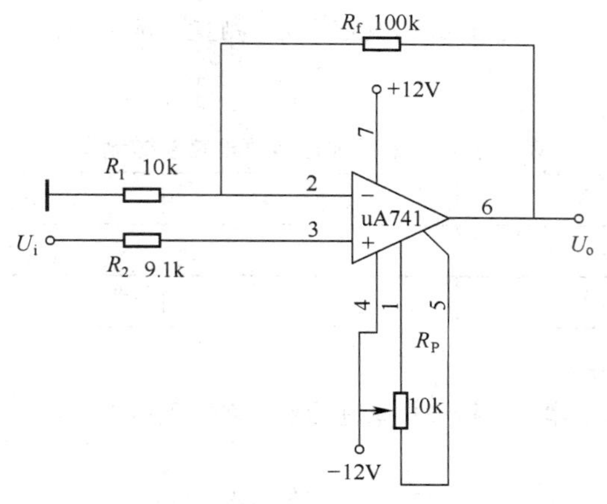

图 3.5-3　同相比例运算电路

表 3.5.4　反相比例运算电路参数测量

U_i/V	U_o/V	A_u	
		实测值	计算值

2. 同相比例运算电路

（1）按图 3.5-3 连接实验电路，接通 ±12V 电源，输入端 U_i 对地短路，即进行调零和消振。

（2）输入频率 $f=100\text{Hz}$，$U_i=0.5\text{V}$ 的正弦信号，测量相应的 U_o，并用示波器观察 U_i 和 U_o 的相位关系，将数据记入表 3.5.5 中。

表 3.5.5　同相比例运算电路参数测量

U_i/V	U_o/V	A_u	
		实测值	计算值

3. 反相加法运算电路

（1）按图 3.5-4 连接实验电路，接通电源 ±12V，将输入端 U_{i1}、U_{i2} 短路，即进行调零和消振。

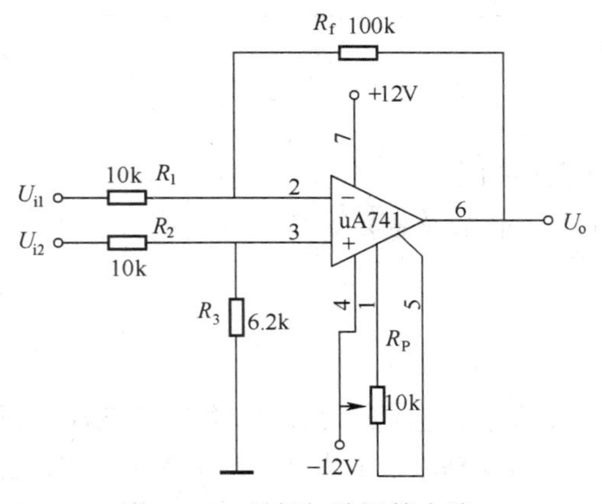

图 3.5-4　反相加法运算电路

（2）分别输入频率都为 $f=100\text{Hz}$ 的正弦信号，测量相应的 U_o，并用示波器观察 U_i 和 U_o 的相位关系，将数据记入表 3.5.6 中。

表 3.5.6　反相加法运算电路参数测量

U_{i1}/V	0.3	-0.3
U_{i2}/V	0.2	0.2
U_o/V		

4. 双端输入求和运算电路

（1）按图 3.5-5 连接实验电路，接通电源 ±12V，将输入端 U_{i1}、U_{i2} 短路，即进行调零和消振。

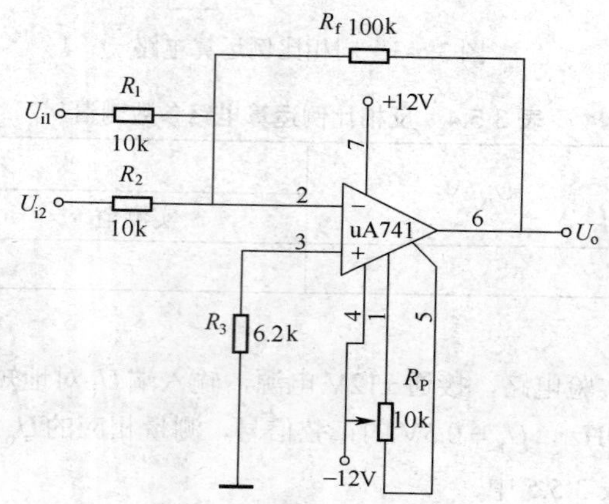

图 3.5-5　双端输入求和电路

（2）分别输入频率都为 $f=100\text{Hz}$ 的正弦信号，测量相应的 U_o，并用示波器观察 U_i 和 U_o 的相位关系，将数据记入表 3.5.7 中。

表 3.5.7　反相加法运算电路参数测量

U_{i1}/V	1	0.2
U_{i2}/V	0.4	0.5
U_o/V		

五、实验报告

1．整理实验数据，分析其中的原理。

2．其他（包括实验的心得、体会及意见等）。

小结

1．差动放大电路具有较高的差模电压放大倍数、很高的共模抑制比及对零点漂移有较强的抑制能力，因此几乎所有的线性集成电路增益放大环节的输入级都采用它。差动放大电路有四种连接方式，即双端输入/双端输出、双端输入/单端输出、单端输入/双端输出、单端输入/单端输出。为了提高共模抑制比，应使用晶体管电流源为发射极提供横流偏置，尽可能采用双端输出并使电路两边对称。

2．集成运算放大器实质上是一个高增益的直接耦合多级放大电路。一般由输入级、中间电压放大级、输出级和偏置电路组成。在集成运放应用中，常将其理想化，即开环差模电压放大倍数$A_{od}\to\infty$、差模输入电阻$r_{id}\to\infty$、输出电阻$r_o\to 0$、共模抑制比$K_{CMR}\to\infty$、带宽$BW\to\infty$。

3．功率放大电路在电源电压确定的情况下，应在非线性失真允许的范围内高效率地获得尽可能大的输出功率。功放根据静态工作点的不同可分为甲类、乙类和甲乙类。为提高效率、避免产生交越失真，才采用甲乙类的互补对称功放电路（OCL、OTL）。

4．集成运算放大电路可以构成比例、加法、减法、微分、积分等基本运算电路，根据其工作在线性区的“虚短”和“虚断”两个特点，较易分析。

习题

3.1 填空题

1．当差分放大电路的输入电压分别为u_{i1}=10mV，u_{i2}=-4mV时，输入信号中的差模电压为__________，共模电压为__________。

2．功率放大电路按三极管静态工作点的位置不同可分为__________类、__________类和__________类。

3．理想运算放大电路的开环差模电压放大倍数A_{ud}可认为__________，输入阻抗R_{id}为__________，输出阻抗R_o为__________。

4．共模抑制比K_{CMR}等于__________之比，电路的K_{CMR}越大，表面电路__________能力越强。

5．放大电路中产生零点漂移的主要原因是__________，常用__________电路来抑制零点漂移。

3.2 选择题

1．差动放大电路用恒流源来代替电阻R_E是为了（　　）。

A．提高共模电压放大倍数　　B．提高共模抑制比

C．提高差模电压放大倍数

2．下列运算电路中，集成运放具备“虚地”特点的电路是（　　）。

A．同相比例运算电路　　B．加减运算电路

C．反相比例运算电路

3．作为输出级的互补对称电路通常采用的接法是（　　）。

A．共集法　　B．共射法　　C．共基法

4．克服乙类互补对此功率放大电路交越失真的有效措施是（　　）。

A．加上合适的偏置电压　　B．加上适当的负反馈

C．选择一对特性相同的功放管

5．如果要将方波电压变换为三角波电压，应选用（　　）。

A．积分运算电路　B．微分运算电路　C．反相比例运算电路

3.3 判断题

1．一个理想的差动放大电路，只能放大共模信号，不能放大差模信号。（　　）

2．差动放大电路采用单端输入方式时，另一只晶体管可以省去。（　　）

3．互补对此功率放大电路中采用甲类工作状态来降低管耗，提高输出的功率和效率。（　）

4．乙类功率放大电路的效率比甲类要高。（　）

5．集成运算放大电路由于两输入端的输入电流为零，所以两输入端之间是断开的。（　）

3.4　集成运算放大电路如习题图 3.1 所示，试分别求出各电路的输出电压的大小。

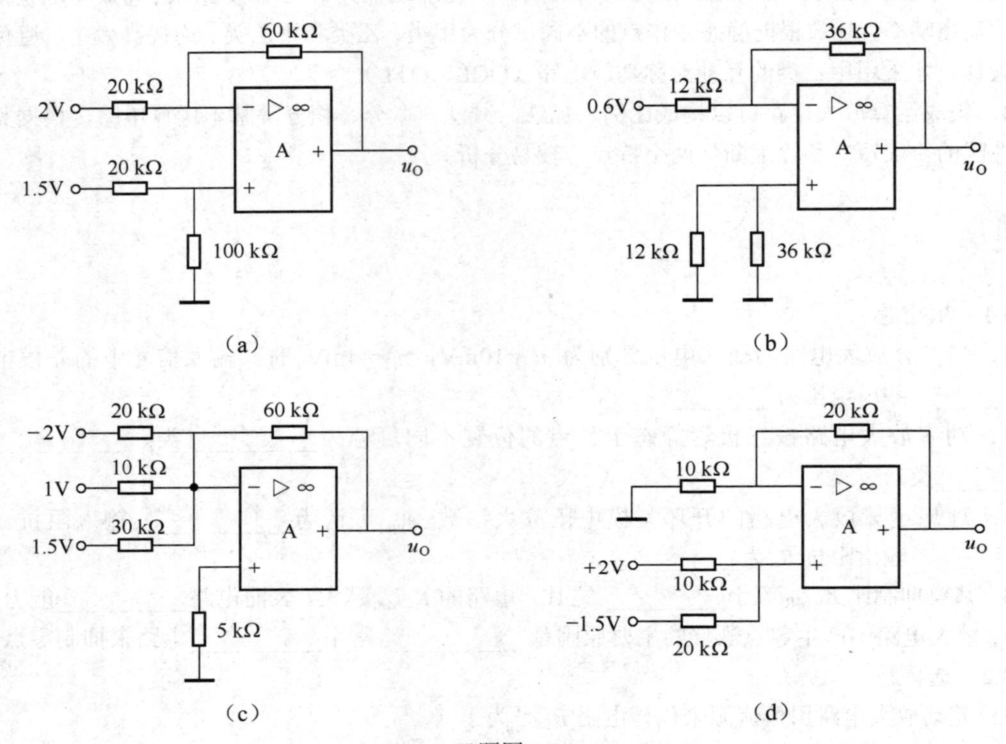

习题图 3.1

3.5　集成运放应用电路如习题图 3.2 所示，试分别求出电路输出电压的值。

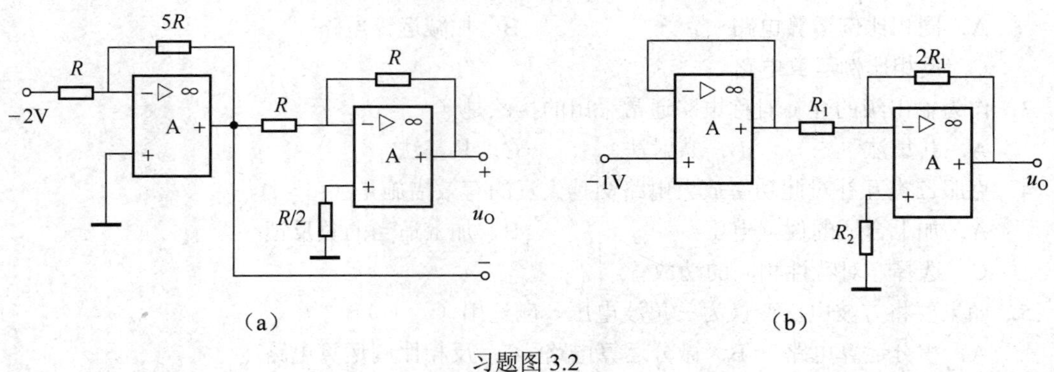

习题图 3.2

3.6　如习题图 3.3 所示的电路中，已知输入电压的波形如习题图 3.4 所示，当 t=0 时，u_C=0，集成运放最大输出电压为±15V，试画图各电路的输出电压波形。

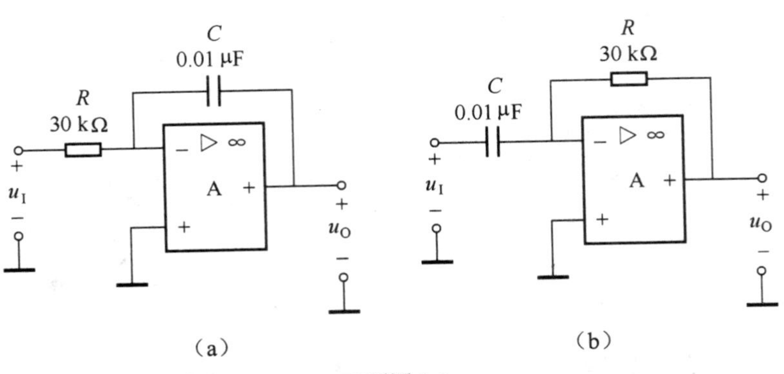

习题图 3.3

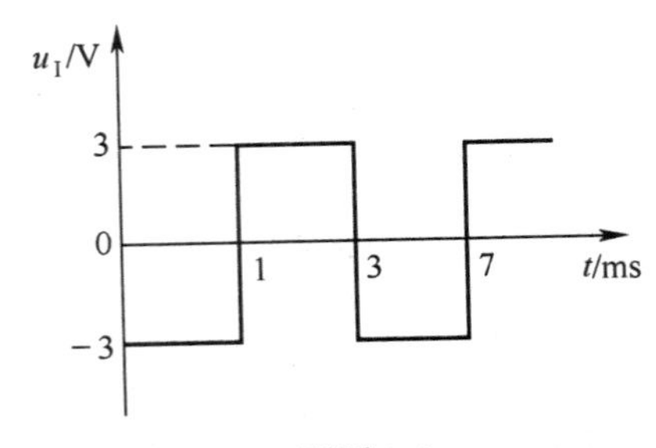

习题图 3.4

模块四

测量分析负反馈放大电路

教学要求

（1）理解反馈的基本概念、反馈的分类。

（2）掌握判断各种负反馈类型的方法。

（3）理解负反馈对放大电路性能的影响。

在电子电路中，反馈是为了改善放大电路的性能而引入的一项技术措施。而在现在，几乎所有的电子电路都采用了反馈，反馈理论已经扩展到了工业、经济等各个领域。

任务一　反馈的基本概念

任务描述

任务目标	（1）建立反馈的模型 （2）掌握反馈放大电路的基本关系式
任务实施方法	教师通过对反馈基本知识的介绍，引入正题，提出本课时的任务；学生看书，采用分组讨论，提出需要解决的问题、完成本任务的思路和方案；小组发言交流，教师对概念进行具体讲解，抽查学生对本任务的掌握情况。

所谓放大电路的反馈，就是指将放大器的输出信号（电压或电流）的一部分或全部通过一定的方式、一定的元器件（反馈网络）引回到输入端。

4.1.1　反馈放大电路的框图

根据反馈的概念知道，反馈放大电路由基本放大电路和反馈网络构成。基本放大电路主要是对净输入信号进行放大，其中净输入信号是指输入信号和反馈信号的叠加；反馈网络是将输出信号的一部分或全部引回输入端。图 4.1-1 为反馈放大电路的结构框图。

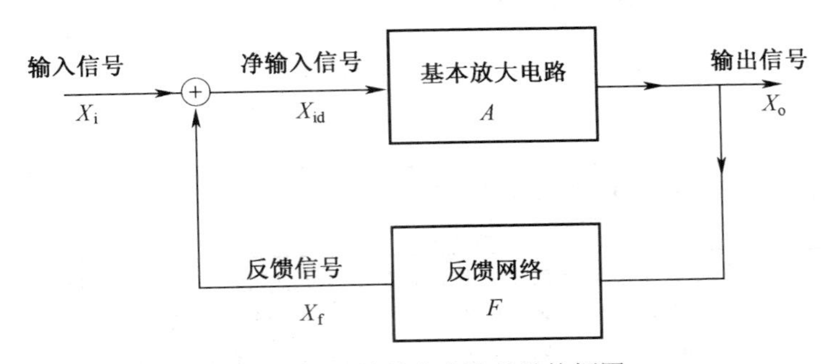

图 4.1-1　反馈放大电路的结构框图

图中，X_i、X_{id}、X_o、X_f分别表示输入信号、净输入信号、输出信号和反馈信号。放大电路在未加反馈网络时，信号只有一个传递方向，即从输入到输出，此时放大电路称为开环放大电路，其电路增益为开环增益，用 A 表示。放大电路加上反馈网络，此时放大电路称为闭环放大电路，其电路增益为闭环增益，用 A_F 表示。

4.1.2　反馈放大电路的基本关系式

由图 4.1-1 可知，基本放大电路的放大倍数即开环增益为

$$A=\frac{X_o}{X_{id}} \tag{4.1.1}$$

反馈网络的反馈系数为

$$F=\frac{X_f}{X_o} \tag{4.1.2}$$

反馈放大电路的放大倍数即闭环增益为

$$A_F=\frac{X_o}{X_i} \tag{4.1.3}$$

其中，净输入信号为

$$X_{id}=X_i-X_f$$

则推出

$$A_F=\frac{X_o}{X_i}=\frac{X_o}{X_{id}+X_f}=\frac{A}{1+AF} \tag{4.1.4}$$

式中，$|1+AF|$ 称为反馈深度。

式（4.1.4）表明：

1）$|1+AF|>1$ 时，$|A_F|<|A|$，则为负反馈，增益减小了。若$|1+AF|>>1$，则为深度负反馈，此时 $X_i\approx 0$，$A_F\approx\frac{1}{F}$。

2）$|1+AF|<1$ 时，$|A_F|>|A|$，则为正反馈，增益提高了。

3）$|1+AF|\to 0$ 时，$|A_F|\to\infty$，说明电路在没有输入信号的时候也会有输出信号，这种情况称为放大电路的自激，常用于构成振荡电路。

任务二　反馈放大电路的分析

任务描述

任务目标	（1）反馈的类型及其判断方法 （2）掌握负反馈的基本组态
任务实施方法	教师通过对反馈基本知识的回顾，介绍了反馈放大电路的类型，提出本课时的任务；学生看书，采用分组讨论，提出需要解决的问题、完成本任务的思路和方案；小组发言交流，教师对概念的具体讲解和例题的分析，总结本任务的重难点，最后抽查学生对本任务的掌握情况。

4.2.1　反馈放大电路的类型及其判断方法

一、正反馈与负反馈

根据反馈极性不同，反馈可分为正反馈和负反馈。正反馈是指引入反馈信号后，使得净输入信号增强，放大电路的增益提高。负反馈是指引入反馈信号后，使得净输入信号减弱，放大电路的增益降低。

判断正负反馈通常使用“瞬时极性法”：先假设输入信号的瞬时极性，按信号传输方向依次判断放大电路中各相关点信号的瞬时极性，退出输出信号的瞬时极性；再根据输出信号的瞬时极性判断反馈信号的瞬时极性；若反馈信号是净输入信号增加，则引入的为正反馈，反之则为负反馈。

二、直流反馈与交流反馈

根据反馈信号中包含的交直流成分，反馈可分为直流反馈和交流反馈。反馈信号中只包含直流成分，为直流反馈。反馈信号中只有交流成分，为交流反馈。若反馈信号中两者都有，则为交直流反馈。

判断交直流反馈的方法是电容观察法：若反馈支路中有隔直电容为交流反馈；反馈支路有旁路电容为直流反馈；反馈支路无电容，为交直流反馈。

三、电压反馈与电流反馈

根据反馈网络与基本放大电路输出端的连接方式不同，反馈分为电压反馈和电流反馈。

电压反馈是指反馈信号为输出电压的一部分或者全部，如图 4.2-1（a）所示。电流反馈是指反馈信号为输出电流的一部分或者全部，如图 4.2-1（b）所示。

判断电压、电流反馈可用负载短路法：令输出电压 u_o=0，此时放大电路输出端交流短路，若无反馈信号，则为电压反馈；反之，则为电流反馈。

四、串联反馈与并联反馈

根据反馈网络与基本放大电路输入端的连接方式不同，反馈分为串联反馈和并联反馈。串联反馈是指反馈网络直接影响净输入电压，如图 4.2-2（a）所示。并联反馈是指反馈网络直接影响净输入电流，如图 4.2-2（b）所示。

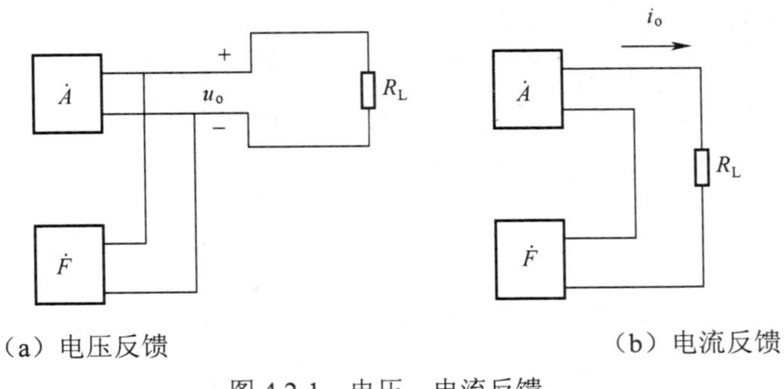

（a）电压反馈 （b）电流反馈

图 4.2-1 电压、电流反馈

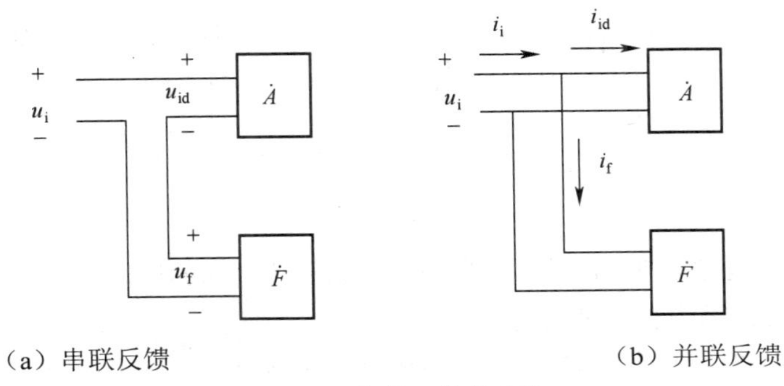

（a）串联反馈 （b）并联反馈

图 4.2-2 串联、并联反馈

判断串联、并联反馈可用假象输入信号短路法：令输入电压 $u_i = 0$，此时放大电路输入端交流短路，若反馈信号对放大电路输入端不产生影响，则为并联反馈；反之，则为串联反馈。

五、负反馈放大电路的四种组态

根据反馈网络与基本放大电路输入、输出端连接方式的不同，负反馈电路有四种组态：

（1）串联电压负反馈。

输出端，反馈信号直接取自输出电压；输入端，反馈网络不直接接信号输入端。

（2）串联电流负反馈。

输出端，反馈网络不直接接输出端，反馈信号取自输出电流；输入端，反馈网络不直接接信号输入端。

（3）并联电压负反馈。

输出端，反馈信号直接取自输出电压；输入端，反馈网络直接接信号输入端，与输入信号混合。

（4）并联电流负反馈。

输出端，反馈网络不直接接输出端，反馈信号取自输出电流；输入端，反馈网络直接接信号输入端。

具体分析将在下面结合实例进行介绍。

4.2.2 反馈放大电路的举例分析

正确判断反馈放大电路的类型和反馈极性，是分析反馈放大电路的基础，步骤如下：

（1）确定反馈元件，即连接输入、输出回路的元件；

（2）判别反馈极性，采用瞬时极性法；

（3）判别是电流反馈还是电压反馈，即令$u_o=0$，看有无反馈信号；

（4）判别是串联反馈还是并联反馈，即令$u_i=0$，看反馈信号有无作用到输入端。

例 4.2.1　分析图 4.2-3 所示电路的反馈放大电路。

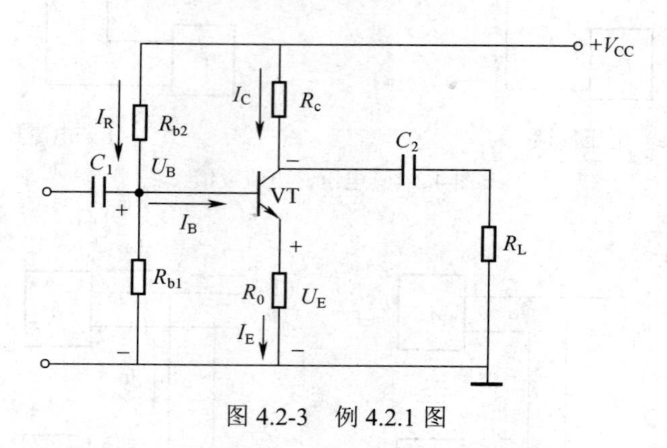

图 4.2-3　例 4.2.1 图

解：电路中R_e为反馈元件。R_e为输出回路与输入回路之间的反馈电阻，且反馈信号存在于交、直流通路中，因此该反馈为交、直流反馈。

对于单管放大电路，判别反馈极性的依据是u_{be}（净输入信号）的变化。假设电路无反馈，此时R_e短路，$u_{be}=u_b$，接入R_e后，$u_{be}=u_b-u_e$，反馈的效果是反馈信号使得净输入信号减小了，所以为负反馈。

根据负载短路法：令输出电压$u_o=0$，此时放大电路输出端交流短路，可以看出电路中仍然有反馈存在，则为电流反馈。

根据假象输入信号短路法：令输入电压$u_i=0$，此时放大电路输入端交流短路，观察电路知反馈信号对放大电路输入端仍然有影响，则为串联反馈。

综上所述，该电路为交、直流，串联电流负反馈。

例 4.2.2　分析图 4.2-4 所示电路的反馈放大电路的反馈类型。

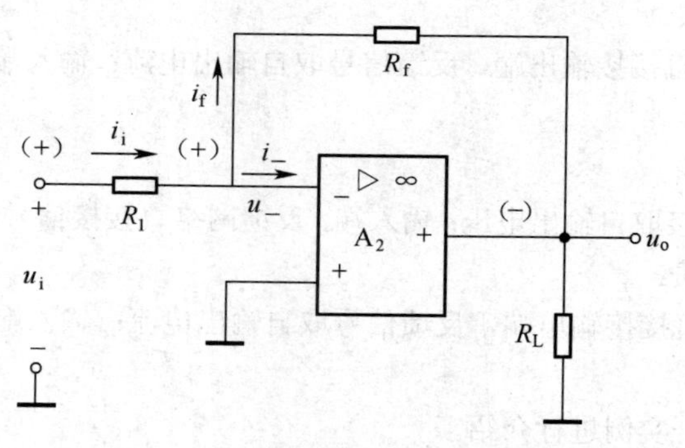

图 4.2-4　例 4.2.2 图

解：电路中R_f为反馈元件。R_f为输出回路与输入回路之间的反馈电阻，且反馈信号存在于交、直流通路中，因此该反馈为交、直流反馈。

根据瞬时极性法，设输入端瞬间极性为“+”，由于电路为反相比例运算电路，则输出端瞬时极性为“－”，经 R_f 反馈到 u_- 为“－”，使得净输入信号减少，为负反馈。

对于输入端，由于输入信号与反馈信号在同一节点输入，为并联反馈。

对于输出端，假设负载 R_L 短路，此时反馈信号为零，为电压反馈。

综上所述，该电路为交、直流，并联电压负反馈。

例 4.2.3 分析图 4.2-5 所示电路的反馈放大电路的反馈类型。

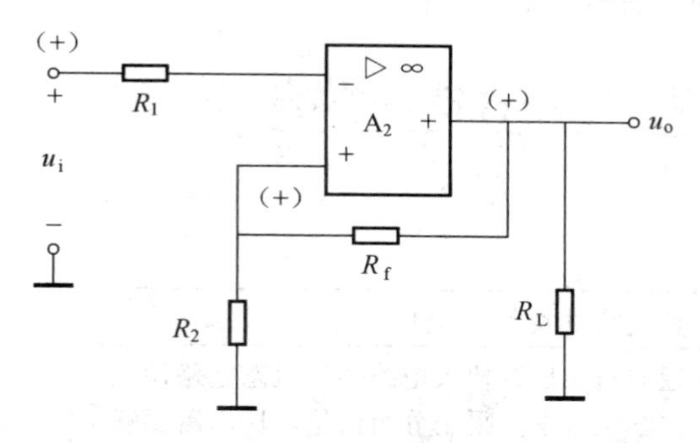

图 4.2-5 例 4.2.3 图

解：在图 4.2-5 所示电路中，R_f 为输出回路与输入回路之间的反馈电阻，且反馈信号存在于交、直流通路中，因此该反馈为交、直流反馈。假设输入电压 u_i 的瞬时值为正，由于是同相输入方式，所以对应的输出电压 u_o 为正，集成运放反相输入端 R_2 上的反馈电压 u_f 也为正，此时输入电压与反馈电压香味相同，从而使加入集成运放的净输入电压 u_{id} 减小（$u_{id}=u_i-u_f$），因而 R_2 引入的是负反馈；若将输出端短路，则反馈电压消失，因此该电路为电压反馈；又输入信号和反馈信号分别加在集成运放的同相输入端和反相输入端，因此该电路为串联反馈。

综上所述，该电路为交、直流，电压串联负反馈。

例 4.2.4 分析图 4.2-6 所示电路的反馈放大电路的反馈类型。

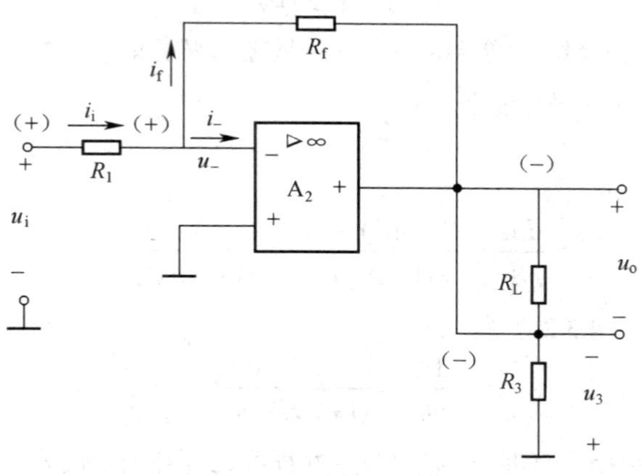

图 4.2-6 例 4.2.4 图

解：在图 4.2-6 所示电路中，R_f 为输出回路与输入回路之间的反馈电阻，且反馈信号存在于交、直流通路中，因此该反馈为交、直流反馈。在输入端，反馈网络与基本放大电路并联连接，反馈信号和输入信号以电流形式出现，输入信号与反馈信号两者并联后获得净输入信号，故为并联反馈；在输出端，反馈网络与基本放大电路、负载电阻 R_L 串联，反馈信号 i_f 取样于输出电流 i_o，故为电流反馈；假设输入电压 u_i 的瞬时值为正，由于是反相输入方式，所以对应的输出电压 u_o 为负，电阻 R_3 上产生的信号电压极性是上负下正，反馈电阻 R_f 两端的信号电压馈为 $u_i + u_{R3}$，即有 $i_f = \frac{(u_i + u_{R3})}{R_f}$，$i_f$ 以分流的形式使加入集成运放的净输入电流 i_{id} 减小（$i_{id} = i_i - i_f$），因而 R_f 引入的是负反馈。

综上所述，该电路为交、直流，电流并联负反馈。

任务三　负反馈对放大电路性能的影响

任务描述

任务目标	理解负反馈对放大电路性能的影响
任务实施方法	教师通过对负反馈放大电路各种组态电路知识的回顾，引入正题，提出本课时的任务；学生看书，采用分组讨论，提出需要解决的问题、完成本任务的思路和方案；小组发言交流，教师对概念的具体讲解和例题的分析，总结本任务的重难点，最后抽查学生对本任务的掌握情况。

引入负反馈使放大电路增益降低，但却能改善放大器的许多性能。

4.3.1　提高增益稳定性

在基本放大电路中，由于环境温度的变化、电源电压的波动、元器件老化等因素都会对放大电路的增益产生影响使其不稳定。

在中频段负反馈的方程式为

$$A_F = \frac{A}{1+AF} \tag{4.3.1}$$

增益的稳定性常用有无反馈时增益的相对变化量之比来衡量。根据式（4.3.1），则开环、闭环增益的相对变化量之比分别用 $\frac{dA}{A}$ 和 $\frac{dA_F}{A_F}$ 表示。

对式（4.3.1）对 A 求导，得

$$\frac{dA_F}{A} = \frac{(1+AF)-AF}{(1+AF)^2} = \frac{1}{(1+AF)^2} \tag{4.3.2}$$

联立式（4.3.1）和式（4.3.2），得

$$\frac{dA_F}{A_F} = \frac{1}{(1+AF)}\frac{dA}{A} \tag{4.3.3}$$

从上式可知，引入负反馈后，闭环增益的稳定性程度比开环增益的稳定性程度提高了 $1+AF$ 倍。

4.3.2　展宽通频带和减小失真

一、减小非线性失真

放大电路在打信号工作状态下，不可避免地存在非线性失真。负反馈减小非线性失真的原理如

图 4.3-1 所示。设输入信号 x_i 为正弦波，无反馈时放大电路的输出信号 x_o 为正半周幅度大与负半周幅度的正弦波，如图 4.3-1（a）所示。引入负反馈后，这种失真的波形被引入输入端，使得净输入信号正半周幅度小于负半周幅度，产生预失真，这种预失真刚好补偿了放大电路的非线性引起的失真，使得输出波形 x_o 接近正弦波。可以证明加入反馈后非线性失真减小为无反馈时的 $\frac{1}{1+AF}$ 。

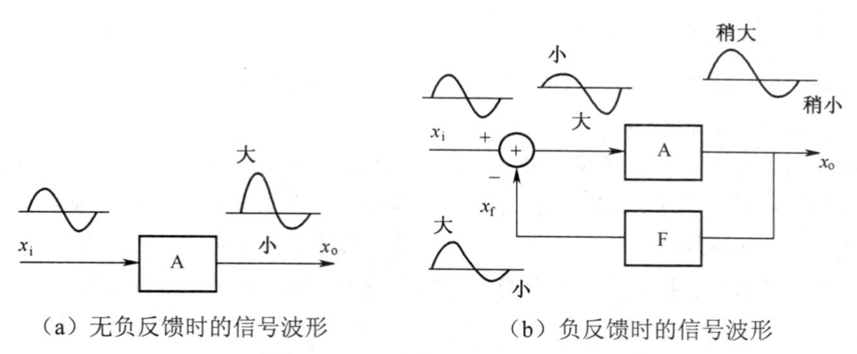

（a）无负反馈时的信号波形　　（b）负反馈时的信号波形

图 4.3-1　负反馈减小非线性失真

二、展宽通频带

因负反馈的作用对输出的任何变化都有纠正作用，所以放大电路在低频段或高频段放大倍数的下降，都会引起反馈量的减小，从而净输入量增大，使得输出信号比不加反馈时下降的要小，即展宽了通频带。可以证明加入反馈后通频带展宽了 $1+AF$ 倍。

4.3.3　对输入电阻和输出电阻的影响

一、串联负反馈使输入电阻增加，并联负反馈使输入电阻减小

设无反馈是基本放大电路的输入电阻为 $R_i=\frac{U_i'}{I_i}$，引入负反馈后，放大电路的净输入电压 U_i' 减小，则输入电流 I_i 也必然减小，所以带负反馈后输入电阻 $R_{if}=\frac{U_i}{I_i}$ 比 R_i 大，可以证明 $R_{if}=(1+AF)R_i$，即引入串联负反馈使得输入电阻增大为原来的 $1+AF$ 倍。

反之，引入并联负反馈后，放大电路输入电流 I_i 比净输入电流 I_i' 大，则 R_{if} 必然小于 R_i，可以证明 $R_{if}=\frac{R_i}{1+AF}$，即引入并联负反馈使得输入电阻为原来的 $\frac{1}{1+AF}$ 。

二、电压负反馈使输出电阻减小，电流负反馈使输出电阻增加

对于负载而言，放大电路相当于一个带内阻的信号源，即可以把放大电路认为是一个电压源与内阻串联。则根据电路知识知，信号源内阻越小，负载变化时输出电压越稳定，而电压负反馈也具有稳定输出电压的同等效果，因此可以认为，引入电压负反馈后，电路的输出电阻降低了。可以证明，输出电阻降低为原来的 $\frac{1}{1+AF}$ 。

同理，可以把放大电路认为是一个电流源并上一个内阻。信号源内阻越大，负载变化时输出电流越稳定，则电流负反馈具有稳定输出电流的同等效果，因此可以认为，引入电流负反馈后，电路的输出电阻增加了。可以证明，输出电阻增加为原来的$1+AF$倍。

以上是负反馈对放大电路的一些基本影响，我们可以根据对放大电路性能改善的不同要求，引入适当形式的反馈。

4.3.4 负反馈抑制放大电路的噪声

噪声对信号的影响通常用信号电压与噪声电压之比（简称信噪比，记为S/N）来衡量。信噪比越大，表示噪声对信号的影响越小。

负反馈抑制噪声原理类似于负反馈减小非线性失真。引入负反馈后，信号与噪声减小相同的倍数，只要提高输入信号的大小，实际上就是提高了信噪比。为此负反馈只能抑制反馈环内的噪声。

综上所述，得出如下结论：放大电路引入负反馈，以降低增益为代价，换来放大电路性能的改善。如提高放大电路增益的稳定性，改变输入电阻和输出电阻，减小非线性失真、展宽通频带和抑制了噪声等。

任务四　负反馈放大电路的自激振荡及消除

任务描述

任务目标	（1）掌握负反馈放大电路产生自激振荡的原因及条件 （2）了解消除自激振荡的常用方法
任务实施方法	教师通过对深度负反馈知识的回顾，提出本课时的任务；学生看书，采用分组讨论，提出需要解决的问题、完成本任务的思路和方案；小组发言交流，教师对概念的具体讲解和例题的分析，总结本任务的重难点，最后抽查学生对本任务的掌握情况。

交流负反馈能够改善放大电路的许多性能，但改善程度是由负反馈的深度决定。反馈深度过深，不但不能改善放大电路的性能，反而会使放大电路产生自激振荡，此时放大电路就不能稳定工作了。

4.4.1 负反馈放大电路产生自激振荡的原因及条件

在中频段工作的负反馈放大电路中，耦合电容、旁路电容等电抗元件的影响可以忽略不计。由于是负反馈，放大电路的净输入信号$\dot{X}_i' = \dot{X}_i - \dot{X}_f$将减小，所以输入信号$\dot{X}_i$与反馈信号$\dot{X}_f$同相，$\dot{A}$和$\dot{F}$的相角$\varphi_A + \varphi_F = 2n\pi$（$n$为整数）。然而电路工作在高频段或者低频段时电抗元件的影响就不可忽略，这些元件的影响就会在原来φ_A的φ_F和基础上叠加一定的附加相移，使$\dot{X}_i$和$\dot{X}_f$不再同相，若$\varphi_A + \varphi_F = (2n+1)\pi$（$n$为整数），则$\dot{X}_i$和$\dot{X}_f$反相，净输入信号$\dot{X}_i'$增大，放大电路由引入的负反馈变成正反馈。当正反馈较强，$\dot{X}_i' = -\dot{X}_f = -\dot{A}\dot{F}\dot{X}_i'$时，即输入信号为零，也可能产生输出信号，此时把这种现象称为自激振荡。根据$\dot{X}_i' = -\dot{X}_f = -\dot{A}\dot{F}\dot{X}_i'$，得负反馈放大电路产生自激振荡的条件：

$$\dot{A}\dot{F} = -1 \tag{4.4.1}$$

上式中，$\dot{A}\dot{F}$称为负反馈放大电路的环路增益。将其分解为模和相位形式：

$$\left|\dot{A}\dot{F}\right| = 1$$

$$\varphi_{\mathrm{A}} + \varphi_{\mathrm{F}} = (2n+1)\pi \quad (n \text{ 为整数})$$

4.4.2 常用的消除自激振荡的方法

常用消除自激振荡的方法，采取破坏自激的模或相位条件的措施。最直接的就是减少反馈系数或反馈深度，使当附加相移 $\varphi = \pm 180^\circ$ 时，$\left|\dot{A}\dot{F}\right| < 1$。即常在放大电路中加入由电容或电容电阻元件组成的校正电路，如图 4.4-1 所示。它们会使高频放大倍数衰减较快，以便当 $\varphi = \pm 180^\circ$ 时，$\left|\dot{A}\dot{F}\right| < 1$。

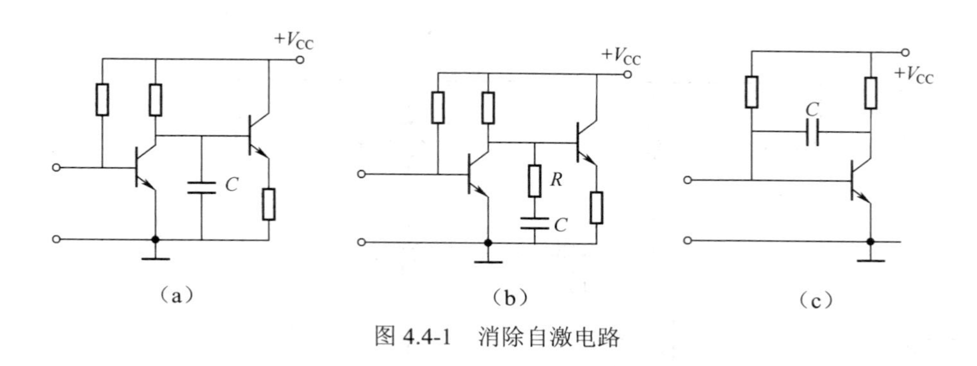

图 4.4-1 消除自激电路

任务五 实验与实践

任务描述

任务目标	负反馈放大电路性能测试
任务实施方法	教师通过对负反馈放大电路基本知识的回顾，引入正题，提出本课时的任务；教师操作演示测量的方法和操作步骤，强调操作注意事项；学生实验，教师指导、检查、学生交流汇报实验结果；教师点评分析任务的完成情况，学生总结本课时的收获。

一、实验目的

1．加深理解负反馈对放大器性能的影响。

2．掌握负反馈放大器性能指标的测试方法。

二、实验原理

负反馈放大电路通常就是单级放大器（或多级放大器）加上负反馈组成。所谓反馈，就是将放大器的输出信号（电压或电流）的一部分或全部通过一定的网络送回到放大器的输入端，从而与输入信号进行比较，使净输入信号增加（增强输入信号）的反馈称为正反馈，使净输入信号减少（削弱输入信号）的反馈称为负反馈。正反馈可以产生或变换波形，负反馈可以稳定静态工作点，放大器的放大倍数要降低，但可以改善放大器的性能指标，如提高放大电路的稳定性，展宽通频带，减少非线性失真，改变输入电阻和输出电阻等。具体表现为：

（1）负反馈放大器可以提高放大倍数的稳定性，即

$$\frac{\mathrm{d}A_{\mathrm{F}}}{A_{\mathrm{F}}}=\frac{1}{(1+AF)}\frac{\mathrm{d}A}{A}$$

（2）引入负反馈可以展宽放大器的通频带。

在放大器电路中，当管子选定增益与通频带的乘积为一常数，因此通频带展宽了$(1+AF)$倍。

（3）负反馈放大器对输入电阻和输出电阻的影响。

输入电阻（输出电阻）变化与反馈网络在输入端（输出端）的连接方式有关。串联负反馈可以使输入电阻比无反馈时提高$1+AF$倍，并联负反馈则使输入电阻比无反馈时减少$1+AF$倍；电压负反馈使输出电阻比无反馈时减少$1+AF$倍，电流负反馈则使输出电阻比无反馈时增大$1+AF$倍。

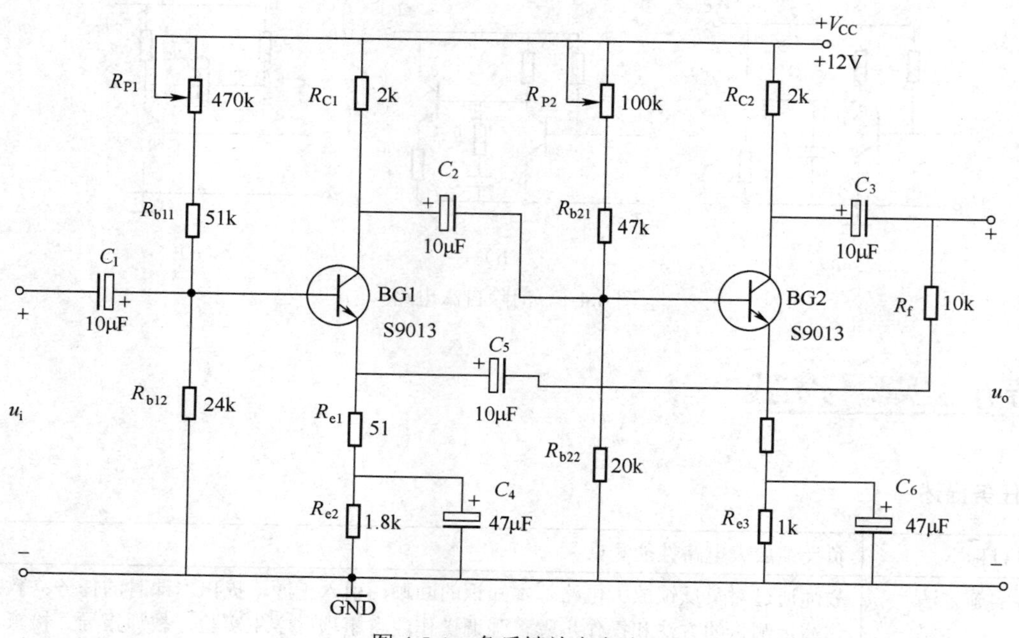

图 4.5-1　负反馈放大电路

三、实验设备

示波器、毫伏表、函数信号发生器、万用表、直流稳压电源、S9013（$\beta=50\sim100$）晶体管、电阻和电容若干

四、实验内容

1. 负反馈放大器开环和闭环放大倍数的测试

（1）开环电路。

1）按图 4.5-1 接线，断开反馈支路C_5、R_{f}。

2）输入端接入$f=1\mathrm{kHz}$的正弦信号，调整接线和参数使输出波形最大不失真且无振荡。

3）按表 4.5.1 要求进行测量并填入表中。

4）根据实测值计算开环放大倍数A_{u}、输入电阻R_{i}和输出电阻r_{o}。

（2）闭环电路。

1）接入反馈支路 C_5、R_f。

2）按表 4.5.1 要求进行测量并填入表中。

表 4.5.1

	R_L（KΩ）	U_i（mV）	U_o（V）	A_u（A_{uF}）
开环	∞			
	2			
闭环	∞			
	2			

3）根据实测值计算开环放大倍数 A_{uF} 和输入电阻 R_{if} 和输出电阻 r_{of}。

4）根据实测结果，验证 $A_{uF} \approx 1$。

2. 验证电压串联负反馈对输出电压的稳定性

改变负载电阻 R_L 的值，测量负反馈放大器的输出电压以验证负反馈对输出电压的稳定性。根据表要求测量并填入表 4.5.2 中。

表 4.5.2

	基本放大器		负反馈放大器	
R_L（KΩ）	2	5.1	2	5.1
U_o（V）				

3. 测放大器的频率特性

（1）将图 4.5-1 电路先开环，选择适当的幅度（频率为 1kHz）使输出信号在示波器上有满幅正弦波显示。

（2）保持输入信号幅度不变逐渐增加频率，直到波形减少为上面波形的 70%，此时信号频率即为放大的上限频率 f_H。

（3）条件同上，但逐渐减少频率，测得下限频率 f_L。

（4）将电路闭环，重复（1）～（3）步骤，并将结果填入表 4.5.3 中。

（5）根据测试结果比较开环和闭环的通频带。

表 4.5.3

	f_H（Hz）	f_L（Hz）	$BW_{0.7}$（Hz）
开环			
闭环			

五、实验报告

1. 整理实验数据，分析其中的原理。
2. 其他（包括实验的心得、体会及意见等）。

小结

1．反馈是指将输出信号的一部分或全部通过一定的方式送回到输入端的过程。反馈放大电路由基本放大电路和反馈网络组成，基本关系式为 $A_F = \dfrac{A}{1+AF}$。

2．判断一个电路有无反馈，是看它有无反馈网络。判断反馈的极性，即正、负反馈，采用瞬时极性法。反馈还可以分为直流反馈、交流反馈；电压反馈，电流反馈，串联反馈、并联反馈。

3．交流负反馈对放大电路性能的影响：稳定增益、减小非线性失真、展宽同频带和对输入、输出电阻等。放大电路根据其要求选择合适的负反馈类型。

4．放大电路在某些条件下会形成正反馈，产生自激振荡影响电路正常工作。为了防止它，可提高电路的稳定性，常在电路中接入相位补偿网络。

习题

4.1　填空题

1．若放大电路中引入反馈后，使得净输入信号增强，则引入的是__________反馈；使得净输入信号减弱，则引入的是__________反馈。

2．直流负反馈是指__________通路中有负反馈；交流负反馈是指__________通路中有负反馈。直流负反馈的作用是__________。

3．串联负反馈使输入电阻__________，并联负反馈使输入电阻__________；电压负反馈使输出电阻__________，电流负反馈使输出电阻__________。

4．负反馈可以__________放大倍数的稳定性；正反馈可以__________放大倍数的稳定性。

4.2　选择题

1．放大电路的开环是指（　　）

A．无信号源　　B．无负载　　C．无反馈通路

2．反馈量仅仅取决于（　　）

A．输入量　　B．输出量　　C．输入电阻

3．放大电路引入交流负反馈后，其非线性失真（　　）

A．增大　　B．消除　　C．减小

4．放大电路引入交流负反馈后，对其性能影响的说法正确的是（　　）

A．展宽同频带　　B．提高了放大倍数　　C．消除了非线性失真

5．若反馈深度 $1+AF \to 0$，则放大电路工作在（　　）状态。

A．自激状态　　B．负反馈　　C．正反馈

4.3　判断题

1．所有放大电路中都必须加上负反馈，不然无法正常工作。（　　）

2．构成反馈通路的元器件只能是电阻、电感或电容。（　　）

3．负反馈不仅能展宽放大电路的同频带，还能彻底消除放大电路中的非线性失真。（　　）

4．输出与输入之间有信号通过就一定是反馈放大电路。（　　）

5．在深度负反馈条件下，放大倍数只与反馈系数有关，则基本放大电路中的器件参数就没有实用意义了。 （ ）

4.4 在习题图 4.1 所示电路中，判断电路的反馈类型。

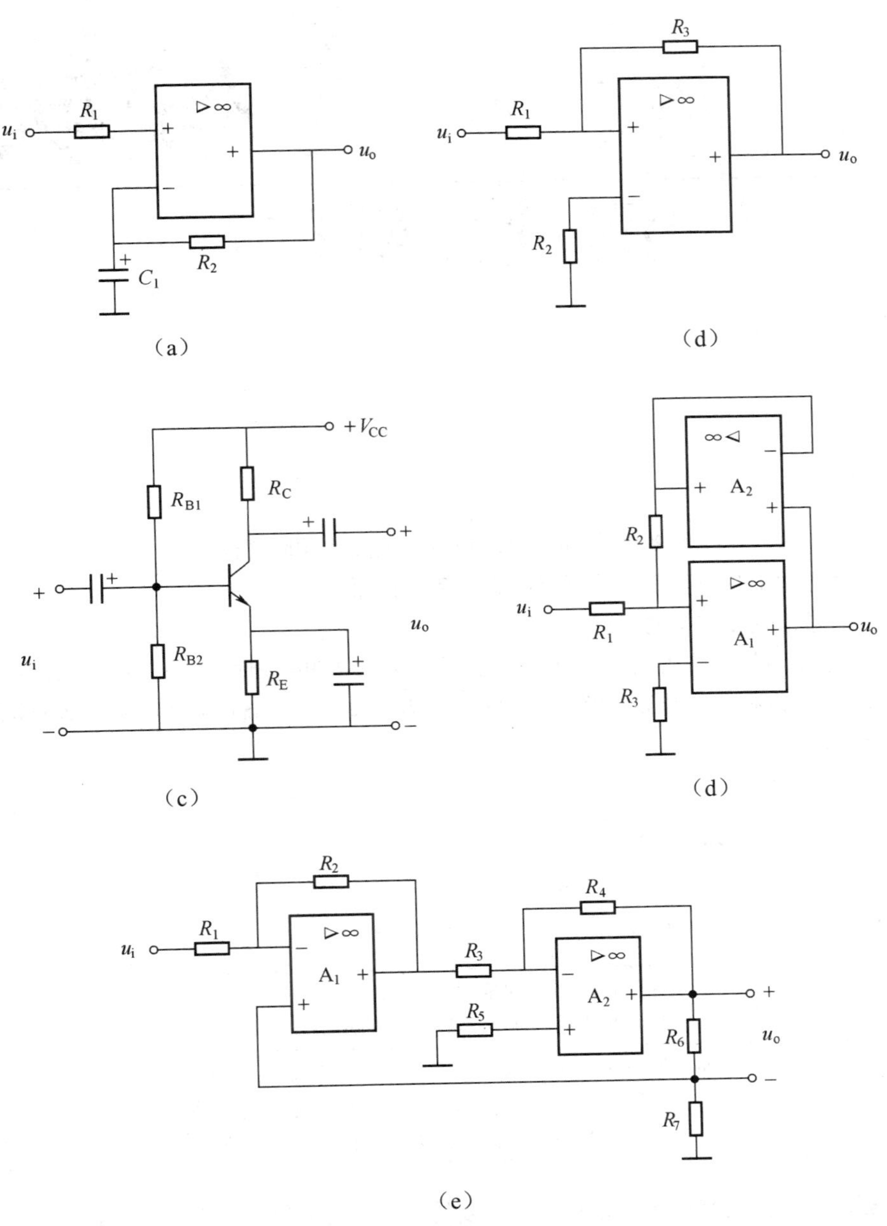

习题图 4.1

模块五

测量分析信号产生电路

教学要求

（1）掌握正弦波产生的条件和电路能否产生正弦波的判断方法。

（2）理解各种正弦波振荡电路频率的确定和工作原理。

（3）了解非正弦波产生的原理。

信号产生电路通常也称为振荡电路，用于产生一定频率和幅度的信号。按输出信号波形的不同，分为正弦波振荡电路和非正弦波振荡电路。它们不需要输入信号就能产生各种周期性的波形，如正弦波、矩形波和三角波等。

任务一　正弦波振荡电路

任务描述

任务目标	（1）掌握正弦波产生的条件 （2）理解各种正弦波振荡电路频率的确定和工作原理
任务实施方法	教师通过对负反馈放大电路产生自己振荡知识的回顾，提出本课时的任务；学生看书，采用分组讨论，提出需要解决的问题、完成本任务的思路和方案；小组发言交流，教师对概念进行具体讲解，抽查学生对本任务的掌握情况。

正弦波振荡电路是用来产生一定频率和幅度的正弦波交流信号，其频率范围很广。在测量、通信、电子技术和热加工等领域都有广泛的应用。在前一模块，我们了解了负反馈放大电路产生自激振荡的现象，而本节介绍的振荡电路，正是利用自激振荡来产生正弦波。

5.1.1　产生正弦波的振荡条件

正弦波振荡电路原理图如图 5.1-1 所示。因振荡电路不需要外加输入信号，反馈信号 $\dot{X}_f$ 就是基本放大电路的输入信号 $\dot{X}_{id}$，此信号通过基本放大电路后，输出为 $\dot{X}_o$。若能使 $\dot{X}_f$ 和 $\dot{X}_{id}$ 大小相等、极性相反，则构成正反馈电路，输出稳定，称电路达到平衡状态。因此从 $\dot{X}_f = \dot{X}_{id}$ 就可以得出平衡条件，得

$$\dot{A}\dot{F} = 1 \tag{5.1.1}$$

从上式知，振荡的平衡条件包括振幅和相位平衡条件：

$$\left|\dot{A}\dot{F}\right| = 1$$

$$\varphi_A + \varphi_F = 2n\pi \qquad (n\ \text{为整数})$$

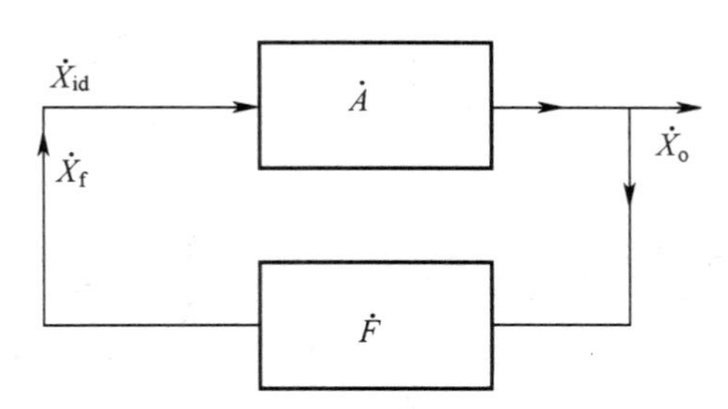

图 5.1-1　正弦波产生电路的基本结构

要保证输出信号波形为单一频率的正弦波，要求振荡电路必须含有选频网络，其既可设置在基本放大电路中，也可设置在反馈网络中；保证输出的波形幅值稳定，还必须有稳幅网络。

为此，正弦波产生电路一般应该由以下几个基本组成部分：

（1）基本放大电路。

基本放大电路是维持振荡电路连续工作的主要环节，没有放大，信号就会逐渐衰减，不可能产生持续的振荡。为此基本放大电路必须有直流电源供电，结构合理，静态工作点恰当，具有放大作用。

（2）反馈网络。

反馈网络的作用是形成反馈，将输出信号的一部分或者全部反馈到输入端。一般把整个反馈系统统称为反馈网络。

（3）选频网络。

选频网络的作用是阐述单一频率的振荡信号，一般情况下该频率就是振荡电路的振荡频率。在大多数振荡电路中，选频网络与反馈网络都是结合在一起的。根据选频网络的所用元件不同，正弦波振荡电路可分为 RC、LC 正弦波振荡电路和石英晶体正弦波振荡电路。

（4）稳幅网络。

稳幅电路的作用主要是使振荡信号幅值稳定，已达到振荡电路所要求的幅值，使得振荡电路持续工作。

在分析一个正弦波振荡电路时，首先要看其是否产生振荡，判断的一般方法为：

1）是否满足相位条件，即电路是否为正反馈。

2）放大电路结构是否合理，有无放大能力，静态工作点是否合适。

3）分析是否满足幅度条件，即检验，若

① $\left|\dot{A}\dot{F}\right| < 1$，则不能起振。

② $\left|\dot{A}\dot{F}\right| >> 1$，能振荡，但输出波形失真明显。

③ $\left|\dot{A}\dot{F}\right|>1$，能产生振荡，振荡稳定后$\left|\dot{A}\dot{F}\right|=1$。加上稳幅措施，振荡稳定，输出波形失真小。

5.1.2 RC 正弦波振荡电路

采用 RC 选频网络构成的振荡电路称为 RC 振荡电路，它适用于低频振荡，一般用于产生 1Hz～1MHz 的低频信号。常用的 RC 振荡电路有 RC 串并联正弦波振荡电路、移相式正弦波振荡电路。

一、RC 串并联正弦波振荡电路

1. RC 串并联网络的选频特性

RC 串并联网络如图 5.1-2 所示。设输入为幅值恒定、频率 f 可调的正弦波电压 $\dot{U}_1$，输出电压 $\dot{U}_2$ 的大小与 $\dot{U}_1$ 的相位差 φ 将随外加信号的频率 f 而变。根据图 5.1-2 得串并联网络的反馈系数 $\dot{F}$ 为

$$\dot{F}=\frac{\dot{U}_2}{\dot{U}_1}=\frac{Z_2}{Z_1+Z_2}=\frac{R_2\,//\,\dfrac{1}{j\omega C_2}}{\left(1+\dfrac{1}{j\omega C_1}\right)+\left(R_2\,//\,\dfrac{1}{j\omega C_2}\right)}$$

$$=\frac{1}{\left(1+\dfrac{R_1}{R_2}+\dfrac{C_2}{C_1}\right)+j\left(\omega R_1 C_2-\dfrac{1}{\omega R_2 C_1}\right)}$$

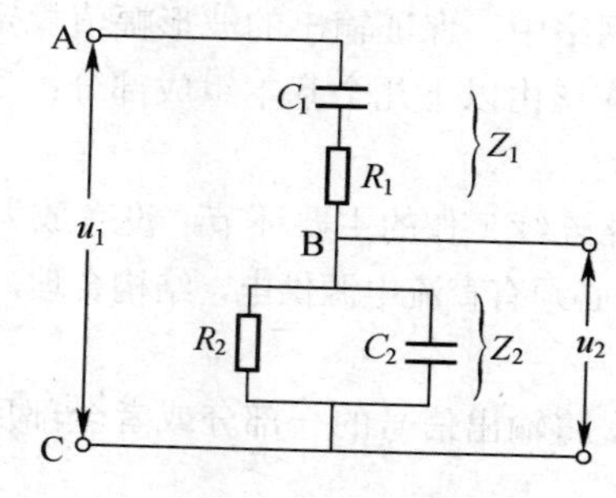

图 5.1-2 RC 串并网络

通常 $$R_1=R_2=R \qquad C_1=C_2=C$$

则
$$\dot{F}=\frac{1}{3+j\left(\omega RC-\dfrac{1}{\omega RC}\right)} \tag{5.1.2}$$

令 $\omega_0=1/RC$，为网络的固有频率，式（5.1.2）为

$$\dot{F}=\frac{1}{3+j\left(\dfrac{\omega}{\omega_0}-\dfrac{\omega_0}{\omega}\right)} \tag{5.1.3}$$

上式为 RC 串并联网络的频率特性，则幅频和相频特性分别为

$$\left|\dot{F}\right|=\frac{1}{\sqrt{3^2+\left(\dfrac{\omega}{\omega_0}-\dfrac{\omega_0}{\omega}\right)^2}} \tag{5.1.4}$$

$$\varphi_F = -\arctan\frac{\frac{\omega}{\omega_0}-\frac{\omega_0}{\omega}}{3} \tag{5.1.5}$$

由式（5.1.4）和式（5.1.5）知

当时 $\omega = \omega_0$，$|\dot{F}| = |\dot{F}|_{\max} = \frac{1}{3}$，$\varphi_F = 0^\circ$。

当时 $\omega << \omega_0$，$|\dot{F}| \to 0$，$\varphi_F \to 90^\circ$。

当时 $\omega >> \omega_0$，$|\dot{F}| \to 0$，$\varphi_F \to -90^\circ$。

图 5.1-3 为 RC 串并联网络的幅频特性和相频特性图。

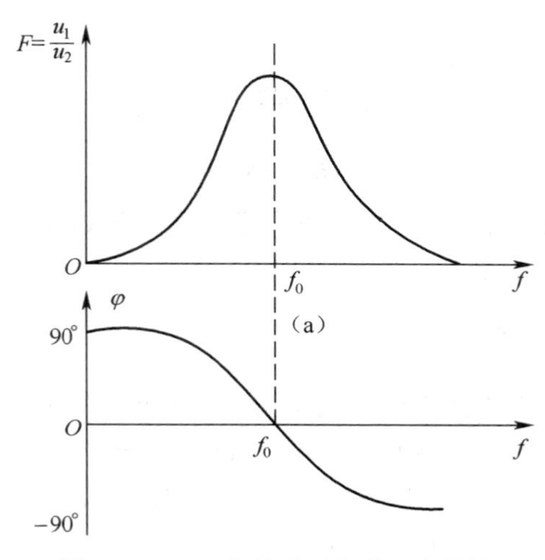

图 5.1-3　RC 串并联网络的频率特性

2. RC 串并联振荡电路

（1）电路组成。图 5.1-4 为 RC 串并联网络正弦波振荡电路，其放大电路为同相比例电路，反馈网络和选频网络由串并联电路组成。

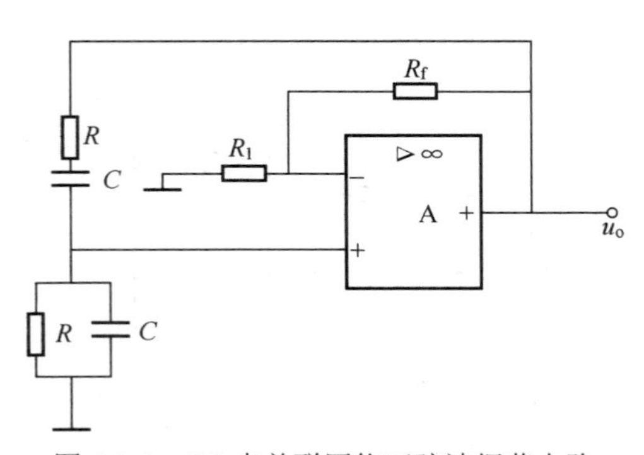

图 5.1-4　RC 串并联网络正弦波振荡电路

（2）相位条件。根据 RC 串并联网络的选频特性知，在 $\omega = \omega_0 = 1/RC$ 时，相移 $\varphi_F = 0^\circ$。要使振荡电路满足相位条件 $\varphi_A + \varphi_F = 2n\pi$，则放大电路的相移 $\varphi_A = 0^\circ$（或 $\varphi_A = 360^\circ$），为此放大电路可选用同相输入方式的集成运算放大电路或两级共发射极分立元件放大电路等。

（3）起振条件。根据前面介绍的起振条件，要求

$$|\dot{A}\dot{F}|>1$$

图 5.1-4 中的反馈系数正是 RC 串并联网络的反馈系数$\dot{F}$，则由式（5.1.3）得

$$\dot{F}=\frac{1}{3+\mathrm{j}\left(\dfrac{\omega}{\omega_0}-\dfrac{\omega_0}{\omega}\right)}$$

推出放大电路的放大倍数为

$$\dot{A}=1+\frac{R_\mathrm{f}}{R_1}$$

当时$\omega=\omega_0$，$\dot{F}=\dfrac{1}{3}$，则

$$\dot{A}=1+\frac{R_\mathrm{f}}{R_1}>3$$

即

$$R_\mathrm{f}>3R_1$$

（4）稳幅措施。常采用热敏电阻、二极管和稳压管的非线性特性来自动地稳定振荡电路的输出幅值。

二、移相式正弦波振荡电路

RC 移相式正弦波振荡电路如图 5.1-5 所示，图中反馈网络由 3 节 RC 移相电路构成。而每一节 RC 电路都是相位超前电路，相移都小于 90°。当相移接近 90°时，频率必定很低，此时，R 两端输出电压与输入电压的幅值比接近于零，所以两节 RC 电路组成的反馈网络是不能满足振荡的相位条件。采用 3 节移相网络，其最大相移可接近 270°，因此在某一特定的频率下移相 180°，则就有$\varphi_\mathrm{A}+\varphi_\mathrm{F}=0°$或$360°$，满足正反馈。只要参数选择合适，就容易满足振幅条件，使电路产生正弦波振荡。可以证明，此时振荡电路的振荡频率为

$$f_0=\frac{1}{2\pi RC\sqrt{6}}$$

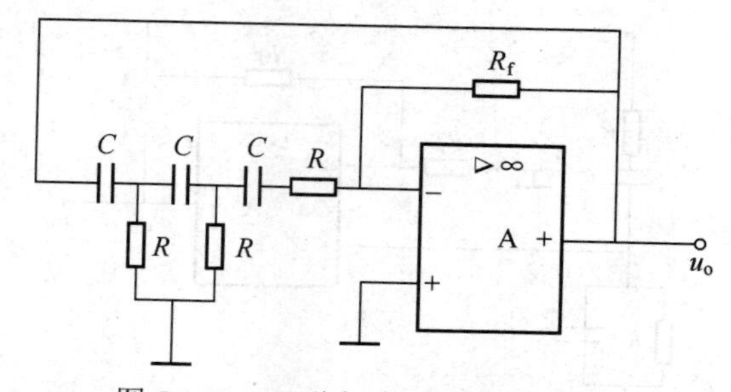

图 5.1-5　RC 移相式正弦波振荡电路

5.1.3　LC 正弦波振荡电路

采用 LC 组成的选频网络的振荡电路称为 LC 振荡电路，它主要用来产生高频正弦振荡信号，一般在 1MHz 以上。常用的有变压器反馈式、电感三点式和电容三点式。

一、变压器反馈式 LC 振荡电路

变压器反馈式 LC 振荡电路原理图如图 5.1-6 所示。图中 L、L_f 组成变压器，其中 L 为一次侧线圈电感，L_f 为反馈线圈电感，L、C 组成并联谐振电路，作为放大电路的负载，构成选频网络。电路振荡时，$f=f_0$，LC 回路的谐振阻抗为纯电阻性，由图中 L、L_f 的同名端可知，反馈信号与输出电压极性相反，构成了正反馈，满足振荡的相位平衡条件，则振荡频率为 $f=f_0=\dfrac{1}{2\pi\sqrt{LC}}$，振荡电路的频率必须在 $f=f_0$ 上，才可能振荡。振荡电路的幅值条件只要晶体管的参数选择合适就可以满足 $|\dot{A}\dot{F}|>1$。

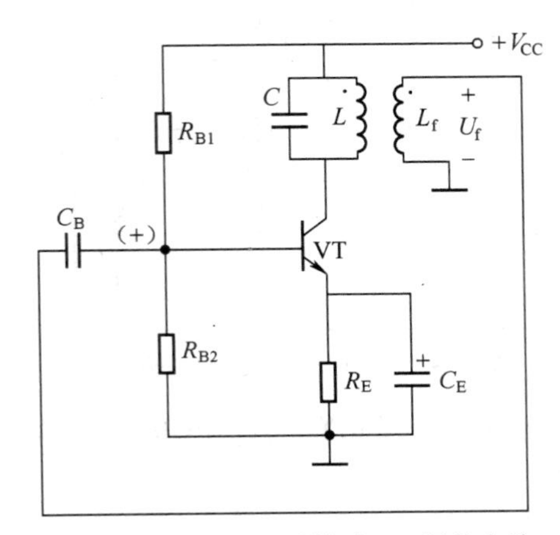

图 5.1-6 变压器反馈式 LC 振荡电路

变压器反馈式振荡电路的优点是容易起振，输出电压大，调频也方便；缺点是输出波形不够理想，高次谐波成分多。

二、三点式 LC 振荡电路

三点式振荡电路的选频网络由三个基本电抗元件 X_1、X_2 和 X_3 构成，如图 5.1-7 所示，选频网络的三个引出端分别与晶体管的 e、b、c 三个电极相连，与发射极直接相连接的 X_1 和 X_2 两个电抗元件性质相同，另一个电抗元件 X_3 的性质与它们相反。若 X_1 和 X_2 为容性，X_3 为感性，成为电容三点式，反之为电感三点式。

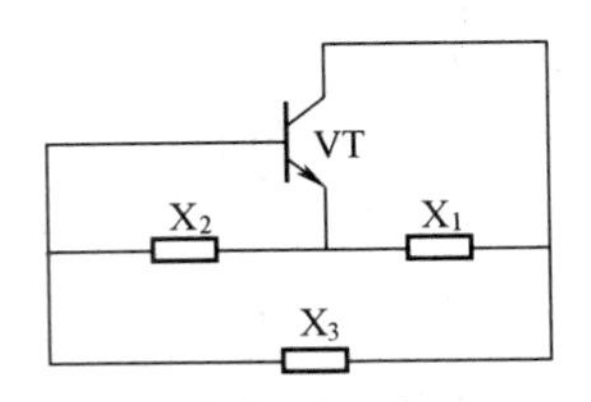

图 5.1-7 三点式振荡电路原理图

1. 电感三点式振荡电路

电感三点式 LC 振荡电路，又称为哈特莱振荡电路，原理图如图 5.1-8 所示。由于是共发射极放大电路，则输入电压与输出电压相位相反，而反馈信号相位与输出电压相位相反，此时反馈信号

与输入信号同相，则电路为正反馈，满足振荡的相位平衡条件，则振荡频率为 $f=f_0=\dfrac{1}{2\pi\sqrt{LC}}=\dfrac{1}{2\pi\sqrt{(L_1+L_2+2M)C}}$，式中，M 为两部分线圈之间的互感系数。振荡电路的幅值条件只要晶体管的参数选择合适就可以满足 $|\dot{A}\dot{F}|>1$。

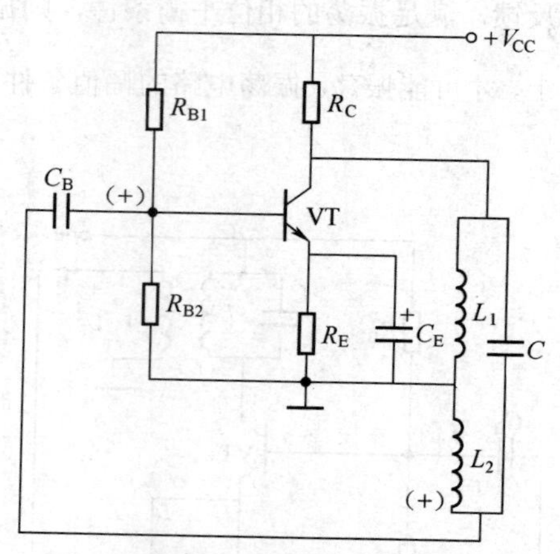

图 5.1-8 电感三点式 LC 振荡电路

电感三点式 LC 振荡电路的优点是容易起振，输出电压大，调频也方便；缺点是输出波形不够理想，高次谐波成分多。

2. 电容三点式 LC 振荡电路

电容三点式 LC 振荡电路，又称为考皮兹振荡电路，原理图如图 5.1-9 所示。从图中可知电路的构成与电感三点式振荡电路基本相同，只是构成正反馈选频网络的是 C_1、C_2 和电感 L，其构成正反馈的原理与电感三点式振荡电路相同。推出振荡频率为 $f=f_0=\dfrac{1}{2\pi\sqrt{LC}}=\dfrac{1}{2\pi\sqrt{L\dfrac{C_1C_2}{C_1+C_2}}}$。振荡电路的幅值条件只要晶体管的参数选择合适就可以满足 $|\dot{A}\dot{F}|>1$。

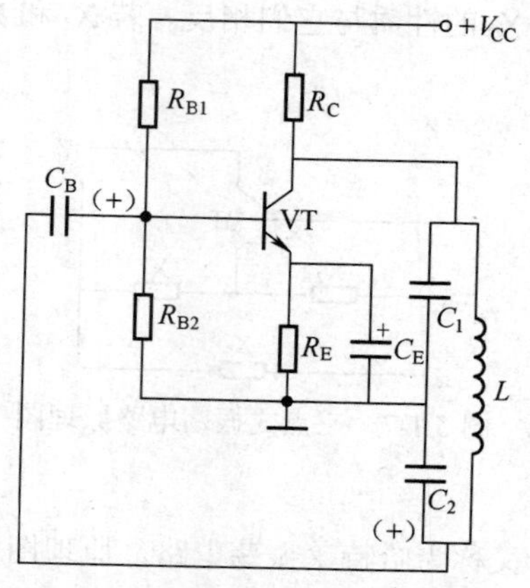

图 5.1-9 电容三点式 LC 振荡电路

电容三点式 LC 振荡电路的优点是容易起振，振荡频率高，输出波形较好；缺点是调频不方便。

2. 石英晶体振荡电路

在实际应用中，常要求振荡电路的振荡频率具有一定的稳定度，为此我们选用石英晶体振荡电路。从电路上分析知，石英晶体可以等效为一个 LC 电路，将它接到振荡电路中就可作为选频网络，其等效电路和符号如图 5.1-10 所示。

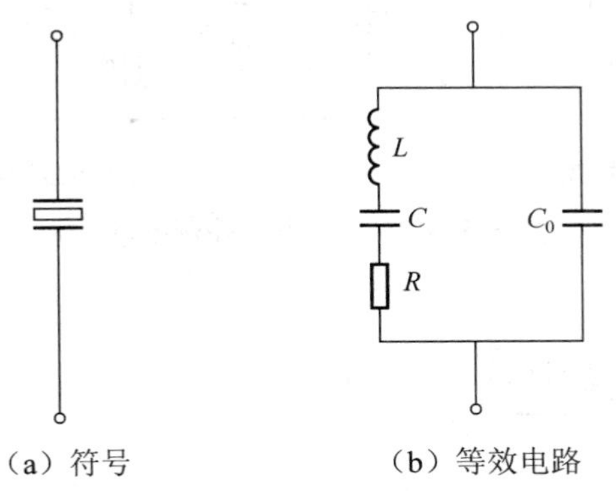

（a）符号　　（b）等效电路

图 5.1-10　石英晶体的符号和等效电路

石英晶体振荡电路的电抗—频率特性如图 5.1-11 所示。图中，石英晶体振荡电路具有两个振荡频率，一个是 L、C、R 支路发生串联谐振时的串联谐振频率 f_s，另一个是 L、C、R 支路与 C_0 支路发生并联谐振时的并联谐振频率 f_p，由图 5.1-10 等效电路得

$$f_s = \frac{1}{2\pi\sqrt{LC}}$$

$$f_p = \frac{1}{2\pi\sqrt{L\frac{CC_0}{C+C_0}}}$$

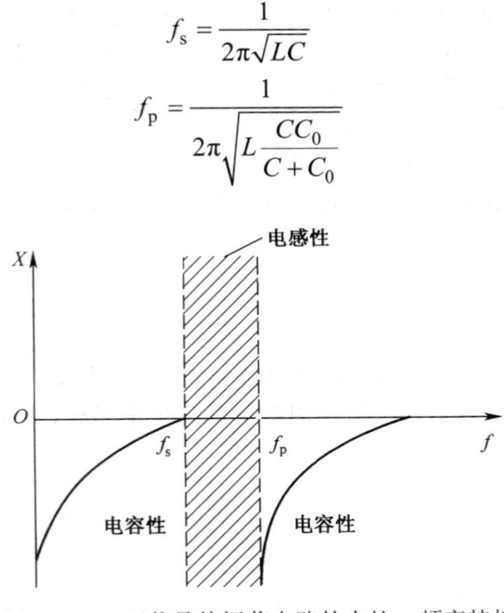

图 5.1-11　石英晶体振荡电路的电抗—频率特性

石英晶体振荡电路有两种，即串联型晶体振荡电路和并联型晶体振荡电路，如图 5.1-12 所示。前者振荡频率接近于 f_s，后者的振荡频率接近于 f_p。

石英晶体振荡电路的优点是振荡频率稳定性高，常用做标准的频率源；缺点是结构脆弱、怕振动、负载能力差。

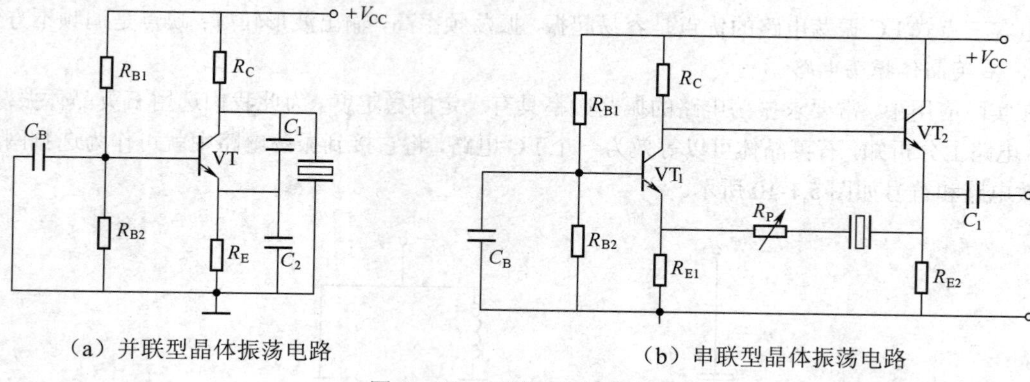

（a）并联型晶体振荡电路　　　　（b）串联型晶体振荡电路

图 5.1-12　石英晶体振荡电路

任务二　非正弦波振荡电路

任务描述

任务目标	（1）理解非正弦波振荡电路的组成 （2）掌握电压比较器的原理
任务实施方法	教师通过对正弦波振荡电路知识的回顾，介绍了常见非正弦波振荡电路的类型，提出本课时的任务；学生看书，采用分组讨论，提出需要解决的问题、完成本任务的思路和方案；小组发言交流，教师对概念的具体讲解和例题的分析，总结本任务的重难点，最后抽查学生对本任务的掌握情况。

非正弦波振荡电路是用来产生非正弦波形的振荡信号，常见的非正弦信号产生电路有方波、三角波产生电路等。而产生这些信号的电路中常用到电压比较器，为此，先介绍电压比较器的工作原理。

5.2.1　电压比较器

电压比较器的功能是一个模拟信号的电压值与一个参考电压值进行比较，并根据结果输出高电平或者低电平电压。电压比较器除广泛应用于信号产生电路外，还广泛应用于信号处理和检测电路等。

一、简单电压比较器

1．过零电压比较器

参考电压为零的电压比较器成为过零电压比较器。图 5.2-1 所示为反相过零电压比较器，当输入信号 u_i<0 时，运放处于开环工作状态，其开环放大倍数趋于无穷大，“虚短”的概念不存在，则 $u_+ > u_-$，则运放输出为正向饱和值 U_{OM}；当输入信号 $u_i > 0$ 时，运放输出为负向饱和值$-U_{OM}$，如图 5.2-2 所示。

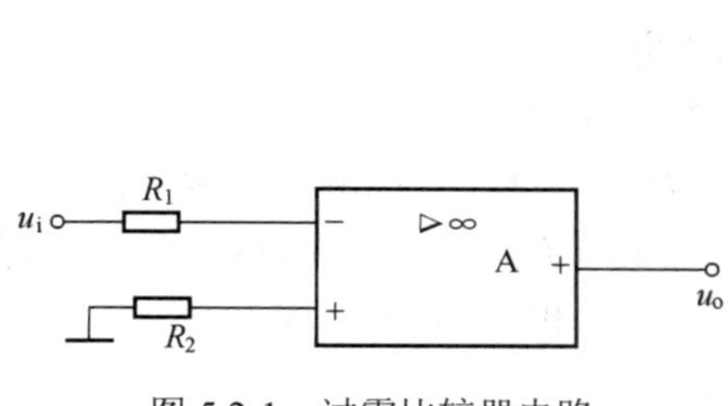

图 5.2-1　过零比较器电路

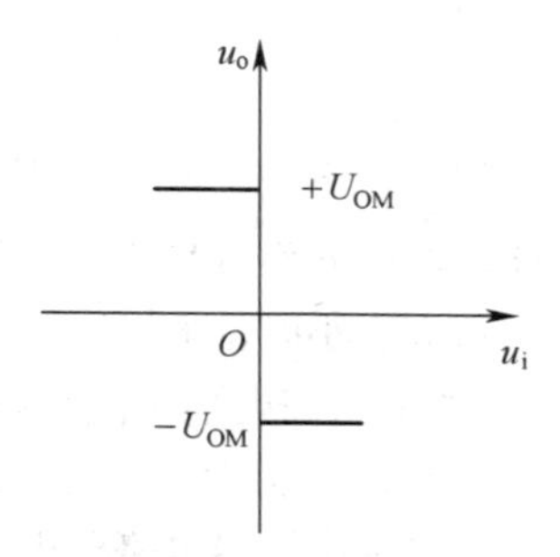

图 5.2-2　过零比较器的传输特性

2. 任意电平限幅电压比较器

参考电压为大小、方向均可调整且输出电压用稳压管来限幅的电压比较器称为任意电平限幅电压比较器。图 5.2-3 所示为任意电平限幅电压比较器，当输入信号 $u_i < U_{REF}$ 时，运放运放输出为正向饱和值 U_{OM}，当输入信号 $u_i > U_{REF}$ 时，运放输出为负向饱和值 $-U_{OM}$，如图 5.2-4 所示。图中 U_{REF} 为参考电压且大于零，R 为稳压管限流电阻。

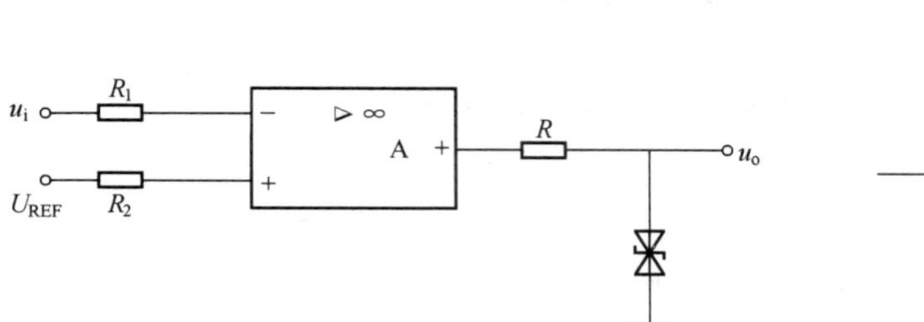

图 5.2-3　任意电平限幅比较器电路　　图 5.2-4　任意电平限幅比较器的传输特性

二、迟滞电压比较器

迟滞电压比较器是在任意电平限幅比较器的基础上，加上一个正向反馈的电阻 R_1 构成，如图 5.2-5 所示为反相迟滞电压比较器电路。

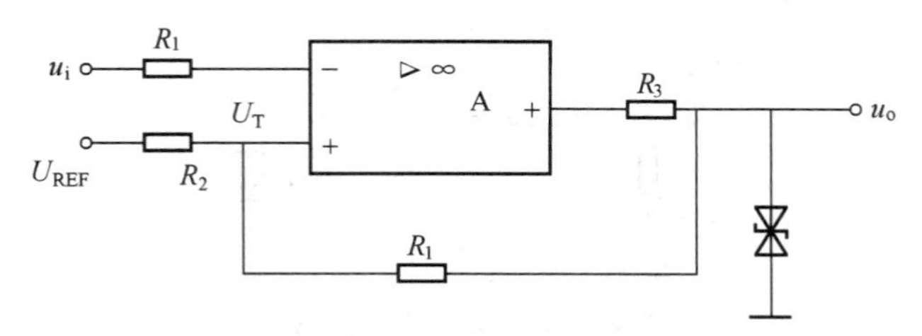

图 5.2-5　反相迟滞电压比较器电路

当 u_i 较小时，比较器输出高电平 $U_{OH}=U_Z$，则同相端电压 U_{T+}利用叠加定理求得

$$U_{T+} = \frac{R_1 U_{REF}}{R_1 + R_2} + \frac{R_2 U_{OH}}{R_1 + R_2}$$

随着 u_i 的不断增大，当时 $u_i > U_{T+}$，比较器输出低电平 $U_{OL}=-U_Z$，此时同相端电压用 U_{T-}表示，

大小为

$$U_{T-}=\frac{R_1U_{REF}}{R_1+R_2}+\frac{R_2U_{OL}}{R_1+R_2}$$

显然，因此，随着 u_i 继续增大，比较器输出的仍然是低电平。

反之，若 u_i 从大变小时，电压比较器先输出低电平 U_{OL}，运放的同相端电压为 U_{T-}，当 u_i 减小到 $u_i<U_{T-}$，比较器输出高电平 U_{OH}，则运放的同相端电压为 U_{T+}。为此可得迟滞电压比较器的传输特性如图 5.2-6 所示。由图可知，此时有两个门限电平 U_{T+}和 U_{T-}，分别成为上门限电压和下门限电压。同相迟滞电压比较器电路分析同上，不再介绍。

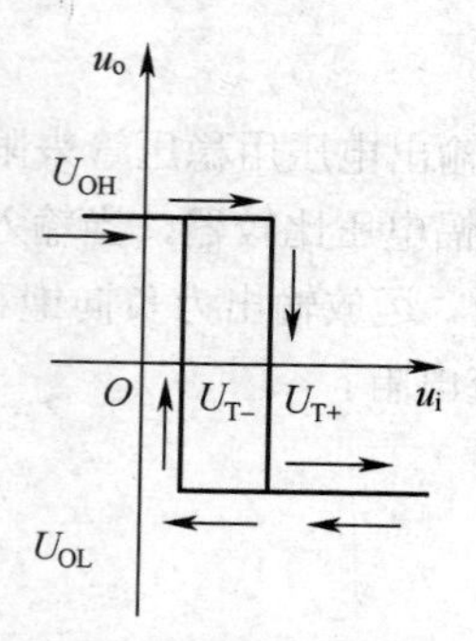

图 5.2-6　反相迟滞电压比较器的传输特性

5.2.2　方波产生电路

图 5.2-7 为具有迟滞电压比较器的方波产生电路。图中，R 和 C 为定时元件。

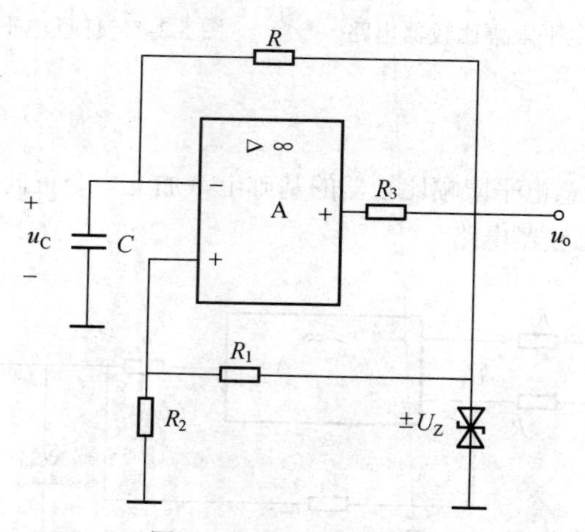

图 5.2-7　方波产生电路

当接通电源后，设 $u_o=+U_Z$，$u_c=0$，同相输入端电压为

$$u_+=\frac{R_1U_Z}{R_1+R_2}$$

由于电容电压不能突变，所以 $u_c<u_+$，u_o 保持为$+U_Z$，此时充电电流经过 R 向 C。随着 u_c 增大，当 u_c 刚大于 u_+时，u_o 由高电平$+U_Z$ 跳变为低电平$-U_Z$，电容 C 开始通过 R 放电，此时为

$$u_{+}=\frac{R_1(-U_Z)}{R_1+R_2}$$

当 u_c 下降到稍低于 u_+时，u_o 的状态又再一次由$-U_Z$跳变到$+U_Z$，对电容 C 充电。这样周而复始，输出端就得到了方波，如图 5.2-8 所示。

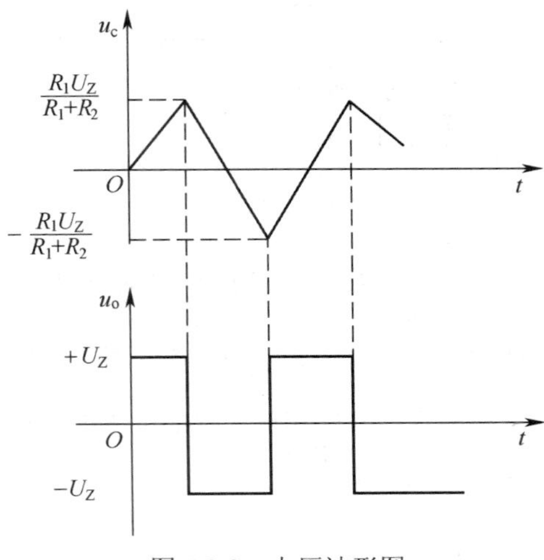

图 5.2-8　电压波形图

任务三　实验与实践

任务描述

任务目标	RC 正弦波振荡电路调试
任务实施方法	教师通过对 RC 正弦波振荡器知识的回顾，引入正题，提出本课时的任务；教师操作演示测量的方法和操作步骤，强调操作注意事项；学生实验，教师指导、检查、学生交流汇报实验结果；教师点评分析任务的完成情况，学生总结本课时的收获。

一、实验目的

1. 加深理解 RC 正弦波振荡电路的组成和工作原理。
2. 学会测量、调试 RC 正弦波振荡电路。

二、实验原理

RC 正弦波振荡电路包括 RC 串并联振荡电路、移向式振荡器电路、双 T 网络振荡电路等。

1. 振荡条件和电路的工作原理

RC 正弦波振荡器产生正弦波的起振条件是：

相位条件：$\varphi_A+\varphi_F=2n\pi$（$n=0,1,2,3......$）

幅值条件：$|\dot{A}\dot{F}|\geqslant 1$

图 5.3-1 为 RC 串并联正弦波振荡电路的原理图。

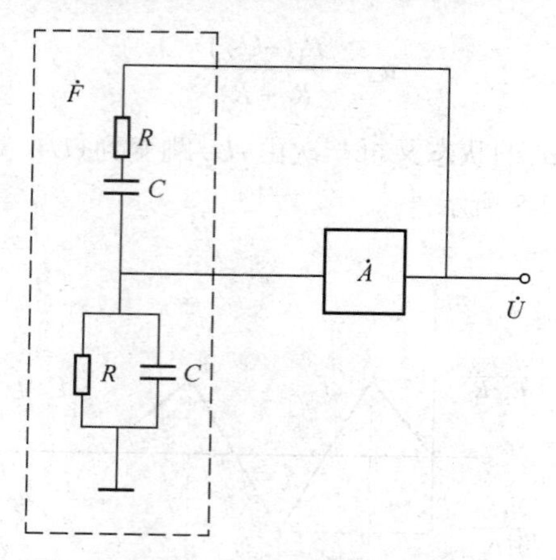

图 5.3-1　RC 串联式振荡电路原理图

由 RC 串并联网络的频率特性可知，当 $f = f_0 = \dfrac{1}{2\pi RC}$ 时，该网络 $\varphi_F = 0°$，$|\dot{F}| = \dfrac{1}{3}$，因此，只需要一个同相放大器与选频网络配合，且同相放大器的电压放大倍数 $A_{uf} \geqslant 3$，所组成的电路即可满足起振的幅值和相位条件而产生正弦振荡。

2. 频率的测量方法

测量频率常用的方法有两种：频率计测量法和示波器测量法。

（1）频率计测量法。直接将振荡器的输出连接到频率计的输入端，从频率计的读数便知所测频率的大小。

（2）示波器测量法。利用测量时间的方法在示波器上读出被测信号的周期 T，再取倒数，便得频率 $f = \dfrac{1}{T}$。

三、实验设备

示波器、毫伏表、函数信号发生器、万用表、直流稳压电源、S9013（$\beta = 50 \sim 100$）晶体管、电阻和电容若干。

四、实验内容

实验电路如图 5.3-2 所示，调整稳压电源，使其输出为 +12V。

（1）接通 K_1、K_2，调整 R_{P1}、R_{P2}，使电路产生不失真的稳幅的正弦波振荡波形，测量出输出电压 u_o 的幅值。

（2）测量振荡频率 f。

1）用数字频率计测量振荡信号的频率。

2）用示波器直接测量振荡信号的周期 T，然后换成频率 $f = \dfrac{1}{T}$。

（3）测量放大倍数，验证起振的幅值条件。

使振荡器保持幅值稳定的振荡，然后断开 K_1，由放大器的输入端加正弦信号，信号的频率与振荡器的频率相同，并使放大器输出电压幅值与振荡器输出电压幅值相等，测量出此时对应 u_i 的值，计算出放大器的放大倍数。

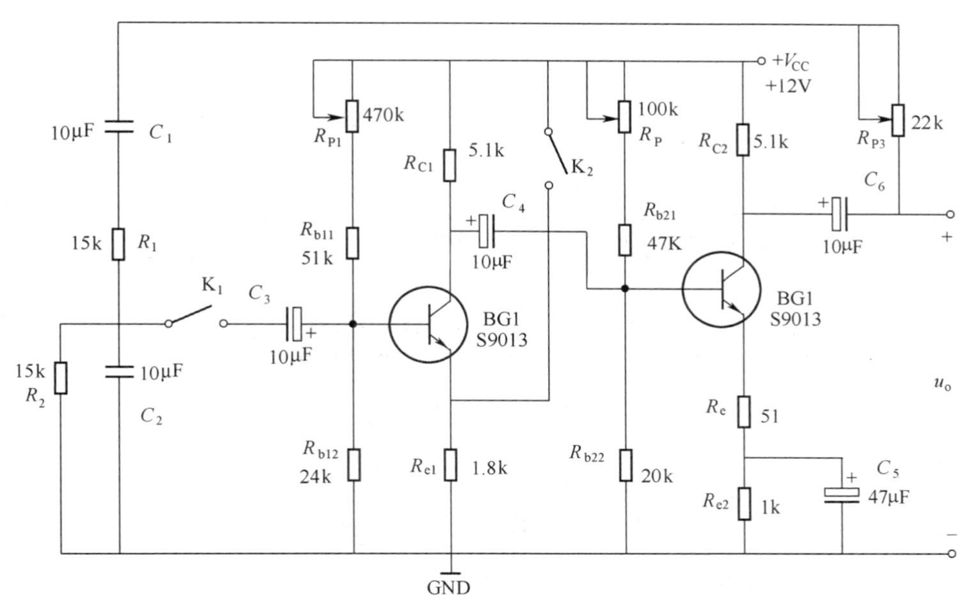

图 5.3-2 RC 正弦波振荡电路

（4）观察电压串联负反馈对振荡器输出波形的影响。

接通开关 K_1、K_2，分别使 R_{P1} 在最小、正中、最大三个位置上，观察负反馈深度对振荡的输出波形的影响，并同时观察记录波形的变化情况。

断开，观察输出波形的变化情况并记录下来。

（5）改变几组选频网络中的 R 或 C 值，测试相应的振荡频率，并与理论计算值比较。

五、实验报告

1．整理实验数据，分析其中的原理。

2．其他（包括实验的心得、体会及意见等）。

小结

1．信号产生电路通常也称为振荡电路，用于产生一定频率和幅度的信号。按输出信号波形的不同，分为正弦波振荡电路和非正弦波振荡电路。它们不需要输入信号就能产生各种周期性的波形，如正弦波、矩形波和三角波等。

2．正弦波振荡电路是用来产生一定频率和幅度的正弦波交流信号，振荡平衡条件：$\dot{A}\dot{F}=1$。

3．采用 RC 选频网络构成的振荡电路称为 RC 振荡电路，它适用于低频振荡，一般用于产生 1Hz～1MHz 的低频信号。常用的 RC 振荡电路有 RC 串并联正弦波振荡电路、移相式正弦波振荡电路。

4．采用 LC 组成的选频网络的振荡电路称为 LC 振荡电路，它主要用来产生高频正弦振荡信号，一般在 1MHz 以上。常用的有变压器反馈式、电感三点式和电容三点式。

5．非正弦波振荡电路是用来产生非正弦波形的振荡信号，常见的非正弦信号产生电路有方波、三角波产生电路等。

习题

5.1　填空题

1．正弦波产生电路一般由__________、__________、__________和__________四部分组成。

2．按照反馈信号的方式不同，LC 正弦波振荡电路分为__________、__________和__________等类型。

3．电压比较器中的集成运放工作在__________，其输出只有__________和__________两种可能。

4．电压比较器的输入信号是连续变化的模拟信号，输出的却是__________信号。

5．正弦波振荡电路的振荡频率由__________而定。

5.2　选择题

1．正弦波振荡电路的幅值平衡条件是（　　）。

A．$|\dot{A}\dot{F}|=1$　　B．$|\dot{A}\dot{F}|>1$　　C．$|\dot{A}\dot{F}|<1$

2．正弦波振荡电路的振荡频率由（　　）确定。

A．反馈网络电路　　B．选频网络　　C．基本放大电路

3．石英晶体振荡电路的主要优点是（　　）。

A．频率高　　B．频率稳定性高　　C．振幅稳定

4．电容三点式 LC 振荡电路的应用场合（　　）。

A．适合于几兆赫兹以上的高频振荡

B．适合于频率稳定性要求较高的场合

C．适合于几兆赫兹以下的低频振荡

5.3　判断题

1．只要电路引入正反馈，就一定会产生正弦波振荡。（　　）

2．非正弦波振荡电路与正弦波振荡电路的振荡条件完全相同。（　　）

3．负反馈放大电路不可能产生自激振荡。（　　）

4．凡是振荡电路中的集成运放放大器均工作在非线性区。（　　）

5.4　试用瞬时极性法判断习题图 5.1 所示各电路是否满足相位平衡条件？并说明判断过程。

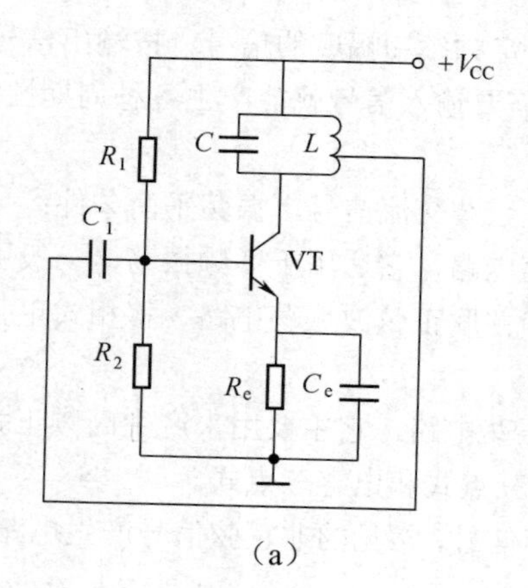

（a）

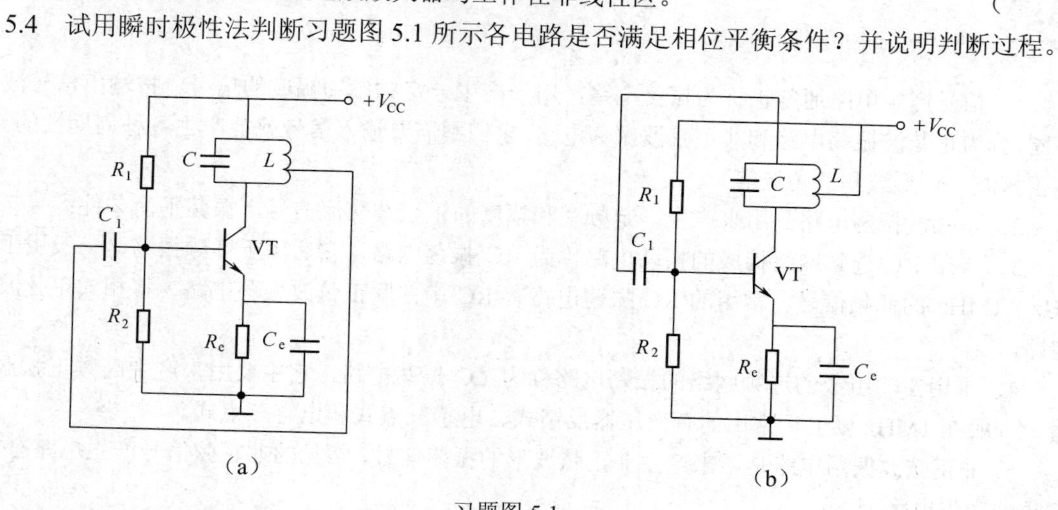

（b）

习题图 5.1

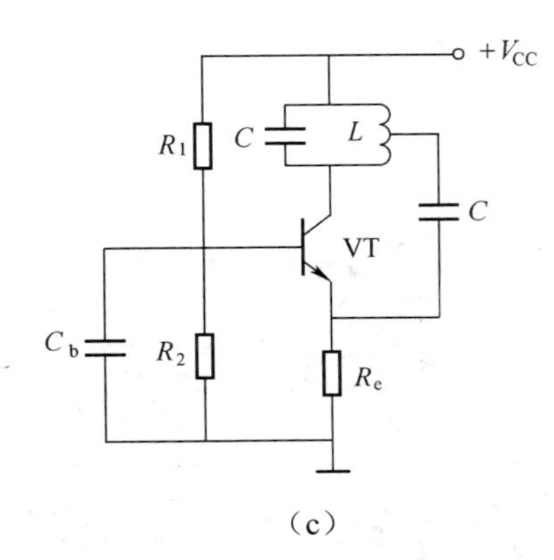

（c）

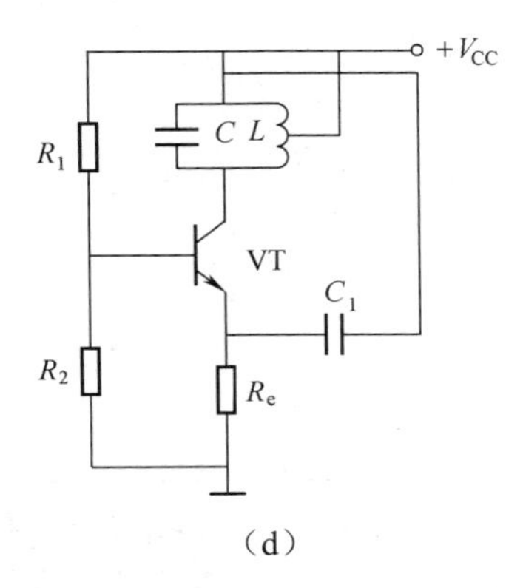

（d）

习题图 5.1（续）

模块六

测量分析直流稳压电源

教学要求

（1）了解直流稳压电源的组成及各种集成稳压器的使用方法。

（2）理解整流、滤波电路的电路结构及工作原理。

（3）掌握串联型集成稳压电路的工作原理。

电子设备工作时，大多数都需要稳定的直流电源供电。而干电池、蓄电池只能用于我们常用的收音机、MP3 等供电，但是它们能提供的容量很小，不够经济，为此，在有交流电网的情况时，一般采用将频率为 50Hz、有效值为 220V 的交流电压转换为输出幅值稳定的直流电压。直流稳压电源的组成如图 6.1 所示，一般包括以下几个部分：

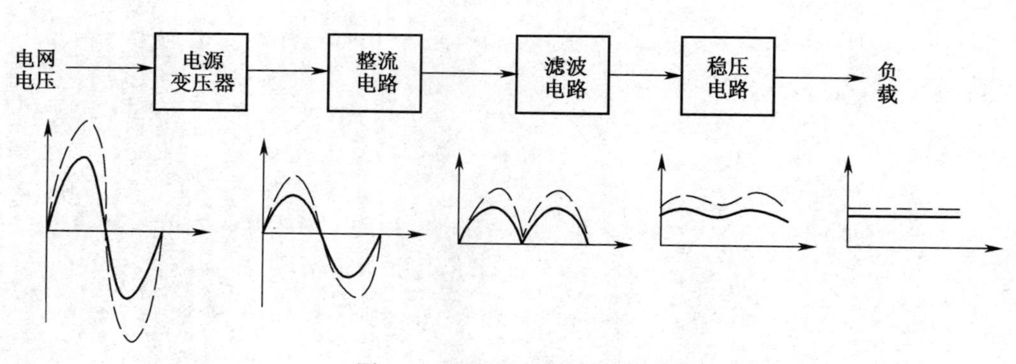

图 6.1　直流稳压电源的组成

变压器：将 220V 的交流电压变成所需幅值的交流电压。

整流电路：将交流电压变成单向脉动的直流电压。

滤波电路：滤除单向脉动直流电压中的电流成分，使输出电压平滑。

稳压电路：使输出的直流电压稳定。

任务一　整流电路

任务描述

任务目标	掌握常用整流电路的电路结构及工作原理
任务实施方法	教师通过对半导体二极管知识的回顾，引入正题，提出本课时的任务；学生看书，采用分组讨论，提出需要解决的问题、完成本任务的思路和方案；小组发言交流，教师对概念进行具体讲解，抽查学生对本任务的掌握情况。

整流是指能将大小和方向都随时变化的交流电转换成单向的脉动直流电的过程。利用二极管的单向导电性就能组成整流电路。二极管整流电路一般分为半波整流、全波整流和桥式整流电路。本书在分析整流电路时，均假设负载为纯电阻性，整流二极管为理想二极管，变压器无损耗，内部压降为零。

6.1.1　半波整流电路

半波整流电路如图 6.1-1 所示。它是一种最简单的整流电路，图中 T 为电源变压器，将电网电压转换为合适的数值，VD 为整流二极管，R_L 为负载。

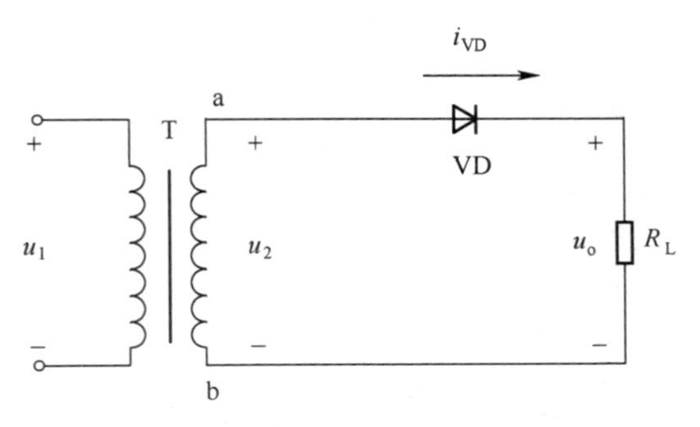

图 6.1-1　半波整流电路

设变压器二次电压 $u_2=\sqrt{2}U_2\sin\omega t$，当 u_2 在正半周期时，根据二极管的单向导电性，此时 VD 导通，则输出电压 $u_o=u_2$；当 u_2 在负半周期时，二极管承受反向电压，VD 截止，则 $u_o=0$。可见，在 u_2 的一个周期内，VD 只导通了半个周期，负载电阻 R_L 上只有半个周期内有电流，因此在 R_L 上得到的电压，即整流电路的输出电压是一个单方向的，大小是变化的单向脉动直流电压，如图 6.1-2 所示。

半波整流电路简单，所用元件少，单整流效率不高，且输出脉动大，直流成分较低，因此只能用于输出电流小、要求不高的小功率电路。

6.1.2　全波整流电路

全波整流电路如图 6.1-3 所示。它是利用两个二极管交替工作，克服半波整流电路纹波电压大的缺点。

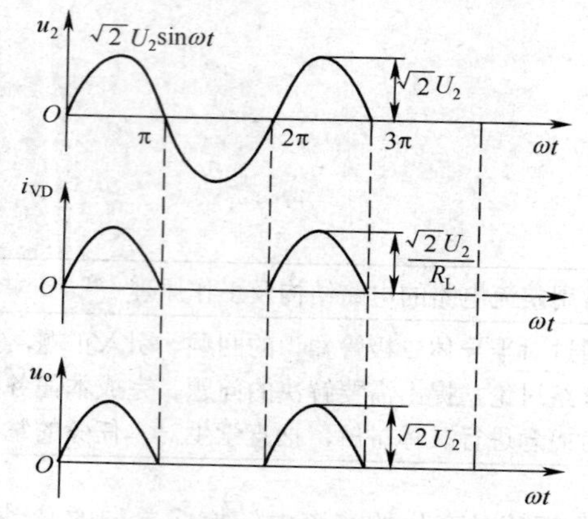

图 6.1-2　半波整流电路波形

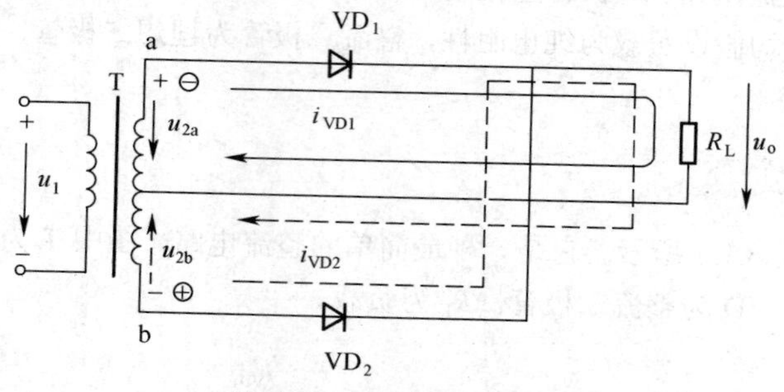

图 6.1-3　全波整流电路

当 u_1 正半周时，二极管 VD_1 导通，VD_2 截止，此时电流流经路径如图中实线箭头所示，输出电压 $u_o=u_2$；当 u_1 负半周时，VD_2 导通，VD_1 截止，此时电流流经路径如图中虚线箭头所示，输出电压 $u_o=-u_2$。可见，在交流电的正负半周内，流过负载 R_L 的电流方向一致，则输出电压的极性相同。全波整流电路波形如图 6.1-4 所示。

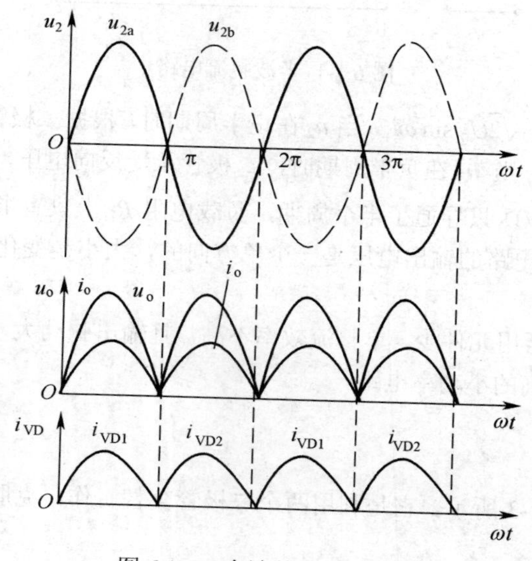

图 6.1-4　全波整流电路波形

全波整流电路比半波整流的效率高，功率大，且脉动小，但在整流过程中，二极管必须耐压高，加上采用了中心抽头，变压器次级线圈的匝数增加了一倍，成本高，因此目前广泛采用桥式整流电路。

6.1.3　桥式整流电路

桥式整流电路如图 6.1-5 所示。

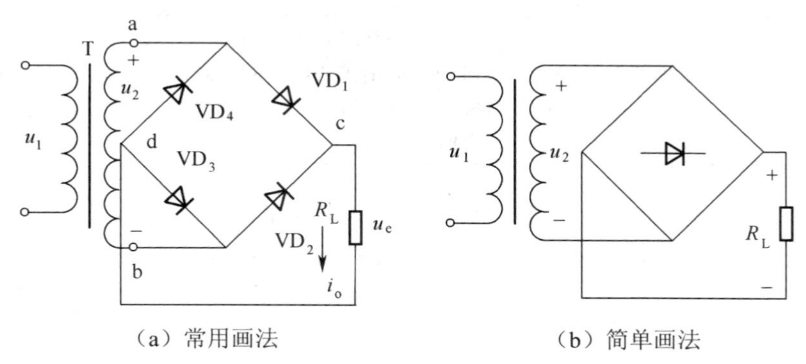

（a）常用画法　　（b）简单画法

图 6.1-5　桥式整流电路图

当 u_2 在正半周期时，根据二极管的单向导电性，此时 VD_1、VD_3 导通，VD_2、VD_4 截止，此时电流流经路径 a→VD_1→c→R_L→d→VD_3→b，则输出电压 $u_o=u_2$；当 u_2 在负半周期时，VD_1、VD_3 截止，VD_2、VD_4 导通，此时电流流经路径 b→VD_2→c→R_L→d→VD_4→a，则输出电压 $u_o=-u_2$。可见桥式整流仍属于全波整流，波形如图 6.1-6 所示。

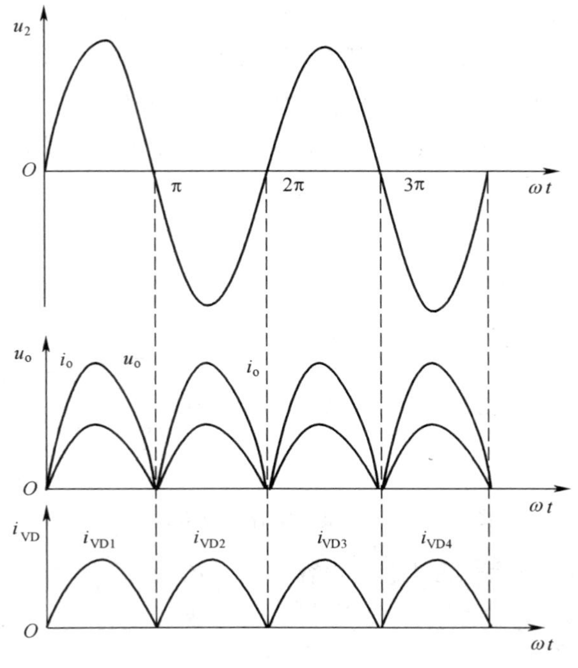

图 6.1-6　桥式整流电路波形

任务二　滤波电路

任务描述

任务目标	（1）掌握电容滤波电路的组成及工作原理 （2）理解电感滤波电路的组成及工作原理
任务实施方法	教师通过对电容、整流电路等基本知识的回顾，引入正题，提出本课时的任务；学生看书，采用分组讨论，提出需要解决的问题、完成本任务的思路和方案；小组发言交流，教师对概念的具体讲解和例题的分析，总结本任务的重难点，最后抽查学生对本任务的掌握情况。

在所有的整流电路输出电压中，都不可避免地含有较大的脉动成分，为此可以采用电容或电感等储能元件组成的滤波电路进行滤波，就可以得到波形平滑的直流电压。

6.2.1　电容滤波电路

电容滤波电路是最常见的滤波电路，也是最简单的一种滤波电路，即在整流电路的输出端并接上一个电容就构成了滤波电路。这里以半波整流电路为例分析。

半波整流电容滤波电路及波形如图 6.2-1 所示。由于电容并联在负载 R_L 两端，因此电容的端电压为输出电压，即 $u_C = u_o$。未接电容时，输出电压如图 6.2-1（a）中虚线所示。在 u_2 正半周时，二极管 VD 导通，$u_o = u_2$，此时电源对电容充电，由于充电时间常数很小，电容充电很快，电容上升的速度完全跟得上电源电压的上升速度，$u_C = u_2$。当 u_2 达到最大值时，电容充电电压为 $\sqrt{2}U_2$，接着 u_2 下降，VD 反向截止，电容 C 向负载 R_L 放电，放电时间常数为 R_LC，且值很大，电容的放电很慢，则电容电压下降的速度比 u_2 下降速度慢，$u_C > u_2$，负载电压靠电容 C 放电电流来维持，$u_o = u_C$。当电容放电到 $u_C < u_2$ 时，VD 正向导通，电容又被充电，充电到 $\sqrt{2}U_2$ 后，又放电。如此反复进行，就得到输出电压 u_o 的波形，如图 6.2-1（b）所示中实线所示。由图看出，经电容滤波后，输出电压变得平稳多了。

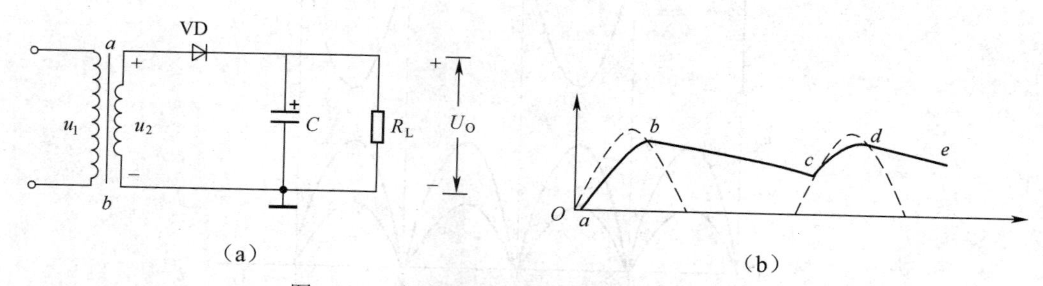

图 6.2-1　半波整流电容滤波电路及波形

综上所述，电容滤波的过程实际上就是电容充、放电过程。

6.2.2　电感滤波电路

在大电流负载的情况下，因为负载 R_L 很小，而仍用电容滤波电路，此时需要电容的容量很大，而且流过二极管承受的冲击电流也非常大。此时要选择到合适的滤波电容和整流二极管很困难，为此可采用电感滤波电路。电感滤波电路如图 6.2-2 所示。

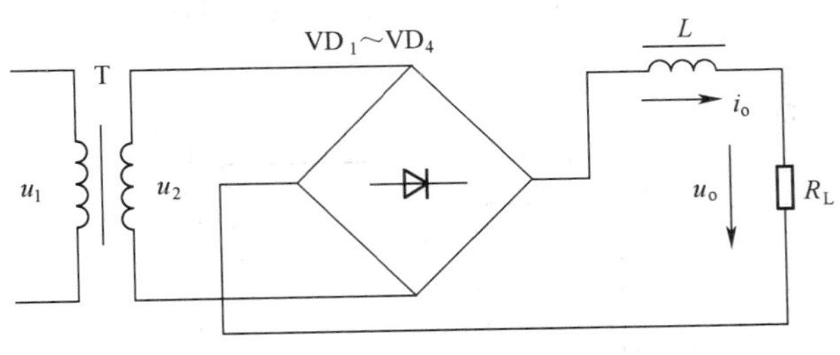

图 6.2-2 电感滤波电路

电感滤波是利用电感阻止电流变化的特点，在整流电路的负载回路上串联一个电感，从而实现滤波的功能。具体过程：当整流后的脉动电流增大时，电感 L 将产生反的电动势，阻止电流增大；当电流减小时，电感反的电动势就会阻止电流减小，使负载电流的脉动成分大幅度降低，达到滤波的目的。

除了上面介绍的电容、电感滤波电路外，还有 LC 滤波电路，LC-π 型滤波电路和 RC-π 型滤波电路等，这些电路均可以更好地降低相应输出电压的脉动，使波形更好平滑。

任务三 稳压电路

任务描述

任务目标	（1）理解串联型稳压电路的稳压原理 （2）理解三端集成稳压器的特点及应用
任务实施方法	教师通过对稳压管知识的回顾，引入正题，提出本课时的任务；学生看书，采用分组讨论，提出需要解决的问题、完成本任务的思路和方案；小组发言交流，教师对概念的具体讲解和例题的分析，总结本任务的重难点，最后抽查学生对本任务的掌握情况。

前面介绍的整流滤波电路虽然能将正弦交流电压转换为较为平滑的直流信号，但是由于电网电压的波动、负载的变化和温度的改变等，都会使整流滤波电路的输出电压也会发生变化。显然这种电源在对直流电源稳定性要求较高的场合就不适用，为此需要在滤波电路和负载之间加上稳压电路，已达到稳定输出电压的目的。

6.3.1 串联型稳压电路

一、电路的组成

串联稳压电路如图 6.3-1 所示，它由取样、基准电压、比较放大和调整电路四部分组成。

（1）取样单元：由 R_1、R_2、R_3 组成，与负载 R_L 并联，通过它可以反映输出电压 u_o 的变化。

（2）基准单元：由稳压管 V_Z 和 R 构成，提供基准电压。

（3）比较放大单元：集成运放组成放大电路，起比较和放大信号的作用。

（4）调整单元：由晶体管 VT 构成。

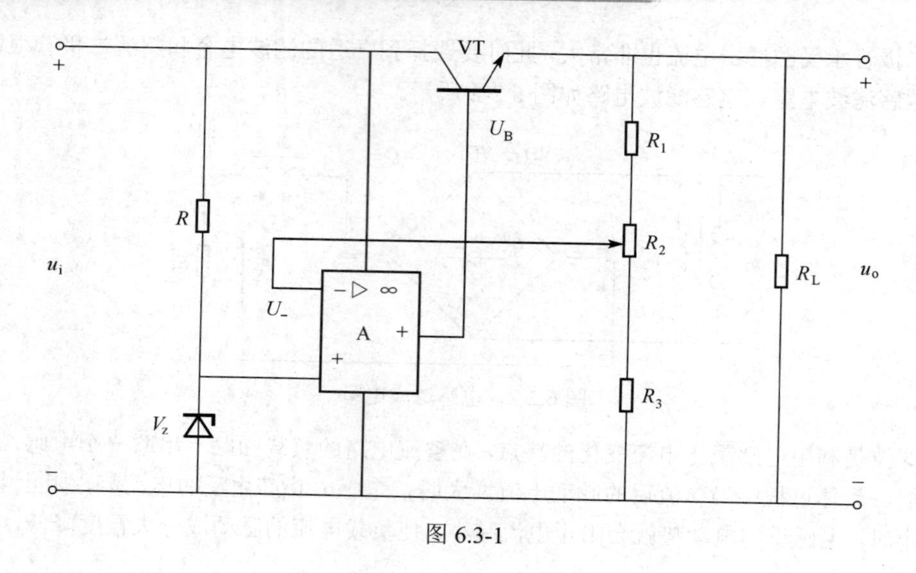

图 6.3-1

二、工作原理

根据图 6.3-1 所示，假设输出电压增大时，取样电压就会随之增大，此时处于集成运放反相端的取样电压与同相端的基准电压进行比较厚，经集成运放放大后输出。可见，集成运放的输出电压，即调整管的基极电压 U_B 就会降低，然而调整电路是采用的射极输出形式，则输出电压 U_O 必会降低，使输出电压达到稳定。其过程简述如下：

$$U_O \uparrow \rightarrow U_- \uparrow \rightarrow U_B \downarrow \rightarrow U_O \downarrow$$

输出电压 U_O 降低时的稳压过程与上述过程相反。

6.3.2 集成稳压电路

随着集成技术的迅速发展，稳压电路也实现了集成化。由于集成稳压器体积小、重量轻、可靠性高和使用灵活等优点，在实际工程中得到了广泛应用。集成稳压器的种类很多，以三端式集成稳压器的应用最为普遍。

三端集成稳压器可分为固定输出和可调输出三端式集成稳压器。

一、固定式三端集成稳压器

目前常用的固定式三端集成稳压器，有输出正电压的 W7800 系列和输出负电压的 W7900 系列。每一系列的输出电压有 5V、6V、9V、12V、15V、18V 和 24V 共 7 种。最大输出电流大小用字母表示，字母与最大输出电流对应表如表 6.3.1 所示。两系列的型号记法相同，型号后面字母表示最大输出电流，数字表示输出电压的稳压值。如 W78M9 表示输出电压+9V，最大输出电流为 0.5A。

表 6.3.1 集成稳压器字母与最大输出电流对应表

字母	L	N	M	无字母	T	H	P
最大输出电流/A	0.1	0.3	0.5	1.5	3	5	10

图 6.3-2 为 W7800 系列和 W7900 系列的方框图。

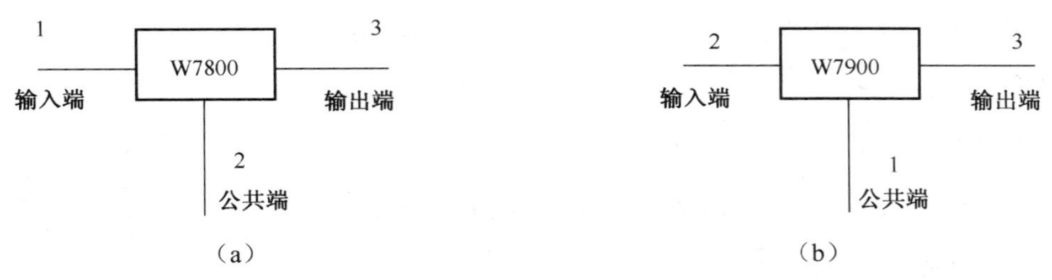

图 6.3-2　W7800 系列和 W7900 系列的方框图

二、可调式三端集成稳压器

可调式三端集成稳压器有输出正电压的 W117、W217、W317 系列和输出负电压的 W137、W237、W337 系列。

图为 6.3-3 为 W117 系列和 W137 系列的方框图。

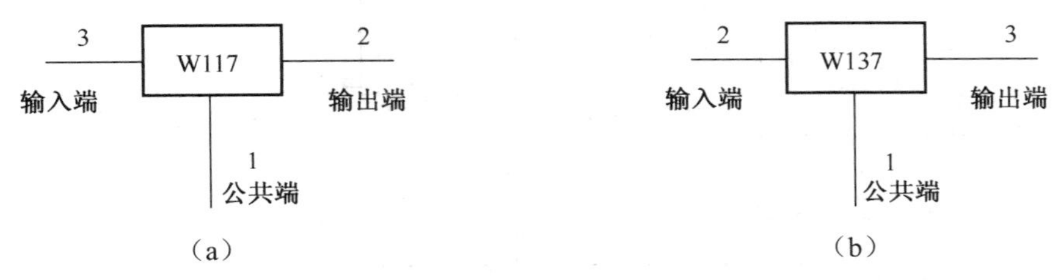

图 6.3-3　W117 系列和 W137 系列的方框图

任务四　实验与实践

任务描述

任务目标	掌握集成稳压器的性能测试
任务实施方法	教师通过对集成稳压器基本知识的回顾，引入正题，提出本课时的任务；教师操作演示测量的方法和操作步骤，强调操作注意事项；学生实验，教师指导、检查、学生交流汇报实验结果；教师点评分析任务的完成情况，学生总结本课时的收获。

一、实验目的

1．通过实验搭接电路，加深对三端稳压器件原理的理解。
2．掌握集成稳压器的特点和性能指标的测试方法。

二、实验原理

采用集成工艺，将调整管、基准电压、取样电路、比较放大和保护电路等集成在一块芯片上，就构成了集成稳压电源。集成稳压电源按输出电压分为固定式和可调式两种。

本实验所用的集成稳压器为三端固定正稳压器 W7812 和可调三端正稳压器 LM317。W7812 的主要参数有：输出直流电压 $U_O = +12V$，输出电流 $I_O = 0.5A$，电压调整率 $S = 100mV/V$，输出

电阻 $R_O = 0.15\Omega$，输入电压 U_I 大于 15V。因为一般 U_I 要比 U_O 大 $3 \sim 5V$，才能保证集成稳压器工作在线性区。

三、实验设备

示波器、毫伏表、万用表、直流稳压电源、IN4007、LM7812、LM317、电阻器、电容器若干。

四、实验内容

1. 固定输出三端稳压器

电路图如图 6.4-1 所示。

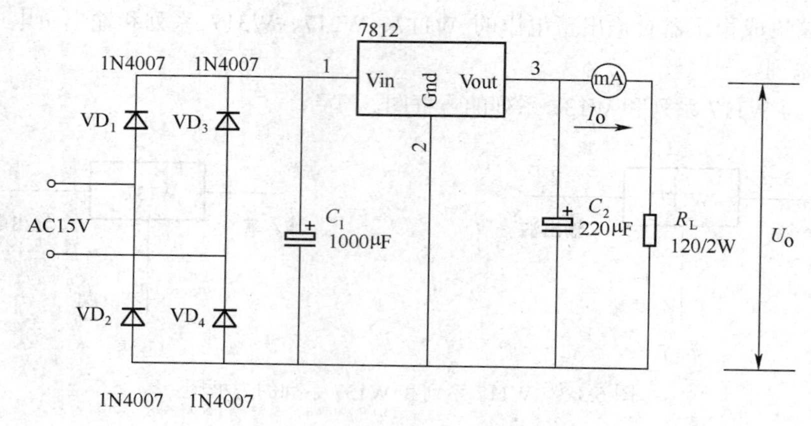

图 6.4-1 固定输出三端稳压器

（1）按图 6.4-1 连接好线路，检查无误后，接入交流电压 AC15V。

（2）测量三端集成稳压器输入 1 脚、输出端 3 脚的电压和波形（直流电压及纹波电压），记录测量结果。

（3）测量稳压电源内阻 R_O。测量稳压器空载的空载电压，然后输出端负载电阻 $R_L = 120/2W$，测量负载电阻两端的电压及流过负载的电流，测量出输出电压 U_O 的变化量，即可求出稳压电源内阻 R_O。注意在测量的过程中，要保持输入电压稳定不变（U_I 可采用直流稳压电源提供）。R_O 的公式为：

$$R_O = \frac{\Delta U_O}{\Delta I_O} | U_I = 常数$$

（4）电压稳定系数 S。输出接上负载 $R_L = 120/2W$，改变输入电压 U_I，模拟电网电压 ±10% 波动，测出输入、输出电压的变化量，根据公式计算稳压系数 S。S 的公式为：

$$S = \frac{\Delta \dfrac{U_O}{U_O}}{\Delta \dfrac{U_I}{U_I}} | R_L = 常数$$

通常稳压电源的 S 一般为 $10^{-2} \sim 10^{-4}$。

2. 可调式三端稳压器

原理图如图 6.4-2 所示。

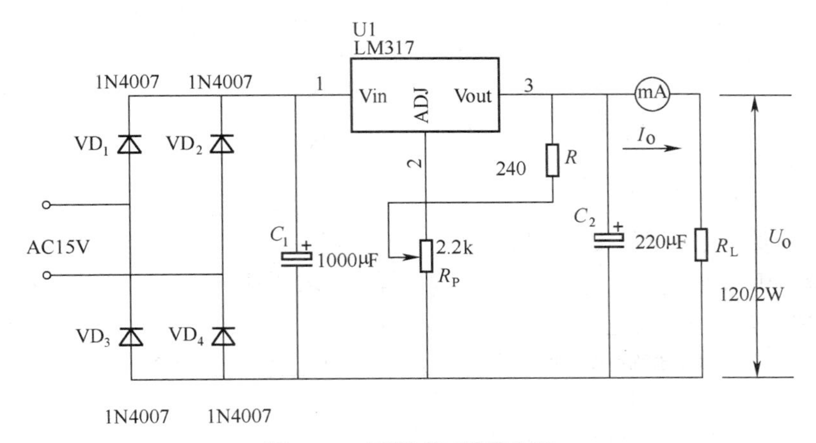

图 6.4-2 可调式三端稳压器

LM317 有三个引出端，1 脚为调整端，2 脚为输出端，3 脚为输入端。

最大输入电压为 40V

最大输出范围为 +1.25V ~ 37V

输出电压计算公式为 $U_O \approx 1.25(1+\frac{R_P}{R})$

（1）按图 6.4-2 连接好电路，检查无误后，接入交流电压 AC15V。

（2）调节，测量输出电压的变化范围。

（3）测量 3 端、2 端的直流电压、纹波电压及波形，记录数据。

（4）测量稳压电源内阻。调节，使输出电压为 12V。参照固定三端稳压器的电源内阻的测量方法进行测量，记录数据。

（5）电压稳定系数 S 的测量：调节，使输出为 12V。参照固定三端稳压器的电压稳定系数的测量方法进行测量，记录数据。

五 实验报告

1. 整理实验数据，分析其中的原理。
2. 其他（包括实验的心得、体会及意见等）。

小结

1. 直流稳压电源由四部分组成：变压器、整流电路、滤波电路和稳压电路。

2. 整流是利用二极管的单向导电性将交流电转换为单向脉动的直流电，常见的有半波、全波和桥式整流电路。

3. 滤波是利用电容、电感和电阻等元件把整流输出电压含有的交流谐波成分滤除，使输出电压平滑。

4. 串联型稳压电源由取样电路、基准源、比较放大器和调整管组成。

5. 三端集成稳压器具有稳压性好、体积小、使用灵活和可靠性高等优点，根据输出电压分为固定式和可调式两种。

习题

6.1　填空题

1．直流稳压电源主要由__________、__________、__________和__________四部分组成。

2．整流电路是将正弦交流电转换成__________电。

3．桥式整流电路中有__________只二极管，每半个周期有__________只二极管导通，其脉动程度比半波整流电路__________。

4．三端集成稳压器根据输出电压分为__________和__________两种。

6.2　选择题

1．直流稳压电路中的整流电路的目的是（　　）。

A．改变交流电压的频率

B．将正弦交流电转换为直流电

C．改变交流电压的幅值

2．直流稳压电路中的滤波电路的目的是（　　）。

A．减小输出电压的脉动分量

B．将正弦交流电转换为直流电

C．改变交流电压的频率

3．在串联型稳压电路中，放大环节放大的是（　　）。

A．基准电压与取样电压之差

B．取样电压

C．基准电压

6.3　判断题

1．直流电源是一种将正弦信号转换成直流信号的波形变化电路。　（　　）

2．整流电路可将正弦电压变为脉动的直流电压。　（　　）

3．直流电源是一种能量转换电路，它是将交流能量转换成了直流能量。　（　　）

4．整流的目的是将高频电流变为低频电流。　（　　）

5．直流稳压电源中滤波电路的目的是将交流变为直流。　（　　）

附录A

半导体分立器件型号命名方法

（国家标准 GB/T249－1989）

本标准适用于国家标准生产无线电子设备所用半导体器件。半导体器件的型号由五部分组成，如图 A-1 所示。

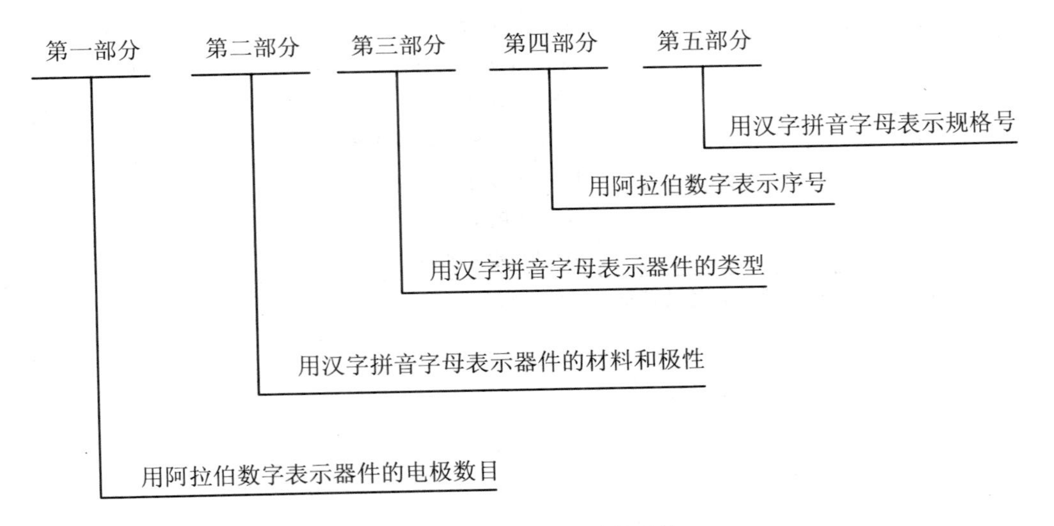

图 A-1　国产半导体器件的型号

型号组成部分的符号及其意义如表 A-1 所示。

表 A-1

第一部分用数字表示器件的电极数目		第二部分		第三部分		第四部分	第五部分
		用汉语拼音字母表示器件的材料和极性		用汉语拼音字母表示器件的类型		用数字表示器件序号	用汉语拼音字母表示规格号
序号	意义	序号	意义	序号	意义		
2	二极管	A	N 型，锗材料	P	普通管		
		B	P 型，锗材料	V	微波管		
		C	N 型，硅材料	W	稳压管		
		D	P 型，硅材料	C	产量管		
3	三极管	A	PNP 型，锗材料 NPN 型，	Z	整流管		
		B	锗材料	L	整流堆		
		C	PNP 型，硅材料	S	隧道管		
		D	NPN 型，硅材料	N	阻尼管		
		E	化合物材料	U	光电器件		
				K	开关管		
				X	低频小功率管（$f_a < 3$MHz，$P_C < 1$W）		
				G	高频小功率管（$f_a \geqslant 3$MHz，$P_C < 1$W）		
				D	低频大功率管（$f_a < 3$MHz，$P_C \geqslant 1$W）		
				A	高频小功率管（$f_a \geqslant 3$MHz，$P_C \geqslant 1$W）		
				T	晶闸管（可控整流管）		
				Y	体效应器件		
				B	学甭管		
				J	阶跃恢复管		
				CS	* 场效应器件		
				BT	* 半导体特殊器件		
				FH	* 复合管		
				PIN	* PIN 型管		
				JG	* 激光器件		

注：表中标有“*”的器件型号命名只有第三、四、五部分。

附录B

常用半导体器件参数

（1）半导体二极管。型号及参数如表B-1至表B-3所示。

表B-1　2AP型锗二极管部分型号和主要参数

型号	最大整流电流/mA	最高反向工作电压峰值/V	反向击穿电压/V	最高工作频率/MHz
2AP1	16	20	40	150
2AP2	16	30	45	
2AP3	25	30	45	
2AP4	16	50	75	
2AP5	16	75	110	
2AP6	12	100	150	
2AP7	12	100	150	
2AP9	5	15	20	100
2AP10	5	30	40	
2AP11	25	10		40
2AP12	40	10		
2AP13	20	30		
2AP14	30	30		
2AP15	30	30		
2AP16	20	50		
2AP17	15	100		
2AP21	50	10	15	100
2AP22	16	30	45	
2AP23	25	40	60	
2AP24	16	50	100	
2AP25	16	50	100	
2AP26	16	100	150	
2AP27	8	150	200	
2AP28	16	100	150	

表 B-2　2CP 型硅二极管部分型号和主要参数

型号	最大整流电流/mA	最高反向工作电压峰值/V	最大整流电流时正向压降/V	最高工作频率/MHz
2CP1	500	100	≤1	3
2CP2		200		
2CP3		300		
2CP4		400		
2CP10	100	25	≤1.5	50
2CP11		50		
2CP12		100		
2CP13		150		
2CP14		200		
2CP15		250		
2CP16		300		
2CP17		350		
2CP18		400		
2CP19		500		
2CP20		600		
2CP21	300	100	≤1.2	
2CP25		500		
2CP28		800		

表 B-3　2CZ 型硅二极管部分型号和主要参数

型号	最大整流电流/A	最高反向工作电压/V	最大整流电流时正向压降/V	铝散热片尺寸/mm
2CZ11A	1	100	≤1	60×60×1.5
2CZ11B		200		
2CZ11C		300		
2CZ11D		400		
2CZ11E		500		
2CZ11F		600		
2CZ11G		700		
2CZ11H		800		
2CZ12A	3	50	≤1	80×80×1.5
2CZ12B		100		
2CZ12C		200		
2CZ12D		300		
2CZ12E		400		
2CZ12F		500		
2CZ12G		600		
2CZ13E	5	400	≤0.8	80×80×1.5
2CZ13F		500		
2CZ13G		600		
2CZ14D	10	400	≤0.8	160×160×1.5
2CZ14E		500		
2CZ14F		600		

（2）稳压二极管。型号及参数如表 B-4 和表 B-5 所示。

表 B-4　2CW 型硅稳压管部分型号和主要参数

型号	稳定电压/V	稳定电流/mA	最大稳定电流/mA	动态电阻/Ω
2CW1	7～8.5	5	29	≤6
2CW2	8～9.5		26	≤10
2CW3	9～10.5		23	≤12
2CW4	10～12		20	≤15
2CW5	11.5～14		17	≤18
2CW11	3～4.5	10	55	≤70
2CW12	4～5.5	10	45	≤50
2CW13	5～6.5	10	38	≤30
2CW14	6～7.5	10	33	≤10
2CW15	7～8.5	10	29	≤10
2CW16	8～9.5	10	26	≤10
2CW17	9～10.6	5	23	≤20
2CW18	10～12	5	20	≤25
2CW19	11.5～14	5	17	≤35
2CW20	13.5～17	5	14	≤45
2CW23A	17～22	4	9	≤80
2CW23B	20～27	4	7.5	≤100
2CW23C	25～34	3	6	≤130
2CW23D	31～40	3	5	≤150
2CW23E	37～49	3	4	≤180
2CW21	3～4.5	30	220	≤40
2CW21A	4～5.5		180	≤30
2CW21B	5～6.5		150	≤15
2CW21C	6～7.5		130	≤7
2CW21D	7～8.5		115	≤5

表 B-5　2DW 型硅稳压管部分型号和主要参数

型号	稳定电压/V	稳定电流/mA	最大稳定电流/mA	动态电阻/Ω
2DW1	7	30	170	≤3.5
2DW2	8		150	≤3.5
2DW3	9		135	≤4
2DW4	10		120	≤4
2DW5	11		100	≤5
2DW6	12		90	≤5

续表

型号	稳定电压/V	稳定电流/mA	最大稳定电流/mA	动态电阻/Ω
2DW7A	5.9～6.5	10	30	≤25
2DW7B	5.9～6.5			≤15
2DW7C	6～6.3			≤10
2DW8A	5～6			≤25
2DW8B	5～6			≤15
2DW8C	5～6			≤10
2DW12A	5～6.5	10		≤30
2DW12B	5～7.5	10		≤10
2DW12C	7～8.5	10		≤10
2DW12D	8～9.5	10		≤10
2DW12E	9～11.5	5		≤20
2DW12F	11～13.5	5		≤25
2DW12G	12～16.5	5		≤35
2DW12H	16～20.5	5		≤45
2DW12I	20～24.5	5		≤50

（3）半导体三极管。型号及参数如表 B-6 至表 B-8 所示。

表 B-6 3DG 型高频小功率硅管部分型号和主要参数

型号	集电极最大耗散功率 P_{CM}/mW	集电极最大允许电流 I_{CM}/mA	反向击穿电压			集-基反向截止电流 I_{CBO}/μA	共发射极电流放大系数 β	特征频率 f_T/MHz
			集-基 U_{CBO}/V	集-射 U_{CEO}/V	射-基 U_{EBO}/V			
3DG4A	300	30	≥40	≥30	≥4	≤1	20～180	≥200
3DG4B	300	30	≥20	≥15	≥4	≤1	20～180	≥200
3DG4C	300	30	≥40	≥30	≥4	≤1	20～180	≥200
3DG4D	300	30	≥20	≥15	≥4	≤1	20～180	≥300
3DG4E	300	30	≥40	≥30	≥4	≤1	20～180	≥300
3DG4F	300	30	≥20	≥15	≥4	≤1	20～250	≥150
3DG6A	100	20	≥30	≥15	≥4	≤0.1	20～200	≥100
3DG6B	100	20	≥45	≥20	≥4	≤0.01	20～200	≥150
3DG6C	100	20	≥45	≥20	≥4	≤0.01	20～200	≥250
3DG6D	100	20	≥45	≥30	≥4	≤0.01	20～200	≥150
3DG8A	200	20	≥15	≥15	≥4	≤1	≥10	≥100
3DG8B	200	20	≥40	≥25	≥4	≤0.1	≥20	≥150
3DG8C	200	20	≥40	≥25	≥4	≤0.1	≥20	≥250
3DG8D	200	20	≥60	≥60	≥4	≤0.1	≥20	≥150
3DG12	700	300	20	≥15	4	≤10	20～200	100
3DG12A	700	300	40	≥30	4	≤1	20～200	100
3DG12B	700	300	60	≥45	4	≤1	20～200	200
3DG12C	700	300	40	≥30	4	≤1	20～200	200

表 B-7 3AX 型低频小功率锗管部分型号和主要参数

型号	集电极最大耗散功率 P_{CM}/mW	集电极最大允许电流 I_{CM}/mA	反向击穿电压			集-基反向截止电流 I_{CBO}/μA		共发射极电流放大系数 β
			集-基 U_{CBO}/V	集-射 U_{CEO}/V	射-基 U_{EBO}/V	集-基 I_{CBO}/μA	集-射 I_{CEO}/μA	
3AX21	100	30	≥30	≥12	≥12	≤12	≤325	30～85
3AX22	125	100	≥30	≥18	≥18	≤12	≤300	40～150
3AX23	100	30	≥30	≥12	≥12	≤12	≤550	30～150
3AX24	100	30	≥30	≥12	≥12	≤12	≤550	65～150
3AX31	125	125	≥20	≥12	≥10	≤20	≤1000	30～200
3AX32	125	125	≥30	≥198	≥10	≤10	≤750	50～150
3AX33	125	125	≥40	≥25	≥20	≤6	≤500	50～150
3AX34	100	30	≥30	≥12	≥10	≤12	≤750	30～150
3AX35	100	30	≥30	≥12	≥10	≤12	≤500	20～80
3AX45A	200	200	20	10	7	≤30	≤1000	20～250
3AX45B	200	200	30	15	10	≤15	≤750	40～200
3AX45C	200	200	20	10	8	≤30	≤1000	30～250

表 B-8 3AD 型低频大功率锗管部分型号和主要参数

型号	集电极最大耗散功率 P_{CM}/W	集电极最大允许电流 I_{CM}/A	反向击穿电压			集-基反向截止电流 I_{CBO}/μA	共发射极电流放大系数 β
			集-基 U_{CBO}/V	集-射 U_{CEO}/V	射-基 U_{EBO}/V		
3AD6A	10	2	50	18	20	≤400	≥12
3AD6B		2	60	24	20	≤300	≥12
3AD6C		2	70	30	20	≤300	≥12
3AD30A	20	4	50	12	20	≤500	12～100
3AD30B		4	60	18	20	≤500	12～100
3AD30C		4	70	24	20	≤500	12～100

附录C

实验用仪器仪表

C.1　MF500-B 型万用表

MF500-B 型万用表是一种高灵敏度、多量限的携带整流系仪表。该仪表共具有二十九个测量量限，能分别测量交直流电压、交直流电源、电阻，适宜于无线电、电讯及电工事业单位作一般测量之用。MF500 型万用表的外观如图 C-1 所示。

图 C-1　MF500 型万用表的外观

一、MF500 型指针式万用表的面板结构

1. 表头

万用表的表头是灵敏电流计。表头上的表盘印有多种符号，刻度线和数值。符号 A－V－Ω 表示这只电表是可以测量电流、电压和电阻的多用表。表盘上印有多条刻度线，其中右端标有“Ω”的是电阻刻度线，其右端为零，左端为∞，刻度值分布是不均匀的。符号“－”或“DC”表示直流，“～”或“AC”表示交流，“～”表示交流和直流共用的刻度线。刻度线下的几行数字是与选择开关的不同挡位相对应的刻度值。表头上还设有机械零位调整旋钮，位于表盘下部中间的位置，用以校正指针在左端指零位。

MF500 型多用表有 4 条刻度线。从上往下数，第一条刻度线是测量电阻时读取电阻值的欧姆刻度线。第二条刻度线是用于交流和直流的电流、电压读数的共用刻度线。第三条刻度线是测量 10V 以下交流电压的专用刻度线。第四刻度线是测量音频电平，–10～+22dB 。

2. 转换开关

转换开关的作用是选择测量的项目及量程。

万用表的选择开关是一个多挡位的旋转开关。用来选择测量项目和量程。一般的万用表测量项目包括：“mA”，直流电流；“$\underline{V}$”，直流电压；“$\underset{\sim}{V}$”，交流电压；“Ω”，电阻。每个测量项目又划分为几个不同的量程以供选择。

（1）直流电流有 50μA、1μA、10μA、100μA、500μA 五个常用挡位。

（2）直流电压有 2.5V、10V、250V、500V 五个量程挡位。

（3）交流电压有 10V、50V、250V、500V 四个量程挡位。

（4）电阻有×1、×10、×100、×1k、×10k 五个倍率挡位。

3. 表笔和表笔插孔

表笔分为红、黑二只。使用时应将红色表笔插入标有“+”号的插孔，黑色表笔插入标有“-”号的插孔。

二、万用表的使用方法

1. 万用表使用前，应做到：

（1）万用表水平放置。

（2）应检查表针是否停在表盘左端的零位。如有偏离，可用小螺丝刀轻轻转动表头上的机械零位调整旋钮，使表针指零。

（3）将表笔按上面要求插入表笔插孔。

（4）将选择开关旋到相应的项目和量程上，就可以使用了。

2. 万用表使用后，应做到：

（1）拔出表笔。

（2）将左边选择开关旋至“.”挡，若无此挡，右边选择开关旋至交流电压最大量程挡，500V 挡。

（3）若长期不用，应将表内电池取出，以防电池电解液渗漏而腐蚀内部电路。

3. 万用表的具体测量方法

（1）万用表测量直流电压。

以测量1.5V的直流电压为例：

1）选择量程。万用表直流电压挡标有“V”和“-V”，有2.5V、10V、50V、250V和500V五个量程。根据电路中电压大小选择量程。由于电源电压只有1.5V，所以选用2.5V或10V挡。若不清楚电压大小，应先用最高电压挡测量，逐渐换用低电压挡。

2）测量方法。万用表应与被测电路并联。红笔应接被测电路和电源正极相接处，黑笔应接被测电路和电源负极相接处。

3）正确读数。仔细观查表盘，直流电压挡刻度线是第二条刻度线，用10V挡时，可用刻度线下第三行数字直接读出被测电压值。注意读数时，视线应正对指针。

读数方法：若量程挡为1V，则意指满量程为1V，刻度线上共10隔，即每隔为0.1V；若量程挡为2.5V，则意指满量程为2.5V，即每隔为0.25V；依此类推。例如指针所指的位置为第4个刻度线，若量程为1V，则被测电压为0.4V。

注意：*若万用表反接，则会造成指针反偏，损坏表针。*

（2）万用表测量交流电压。

以测量电源插座电压为例：测量交流电压的方法和测量直流电压的方法相似，所不同的是交流电没有正、负之分，所以测量交流时，表笔也无需分正、负。读数方法也和直流一样，只是数字应看标有交流符号AC的刻度线上的指针位置。

1）选择量程。将万用表打到标有V和“~V”的交流电压挡。因被测电压为220V，所以选择500V档。若不清楚电压大小，应先用最高电压挡测量，逐渐换用低电压挡。

2）测量方法。万用表两表笔接到所要测量的电压两端即可。

3）正确读数。读法和直流电压一样。

（3）万用表测量直流电流。

1）选择量程：万用表直流电流挡标有“mA”有1mA、10mA、50mA、100mA四挡量程。选择量程，应根据电路中的电流大小，这里可选10mA或50mA。如不知电流大小，应选用最大量程，再逐渐减小。

2）测量方法：万用表应与被测电路串联。应将电路相应部分断开后，将万用表表笔接在断点的两端。红表笔应接在和电源正极相连的断点，黑表笔接在和电源负极相连的断点。

3）正确读数：直流电流档刻度线仍为第二条，读法类同上面。测量时同样要注意极性。

4．万用表测量电阻

用万用表测量电阻时，应按下列方法操作：

（1）机械调零。在使用之前，应该先调节指针定位螺丝使电流示数为零，避免不必要的误差。

（2）选择合适的倍率挡。万用表欧姆挡的刻度线是不均匀的，所以倍率挡的选择应使指针停留在刻度线较稀的部分为宜，且指针越接近刻度尺的中间，读数越准确。一般情况下，应使指针指在刻度尺的1/3～2/3间。

（3）欧姆调零。测量电阻之前，应将2个表笔短接，同时调节“欧姆（电气）调零旋钮”，使指针刚好指在欧姆刻度线右边的零位。如果指针不能调到零位，说明电池电压不足或仪表内部有问题，并且每换一次倍率挡，都要再次进行欧姆调零，以保证测量准确。

（4）读数：表头的读数乘以倍率，就是所测电阻的电阻值。注意：和电压、电流读数的差异。

5．万用表使用注意事项

（1）在使用万用表之前，应先进行“机械调零”，即在没有被测电量时，使万用表指针指在零电压或零电流的位置上。

（2）在使用万用表过程中，不能用手去接触表笔的金属部分，这样一方面可以保证测量的准确，另一方面也可以保证人身安全。

（3）在测量某一电量时，不能在测量的同时换挡，尤其是在测量高电压或大电流时，更应注意。否则会使万用表毁坏。如需换挡应先断开表笔，换挡后再去测量。

（4）万用表在使用时必须水平放置，以免造成误差。同时，还要注意到避免外界磁场对万用表的影响。

（5）万用表使用完毕，应将转换开关置于交流电压的最大挡。如果长期不使用还应将万用表内部的电池取出来，以免电池腐蚀表内其他器件。

C.2　双踪示波器

示波器是能直观显示被测电路中电压或电流波形的一种电子测量仪器，可以测量周期性信号波形的周期（或频率）、脉冲波的脉冲宽度和前后沿时间，同一信号任意两点间的时间间隔、同频率两正弦信号的相位差、调幅波的调幅系数等各种电参量。借助传感器还能通过示波器观察非电量随时间变化的过程。下面以 YB4320G 型双踪示波器为例来介绍示波器的使用。

一、主要特点

1．灵敏感高，最高偏转系数 1mV/div。

2．Y 衰减及扫描开关取消了传统的机械开关，采用数字编码开关。

3．可对主扫描 A 全量程任意时间段（△T）通过延迟扫描 B 进行扩展设定。

4．延迟扫描 B：对被观察信号进行水平放大。

二、技术指标

1．X 频带宽度：DC~20MHz(-3db)

2．Y 轴偏转系数：1mV/div-5V/div，1-2-5 进制分 12 挡，误差±5%（1mV-2mV±8%）

3．上升时间：5mV-5V/div 约 17.5ns、1mV-2mV/div 约 35ns

4．最高安全输入电压：400V(DC+$AC_{p\text{-}p}$)≤1KHz

5．水平显示方式：A、A 加亮，B、B 触发

6．扫描线性误差：×1：±8%，扩展×10：±15%

7．触发源：CH1、CH2、电源、外接

8．触发方式：自动、常态、TV-V、TV-H

9．电平锁定或交替触发：50Hz-20MHz 内触发 2div 外触发 0.25V

10．TTL 电平（负电平加亮）

11．电源：AC：220V±10%

12．工作方式：CH1、CH2、双综、叠加

13．输入阻抗：（直接）1MΩ±2%　25pF；（探头）10MΩ±5%　17pF

三、面板功能与说明

YB4230G 型示波器的面板分布图如图 C-2 所示，下面一一介绍其面板功能。

1. 主机电源

9—电源开关（POWER）：将电源开关按键弹出即为“关”位置，将电源接入，按电源开关，以接通电源。

8—电源指示灯：电源接通时指示灯亮。

2—辉度旋钮（INTENSITY）：顺时针方向旋转旋钮，亮度增强。接通电源之前将该旋钮逆时针方向旋转到底。

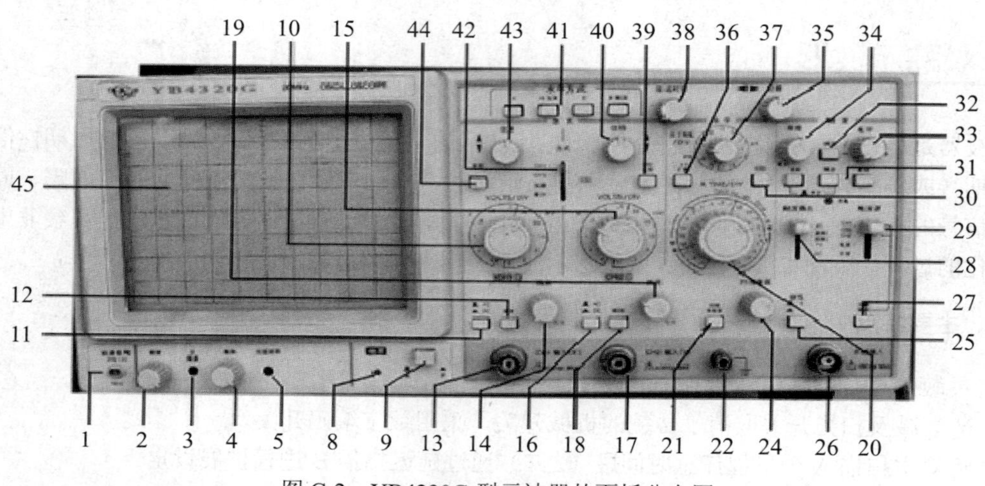

图 C-2　YB4230G 型示波器的面板分布图

4—聚焦旋钮（FOCUS）：用亮度控制钮将亮度调节至合适的标准，然后调节聚集控制钮直至轨迹达到最清晰的程度，虽然调节亮度时聚集可自动调节，但聚集有时也会轻微变化。如果出现这种情况，需重新调节聚集。

5—光迹旋转旋钮（TRACE ROTATION）：由于磁场的作用，当光迹在水平方向轻微倾斜时，该旋钮用于调节光迹与水平刻度线平行。

45—显示屏：仪器的测量显示终端。

1—校准信号输出端子（CAL）：提供 1kHz±2%，2 V_{P-P}±2%方波作本机 Y 轴、X 轴校准用。

2. 垂直方向部分

13—通道 1 输入端[CH1 INPUT（X）]：该输入端用于垂直方向的输入。在 X-Y 方式时输入端的信号成为 X 轴信号。

17—通道 2 输入端[CH2 INPUT（Y）]：和通道 1 一样，但在 X-Y 方式时输入端的信号仍为 Y 轴信号。

11、12、16、18－交流－直流－接地耦合选择开关（AC－DC－GND）：输入信号与放大器连接方式选择开关。

交流（AC）：垂直输入端由电容器来耦合。

接地（GND）：放大器的输入端接地。

直流（DC）：垂直放大器的输入端与信号直接耦合。

10、15—衰减器开关（VOLTS/DIV）：用于选择垂直偏转灵敏度的调节。如果使用的是 10:1 的探头，计算时将幅度×10。

14、19—垂直微调旋钮（VARIBLE）：垂直微调用于连续改变电压偏转灵敏度，此旋钮在正常情况下应位于顺时针方向旋转到底的位置。将旋钮逆时针方向旋转到底，垂直方向的灵敏度下降到 2.5 倍以下。

43、40—垂直移位（POSITION）：调节光迹在屏幕中的垂直位置。

42—垂直方式工作开关：选择垂直方向的工作方式。

通道 1 选择（CH1）：屏幕上仅显示 CH1 的信号。

通道 2 选择（CH2）：屏幕上仅显示 CH2 的信号。

双踪选择（DUAL）：同时按下 CH1 和 CH2 按钮，屏幕上会出现双踪并自动以断续或交替方式同时显示 CH1 和 CH2 上的信号。

叠加（ADD）：显示 CH1 和 CH2 输入电压的代数和。

39—CH2 极性开关（INVERT）：按此开关时 CH2 显示反相电压值。

3. 水平方向部分

20—主扫描时间因数选择开关（A TIME/DIV）：共 20 档，在 0.1μs/div～0.5s/div 范围选择扫描速率。

30—X-Y 控制键：如 X-Y 工作方式时，垂直偏转信号接入 CH2 输入端，水平偏转信号接入 CH1 输入端。

21—扫描非校准状态开关键：按入此键，扫描时基进入非校准调节状态，此时调节扫描微调有效。

24—扫描微调控制键（VARIBLE）：此旋钮以顺时针方向旋转到底时处于校准位置，扫描由 Time/Div 开关指示。该旋钮逆时针方向旋转到底，扫描减慢 2.5 倍以上。正常工作时，（21）键弹出，该旋钮无效，即为校准状态。

35—水平位移（POSITION）：用于调节轨迹在水平方向移动。顺时针方向旋转该旋钮向右移动光迹，逆时针方向旋转向左移动光迹。

36—扩展控制键（MAG×5）：按下去时，扫描因数×5 扩展，扫描时间是 Time/Div 开关指示数值的 1/5。

37—延时扫描 B 时间系数选择开关（B TIME/DIV）：共 12 挡，在 0.1μs/div～0.5ms/div 范围选择 B 扫描速率。

41—水平工作方式选择（HORIZ DISPLAY）：

主扫描（A）：按入此键主扫描单独工作，用于一般波形观察。

A 加亮（A INT）：选择 A 扫描的某区段扩展为延时扫描。可用此扫描方式。与 A 扫描相对应的 B 扫描区段（被延时扫描）以高亮度显示。

被延时扫描（B）：单独显示被延时扫描 B。

B 触发（B TRIGD）：选择连续延时扫描和触发延时扫描。

4. 触发系统（TRIGGER）

29—触发源选择开关（SOURCE）：选择触发信号源。

通道 1 触发（CH1，X-Y）：CH1 通道信号是触发信号，当工作方式在 X-Y 时，波动开关应设置于此挡。

通道 2 触发（CH2）：CH2 上的输入信号是触发信号。

电源触发（LINE）：电源频率成为触发信号。

外触发（EXT）：触发输入上的触发信号是外部信号，用于特殊信号的触发。

27—交替触发（ALT TRIG）：在双踪交替显示时，触发信号交替来自于两个 Y 通道，此方式可用于同时观察两路不相关信号。

26—外触发输入插座（EXT INPUT）：用于外部触发信号的输入。

33—触发电平旋钮（TRIG LEVEL）：用于调节被测信号在某选定电平触发同步。

32—电平锁定（LOCK）：无论信号如何变化，触发电平自动保持在最佳位置，不需人工调节电平。

34—释抑（HOLDOFF）：当信号波形复杂，用电平旋钮不能稳定触发时，可用此旋钮使波形稳定同步。

25—触发极性按钮（SLOPE）：触发极性选择，用于选择信号的上升沿和下降沿触发。

31—触发方式选择（TRIG MODE）：

自动（AUTO）：在自动扫描方式时扫描电路自动进行扫描。在没有信号输入或输入信号没有被触发同时，屏幕上仍然可以显示扫描基线。

常态（NORM）：有触发信号才能扫描，否则屏幕上无扫描显示。当输入信号的频率低于 50Hz 时，请用常态触发方式。

复位键（RESET）：当“自动”与“常态”同时弹出时为单次触发工作状态，当触发信号来到时，准备（READY）指示灯亮，单次扫描结束后熄灭，按复位键（RESET）下后，电路又处于待触发状态。

28—触发耦合（COUPLING）：根据被测信号的特点，用此开关选择触发信号的耦合方式。

交流（AC）：这是交流耦合方式，触发信号通过交流耦合电路，排除了输入信号中的直流成分的影响，可得到稳定的触发。

高频抑制（HF REJ）：触发信号通过交流耦合电路和低通滤波器作用到触发电路，触发信号中的高频成分被抑制，只有低频信号部分能作用到触发电路。

电视（TV）：TV 触发，以便于观察 TV 视频信号，触发信号经交流耦合通过触发电路，将电视信号送到同步分离电路，拾取同步信号作为触发扫描用，这样视频信号能稳定显示。TV-H 用于观察电视信号中行信号波形，TV-V：用于观察电视信号中场信号波形。注意：仅在触发信号为负同步信号时，TV-V 和 TV-H 同步。

直流（DC）：触发信号被直接耦合到触发电路，当触发需要触发信号的直流部分或需要显示低频信号以及信号空占比很小时，使用此种方式。

5. 探头

示波器探头如图 C-3 所示，由可伸缩的测试钩、带鳄鱼夹的接地线、带×1～×10 挡衰减转换开关的手柄、探头连接导线及 BNC 适配器组成。

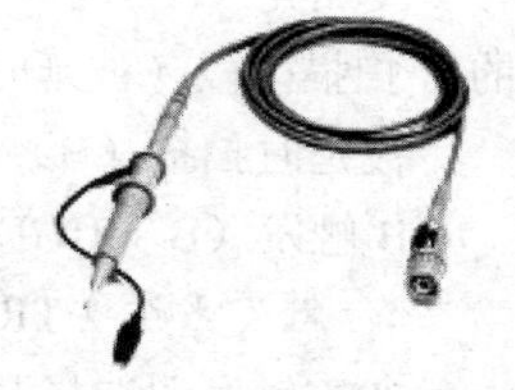

图 C-3　示波器探头

观测电信号时，先将探头的 BNC 适配器接到 CH1 或 CH2 输入端，在不确定信号电影高低时，先用×10 挡测一下，确认电压不是过高后再选用正确的量程挡测量，以避免示波器被损坏。当选择×10 挡时，信号是经过衰减 1/10 后输入示波器，计算时须将幅度值×10。选择×1 挡时，信号未经过衰减直接进入示波器。

探头与被测电路连接时，探头的接地端鳄鱼夹必须与被测电路的地线可靠连接，否则在悬浮状态下，示波器与其他设备或大地间的电位差可能导致触电或导致示波器、探头或其他设备损坏。为了避免测量误差，在测量前需对探头进行检验和校准。

四、测量方法

1. 峰－峰电压的测量

将输入信号输入至 CH1 输入通道或 CH2 输入通道，将垂直方式置于被选用的通道；调节垂直灵敏度（灵敏度大小用 D_y 表示）并观察信号波形，使被显示的波形在垂直方向 5DIV 左右，将微调顺时针旋到校正位置；调整扫描速度，使之至少显示一个周期的波形。调整垂直移位，使波形底部对齐某一水平坐标线，再调整水平移位，最好使波形顶部在屏幕中央的 y 轴上，如图 C-4 所示。

读出 A、B 两点在垂直方向的格数 Y，按下面公式计算被测信号的峰－峰电压值。

$$U_{\text{P-P}} = YD_{\text{y}}$$

例如图 2-3 中，示波器垂直灵敏度置 D_{y} 为 50mV/div，A、B 两点间垂直格数为 4div，则该正弦波的 $U_{\text{P-P}} = 4 \times 50\text{mV} = 200\text{mV} = 0.2\text{V}$ 。注意：如果信号输入时使用了 10:1 探头，则计算结果需要再乘以 10。

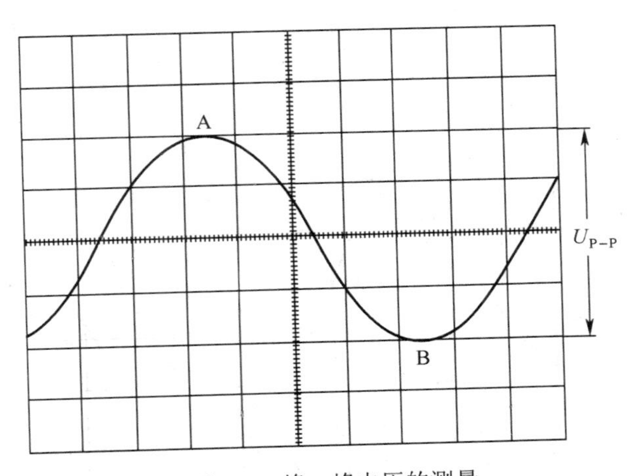

图 C-4　峰－峰电压的测量

2. 周期（频率）的测量

将信号从 CH1 或 CH2 通道输入，将扫描速度微调旋钮顺时针旋到“校正”位置，调节垂直灵敏度使波形幅度合适，调整触发电平使波形稳定显示。再调节扫描速度（扫描速度用 S_{B} 表示），使屏幕上显示 1~2 个周期的信号波形，分别调整垂直移位和水平移位旋钮，使一个周期波形对应的 A、B 两点位于 X 轴上，利用 X 轴上标尺测量出两点之间的水平格数 X_{T}，按下列公式计算出波形的周期和频率。

$$T = X_{\text{T}} \times S_{\text{B}}, \quad f = 1/T$$

例如图 C-5 所示的正弦波，A、B 两点的水平距离为 $X_{\text{T}} = 8\text{div}$ ，测量时扫描速度如果是 10μs/div ，则该正弦波的周期为 $T = 8 \times 10\mu\text{s} = 80\mu\text{s}$ ，则频率为 $f = 1/(80\mu\text{s}) = 12.5\text{kHz}$ 。测量时，如果使用了 ×10 水平扩展，则周期要除以 10。

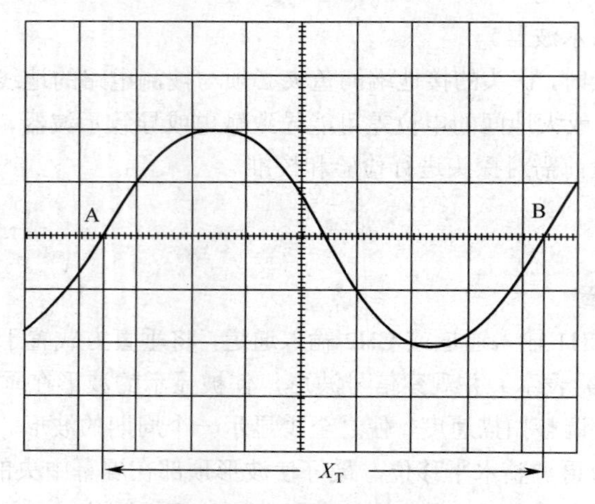

图 C-5 周期和频率的测量

3. 相位差的测量

相位差的测量与周期的测量都属于时间类测量，方法有类似之处。

将两个同频率的正弦波信号分别从 CH1、CH2 通道输入，调整每个通道的垂直灵敏度和微调旋钮，使两个波形的显示幅度形同，如图 C-6 所示，用垂直移位旋钮移动两个波形的水平标尺中间处；根据两波形在水平方向差距 X，及信号周期 X_T，利用下列公式可求得两波形相位差 θ。

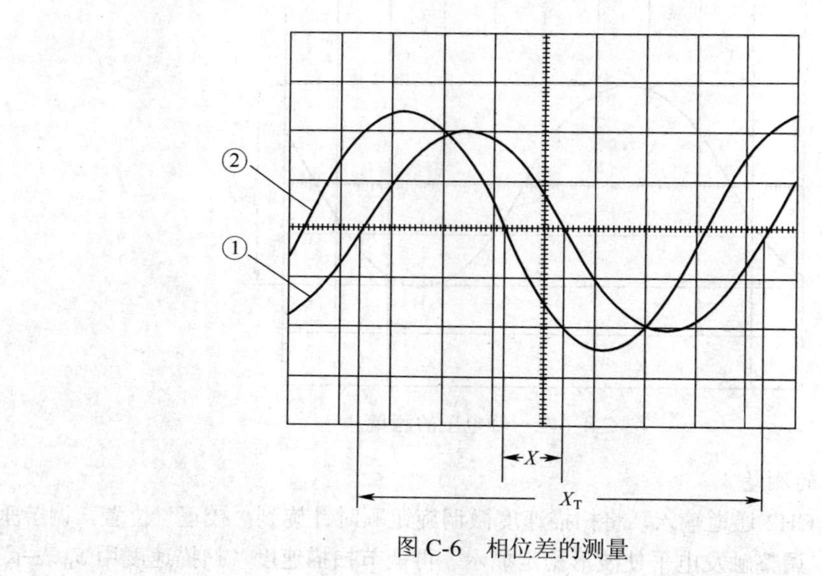

图 C-6 相位差的测量

$$\theta = \frac{X(div)}{X_T(div)} \times 360°$$

式中：X_T—— 一周期所占格数；

X—— 两波形在 X 轴方向差距格数。

例如图 C-5 中所示，测得 X_T=8div，X=1.1div，则两正弦波的相位差为

$$\theta = \frac{1.1(\text{div})}{8(\text{div})} \times 360° = 49.5°$$

C.3　信号发生器

低频信号发生器可以产生低频正弦波、矩形波、三角波等电压信号的的电子仪器，它可以根据各种低频电路测试的需要，提供电压、频率均能连续可调的电信号。下面以 TFG2000G 型 DDS 函数信号发生器为例介绍函数信号发生器的使用方法。

一、主要功能特性

1. 采用先进的直接数字合成（DDS）技术，双路独立输出。
2. 使用晶体振荡基准，频率精度高，分辨力高。
3. 液晶显示，中文菜单，操作方便。
4. 具有 FM、AM、FSK、ASK、PSK 多种调制功能。
5. 具有频率扫描、幅度扫描、脉冲串输出功能。
6. 数据存储与重现。
7. 可选配 100MHz 频率计数器。
8. 可选配 GPIB 接口，RS232 接口，USB 接口，RS485 接口。

二、面板功能介绍

TFG2000G 型 DDS 函数信号发生器的面板功能如图 C-7 所示。

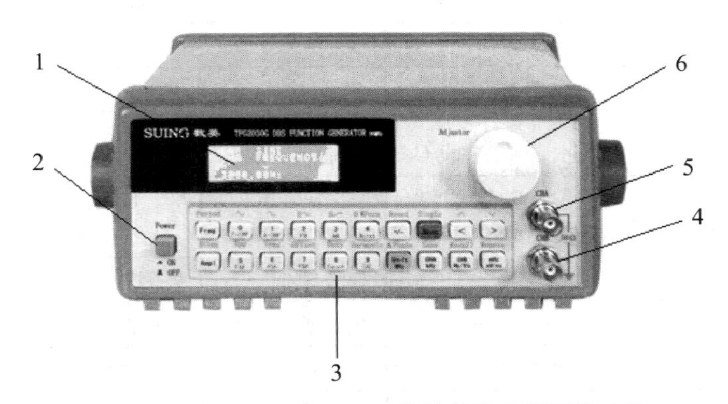

图 C-7　TFG2000G 型 DDS 函数信号发生器面板功能

1—液晶显示屏；2—电源开关；3—键盘；4—输出 B；5—输出 A；6—调节旋钮。后面板还有三个插孔分别为：1—调制/外侧输入；2—TTL 输出；3—AC220V 电源插座。

三、屏幕显示说明

显示屏上面一行为功能和选项显示，左边两个汉字显示当前功能，在“A 路频率”和“B 路频率”时显示输出波形名称。右边四个汉字显示当前选项，在每种功能下各有不同的选项，如表 C.1、表 C.2 和表 C.3 所示。表中带阴影的选项为常用选项，可使用面板上的快捷键直接选择，仪器能够自动进入该选项所在的功能。不带阴影的选项较不常用，需要时首先选择相应的功能，然后使用【菜单】键循环选择。

显示屏下面一行显示当前选项的参数值及调节旋钮的光标。

表 C.1 功能选项表

按键功能	A 路 正弦（A 路波形）		B 路 正弦（B 路波形）
选项	A 路频率	参数存储	B 路频率
	A 路周期	参数调出	B 路幅度
	A 路幅度	峰峰值	B 路波形
	A 路偏移	有效值	B 路谐波
	A 路衰减	步进频率	
	A 占空比	步进幅度	

表 C.2 功能选项表

按键功能	0+菜单 扫频	1+菜单 扫幅	2+菜单 调频	3+菜单 调幅	4+菜单 猝发
选项	始点频率	始点幅度	载波频率	载波频率	B 路频率
	终点频率	终点幅度	载波幅度	载波幅度	B 路幅度
	步进频率	步进幅度	调制频率	调制频率	猝发计数
	扫描方式	扫描方式	调频偏频	调幅深度	猝发频率
	间隔时间	间隔时间	调制波形	调制波形	单次猝发
	单次扫描	单次扫描			
	A 路频率	A 路幅度			

表 C.3 功能选项表

按键功能	5+菜单 FSK	6+菜单 ASK	7+菜单 PSK	8+菜单 测频	9+菜单 校准
选项	载波频率	载波频率	载波频率	外测频率	校准关闭
	载波幅度	载波幅度	载波幅度	闸门时间	A 路频率
	跳变频率	跳变幅度	跳变相移	低通滤波	调频载波
	间隔时间	间隔时间	间隔时间		调频偏频

四、键盘说明

仪器面板上共有 20 个按键，健体上的黑色字表示该键的基本功能。键上方的蓝色字表示该键的上档功能，首先按蓝色键【Shift】，屏幕右下方显示“S”，再按某一键可执行该键的上挡功能。健体上的红色字用来选择仪器的 10 种功能（见功能选项表 C.2 和表 C.3），首先按一个红色字键，再按红色键【菜单】，即可选中该键上红色字所表示的功能。

这里只介绍 20 个键的基本功能如下，有关蓝色字的上挡功能和红色字的功能选择，需要时可参考该仪器使用说明书。

1.【频率】【幅度】键：频率和幅度选择键。

【0】【1】【2】【3】【4】【5】【6】【7】【8】【9】键：数字输入键。

2.【./-】键：小数点键，在“A路偏移”功能时可输入负号。

3.【MHz】【kHz】【Hz】【mHz】键：双功能键，在数字输入之后执行单位键功能，同时作为数字输入的结束键。不输入数字，直接按【MHz】键执行“Shift”功能，直接按【kHz】键选择“A路”功能，直接按【Hz】键选择“B 路”功能。直接按【mHz】键可以循环开启或关闭按键时的声响。

4.【菜单】键：双功能键，按任一数字键后按【菜单】键，可选择该键上红色字体的功能。不输入数字，直接按【菜单】键可循环选择当前功能下的选项（功能选项表中不带阴影的选项）。

5.【<】【>】键：光标左右移动键。

五、基本操作方法

1．A路功能

按【A路】键，选择“A路频率”功能。

（1）A路频率设定：设定频率为3.5kHz

【频率】【3】【.】【5】【kHz】。

（2）A路频率调节：按【<】或【>】键可左右移动数据上边的三角形光标，左右转动旋钮可使指示的数值增大或减小，并能进位或借位，由此可任意粗调或细调频率。其他选项数据也都可以旋钮调节，不再赘述。

（3）A路周期设定：设定周期为2.5ms

【周期】【2】【.】【5】【ms】。

（4）A路幅度设定：设定幅度值为3.2V

【幅度】【3】【.】【2】【V】。

（5）A路幅度格式选择：有效值或峰峰值

【Shift】【有效值】或【Shift】【峰峰值】。

（5）A路波形选择：A路选择正弦波或方波

【Shift】【0】选择正弦波，【Shift】【1】选择方波。

（6）A路占空比设定：A路选择脉冲波，占空比为65%

【Shift】【占空比】【6】【5】【Hz】。

（7）A路衰减设定：选择固定衰减0dB（开机或复位后选择自动衰减AUTO）

【Shift】【衰减】【0】【Hz】。

（8）A路偏移设定：在衰减选择0dB时，设定直流偏移值-1V

【Shift】【偏移】【-】【1】【V】。

（9）A路频率步进：设定A路步进频率12.5Hz

按【菜单】键选择“步进频率”，按【1】【2】【.】【5】【Hz】，再按【A路】键选择“A路频率”，然后每按一次【Shift】【∧】键，A路频率增减12.5Hz，每按一次【Shift】【∨】键，A路频率减少12.5Hz。A路幅度步进与此类同。

（10）存储参数调出：调出 15 号存储参数

【Shift】【调出】【1】【5】【Hz】。

2．B 路功能

按【B 路】键选择“B 路频率”功能。

（1）B 路频率、幅度设定：B 路频率和幅度设定与 A 路相类同，只是 B 路不能进行周期设定，幅度设定只能使用峰峰值，不能使用有效值。

（2）B 路常用波形选择：选择正弦波、方波、三角波、锯齿波

【Shift】【0】，【Shift】【1】，【Shift】【2】，【Shift】【3】分别选择正弦波、方波、三角波、锯齿波。

（3）B 其他波形选择：B 路可选择 32 种波形。

详见说明书。

（4）B 路谐波设定：设定 B 路频率为 A 路频率的三次谐波

【Shift】【谐波】【3】【Hz】。

（5）B 路相移调节：设定 A、B 两路的相位差为 90°

【Shift】【相差】【9】【0】【Hz】。

3.A 路频率扫描

按【0】【菜单】，A 路输出频率扫描信号，使用默认参数。

扫描方式设定：设定往返扫描方式

按【菜单】键选中“扫描方式”，按【2】【Hz】。其他扫描方式可详见仪器说明书。

4．A 路幅度扫描

按【1】【菜单】键，A 路输出幅度扫描信号，使用默认参数。

时间间隔设定：设定步进间隔时间 0.5s

按【菜单】键选中“间隔时间”，按【0】【.】【5】【s】。

其他扫描方式可详见仪器说明书。

扫描幅度显示：按【菜单】键，选中“A 路幅度”，幅度显示数值随扫描过程同步变化。

5．A 路频率调制

按【2】【菜单】，A 路输出频率调制（FM）信号，使用默认参数。

调幅深度设定：设定调频频偏 5%

按【菜单】键选中“调频频偏”，按【5】【0】【Hz】。

其他调频参数设定详见仪器说明书。

6．A 路幅度调制

按【3】【菜单】，A 路输出频率调制（AM）信号，使用默认参数。

调频频偏设定：设定调幅深度 50%

按【菜单】键选中“调幅深度”，按【5】【Hz】。

其他调频参数设定详见仪器说明书。

7．B 路计数猝发

按【4】【菜单】，B 路输出计数猝发信号，使用默认参数。

猝发计数设定：设定猝发计数 5 个周期

按【菜单】键选中“猝发计数”，按【5】【Hz】。

其他猝发参数设定详见仪器说明书。

8．A 路 FSK

按【5】【菜单】，A 路输出频移键控（FSK）信号，使用默认参数。

跳变频率设定：设定跳变频率 1kHz

按【菜单】键选中“跳变频率”，按【1】【kHz】。

其他 FSK 参数设定详见仪器说明书。

9．A 路 ASK

按【6】【菜单】，A 路输出幅移键控（ASK）信号，使用默认参数。

载波幅度设定：设定载波幅度 $2V_{PP}$

按【菜单】键选中“载波幅度”，按【2】【V】。

其他 ASK 参数设定详见仪器说明书。

10．A 路 PSK

按【7】【菜单】，A 路输出相移键控（PSK）信号，使用默认参数。

跳变相移设定：设定跳变相移 180°

按【菜单】键选中“跳变相移”，按【1】【8】【0】【Hz】。

其他 PSK 参数设定详见仪器说明书。

11．复位初始化

开机后或按【Shift】【复位】键后的初始化状态如下：

A 路：波形：正弦波	频率：1kHz	幅度：$1V_{PP}$
衰减：AOTO	偏移：0V	方波占空比：50%
脉冲波占空比：30%	始点频率：500Hz	终点频率：5kHz
步进频率：10Hz	始点幅度：$0V_{PP}$	终点幅度：$1V_{PP}$
步进幅度：$0.02V_{PP}$	扫描方式：正向	间隔时间：10ms
载波频率：50kHz	调制频率：1kHz	调频频偏：5%
调幅深度：100%	猝发计数：3CYCL	猝发频率：100Hz
跳变频率：5kHz	跳变幅度：$0V_{PP}$	跳变相位：90°
B 路：波形：正弦波	频率：1kHz	幅度：$1V_{PP}$

六、使用注意事项

仪器在符合以下的使用条件时，才能开机使用。

电源电压：AC220(1±10%)V

频率：50(1±5%)Hz

功耗：<30VA

将电源插头插入交流 220V 带有接地线的电源插座中，按面板上的电源开关，电源接通。仪器进行初始化，首先显示仪器名称，然后装入默认参数值，显示“A 路频率”功能的操作界面，最后开通 A 路和 B 路输出信号，进入正常工作状态。

C.4 数字交流毫伏表

YB2172F 型数字交流毫伏表主要用于测量频率为 10Hz～2MHz，电压为 100μV～300V（–80dB～+50dB）的正弦波电压的有效值。

一、YB2172F 型数字交流毫伏表主要特点

1．全部采用集成电路，工作稳定可靠。

2．LCD 显示。输入阻抗高、测量精度高、频率特性好。

3．由单片机智能化控制和数据处理，实现量程自动转换。

4．可测量正弦波、三角波、方波、脉冲波等任意波形的电压值。

5．具有双通道、双显示和开关切换显示有效值或分贝值。

6．设有共地浮置功能，确保在不同电压参考点时的安全、准确地测量。噪声低，线性好。

7．拥有标准 RS232 串行接口（用户选用）。

二、YB2172F 型数字交流毫伏表的技术指标

1．测量电压范围：100μV～300V，–80dB～+50dB。

2．基准条件下电压的固有误差：（以 1kHz 为基准）±1%±2 个字。

3．测量电压的频率范围：10Hz～2MHz。

4．基准条件下频率影响误差：（以 1kHz 为基准）

50Hz～100kHz：±3%±8 个字；

20Hz～50Hz；100Hz～500kHz：±5%±10 个字；

20Hz～20Hz；500kHz～2MHz：±6%±15 个字。

5．分辨力：10μV。

6．输入阻抗：输入阻抗≥1MΩ；输入电容≤40pF。

7．最大输入电压：$DC+AC_{p-p}$：500V。

8．输出电压：$1V_{rms}\pm5\%$（以 1kHz 为基准，输入信号为 5.5×10^{n} V（$-4\leqslant n\leqslant1$，n 为整数）±2 个字输入时）。

9．噪声：输入短路小于 6 个字。

10．电源电压：交流 200V±10%，50Hz±4%。

三、使用前注意事项

1．检查电压

参考表 C.4 可知该交流毫伏表的正确工作电压范围，在接通电源之前应检查电源电压。

表 C.4　检查电压

额定电压	工作电压范围
交流 200V	交流 198～242V

2．确保所用的保险丝是指定的型号

为了防止由于过流引起的电路损坏，请使用正确的保险丝值，如表 C.5 所示。

表 C.5 检查型号

型号	YB2172F
交流 200V	0.5A

如果保险丝熔断，仔细检查原因，修理后换上规定的保险丝。如果使用的保险丝不当，不仅会导致出现故障，甚至会使故障扩大。因此，必须使用正确的保险丝。

3．输入电压不可高于规定的最大输入电压。

四、面板介绍及操作说明

YB2172F 型数字交流毫伏表面板功能如图 C-8 所示。

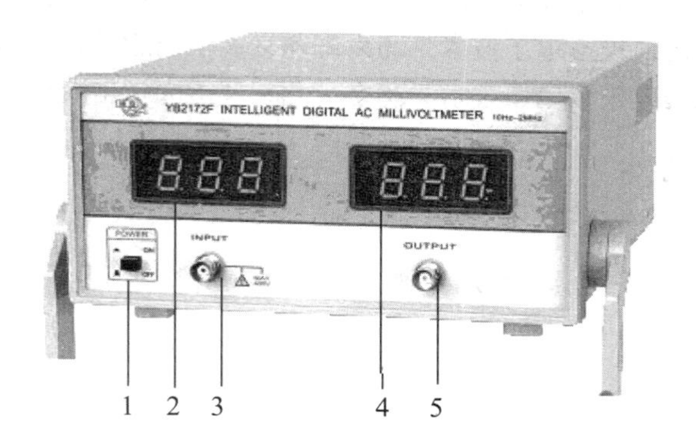

图 C-8 YB2172F 型数字交流毫伏表的面板分布图

1－电源开关：电源开关按键弹出即为“关”位置，将电源线接入，按电源开关以接通电源。

2－电压显示窗口：LCD 数字面板表显示输入信号的电压有效值。

3－输入插座：输入信号由此端输入。

4－dB 值显示窗口：LCD 数字面板表显示输入信号的电压分贝值。

5－输出端口：输出信号由此端输出。

五、基本操作方法

1．打开电源开关前，首先检查输入的电源电压，然后将电源线插入后面板上的交流插孔。

2．电源线接入后，按电源开关以接通电源，并预热 5 分钟。

3．将输入信号由输入端口接入交流毫伏表即可。

4．通过 RS-232 串行通信接口电缆与 PC 机连接，通过 PC 机软件可同步显示仪器的测量值。

参考文献

[1] 王连英．模拟电子技术．北京：高等教育出版社，2008．
[2] 赵军．模拟电子技术基础．北京：化学工业出版社，2009．
[3] 王济浩．模拟电子技术基础．北京：清华大学出版社，2009．
[4] 谢红．模拟电子技术基础．哈尔滨：哈尔滨工程大学出版社，2008．
[5] 金泽安．模拟电子技术．西安：西安电子科技大学出版社，2009．
[6] 张惠荣．模拟电子技术．北京：化学工业出版社，2009．
[7] 谭海曙．模拟电子技术实验教程．北京：北京大学出版社，2008．
[8] 曹光跃．模拟电子技术及应用．北京：机械工业出版社，2011．
[9] 陆秀令，韩清涛．模拟电子技术．北京：北京大学出版社，2008．
[10] 彭克发，蔺玉珂．模拟电子技术．北京：北京理工大学出版社，2011．